“集成电路设计与集成系统”丛书

集成电路制造工艺与模拟

孙晓东　律 博　宋文斌　编著

Integrated Circuit
Manufacturing Process and Simulation

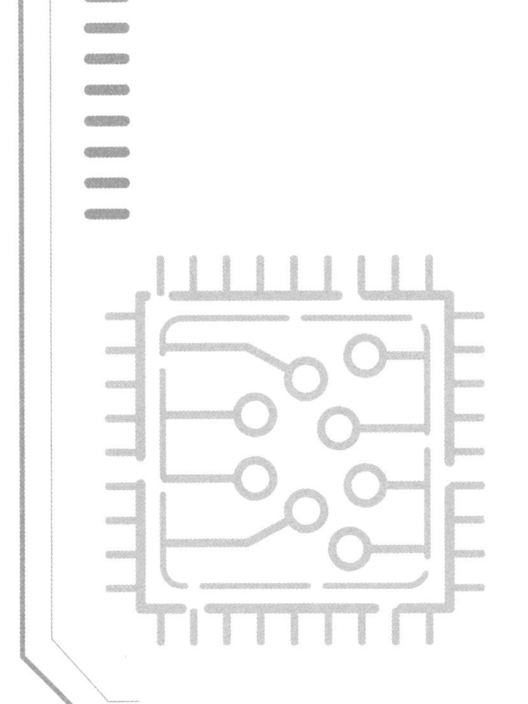

· 北 京 ·

内容简介

本书内容涵盖集成电路制造工艺及模拟仿真知识。详细介绍了集成电路的发展史及产业发展趋势、集成电路制造工艺流程及模拟仿真基础、集成电路制造的材料及相关环境、晶圆的制备与加工；具体讲解了氧化、淀积、金属化、光刻、刻蚀、离子注入、平坦化等关键工艺步骤的理论，对氧化、光刻、离子注入等步骤进行工艺模拟仿真，对关键的光刻工艺进行虚拟操作模拟；以NMOS器件为例，介绍了基本CMOS工艺流程及其模拟过程。

本书理论和实践相结合，不仅讲解了集成电路制造工艺及其理论知识，还通过工艺模拟软件及虚拟操作模拟，使读者亲身感受关键的工艺步骤。

本书可作为集成电路设计与集成系统、微电子科学与工程等专业的教材，也可供半导体行业从事芯片制造与加工的工程技术人员学习参考。

图书在版编目（CIP）数据

集成电路制造工艺与模拟 / 孙晓东，律博，宋文斌编著. -- 北京 : 化学工业出版社，2025. 2. --（“集成电路设计与集成系统”丛书）. -- ISBN 978-7-122-46537-5

Ⅰ. TN405

中国国家版本馆CIP数据核字第20243FN290号

责任编辑：毛振威　贾　娜　　　　装帧设计：史利平
责任校对：张茜越

出版发行：化学工业出版社
（北京市东城区青年湖南街13号　邮政编码100011）
印　　装：北京瑞禾彩色印刷有限公司
787mm×1092mm　1/16　印张12½　字数298千字
2025年1月北京第1版第1次印刷

购书咨询：010-64518888　　　　售后服务：010-64518899
网　　址：http://www.cip.com.cn
凡购买本书，如有缺损质量问题，本社销售中心负责调换。

定　　价：89.00元

前言

集成电路产业是国民经济和社会发展的战略性、基础性、先导性产业，在计算机、消费类电子、网络通信、汽车电子等多个领域起着关键作用，是全球主要国家或地区抢占的战略制高点，尤其是发达国家在这一领域投入了大量创新资源，竞争日趋激烈。

目前，我国的集成电路产业在集成电路工艺、材料及相关制造装备等方面，面临着挑战与机遇，国产化将成为我国集成电路产业发展的重要趋势。

集成电路制造工艺属于高科技行业，所需设备成本过高，很多高校并没有一套完整的能够支撑集成电路制造各个工艺步骤所需的设备。如何让高校学生和广大对集成电路技术感兴趣的读者尽快掌握集成电路理论与实践知识，是目前迫切需要解决的问题。

本书基于OBE（成果导向教育）的教学理念，以理论教学和实践教学相结合为出发点，对集成电路制造工艺的各个步骤逐一进行介绍，使读者能够快速系统地了解集成电路制造工艺。通过工艺模拟软件对关键工艺步骤进行模拟，使读者在了解工艺理论的基础上，具备一定的实践能力。在光刻工艺部分，通过虚拟操作模拟，使读者能够在不亲临工艺厂的前提下，能够通过虚拟操作感受到关键工艺步骤的基本流程。

本书共划分为12章：

第1章，介绍集成电路的发展史及产业发展趋势；

第2章，介绍集成电路制造工艺流程，以及工艺模拟和虚拟操作模拟的基础；

第3章，介绍集成电路制造的材料及相关环境等基础信息；

第4章，介绍晶圆的制备与加工；

第5 ~ 11章，介绍氧化、淀积、金属化、光刻、刻蚀、离子注入、化学机械平坦化等关键工艺步骤的基本理论，对氧化、光刻、离子注入等步骤进行工艺模拟仿真，介绍关键光刻工艺的虚拟操作模拟过程；

第12章，以NMOS器件为例，介绍基本CMOS工艺流程及其工艺模拟与仿真。

本书由孙晓东、律博、宋文斌编著，特别感谢杭州士兰集成电路有限公司提供了行业前沿发展情况和应用实例。本书由孙晓东负责内容、章节的总体规划，同时负责第7 ~ 12章的编写；律博负责第1 ~ 6章的编写；宋文斌负责把握图书的内容设计与集成电路制造工艺的一致性和连贯性。感谢大连东软信息学院微电子科学与工程系全体专业老师对本书内容的热烈研讨。

由于作者水平所限，书中不足之处在所难免，恳请广大读者批评指正。

编著者

目录

本书内容

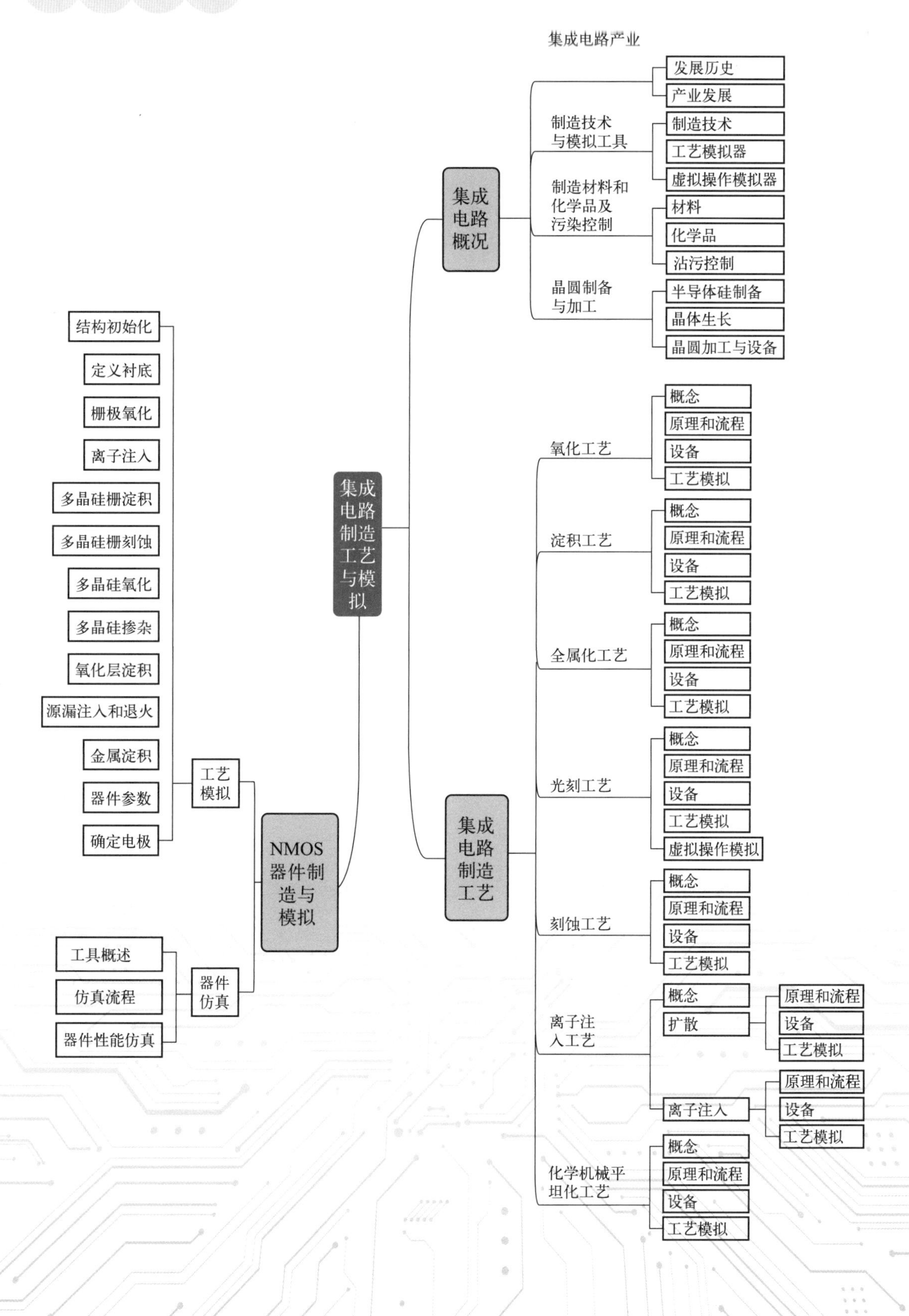

集成电路制造工艺与模拟
集成电路概况
集成电路产业
发展历史
产业发展
制造技术与模拟工具
制造技术
工艺模拟器
虚拟操作模拟器
制造材料和化学品及污染控制
材料
化学品
沾污控制
晶圆制备与加工
半导体硅制备
晶体生长
晶圆加工与设备
集成电路制造工艺
氧化工艺
概念
原理和流程
设备
工艺模拟
淀积工艺
概念
原理和流程
设备
工艺模拟
金属化工艺
概念
原理和流程
设备
工艺模拟
光刻工艺
概念
原理和流程
设备
工艺模拟
虚拟操作模拟
刻蚀工艺
概念
原理和流程
设备
工艺模拟
离子注入工艺
概念
扩散
原理和流程
设备
工艺模拟
离子注入
原理和流程
设备
工艺模拟
化学机械平坦化工艺
概念
原理和流程
设备
工艺模拟
NMOS器件制造与模拟
工艺模拟
结构初始化
定义衬底
栅极氧化
离子注入
多晶硅栅淀积
多晶硅栅刻蚀
多晶硅氧化
多晶硅掺杂
氧化层淀积
源漏注入和退火
金属淀积
器件参数
确定电极
器件仿真
工具概述
仿真流程
器件性能仿真

第1章
导论

思维导图

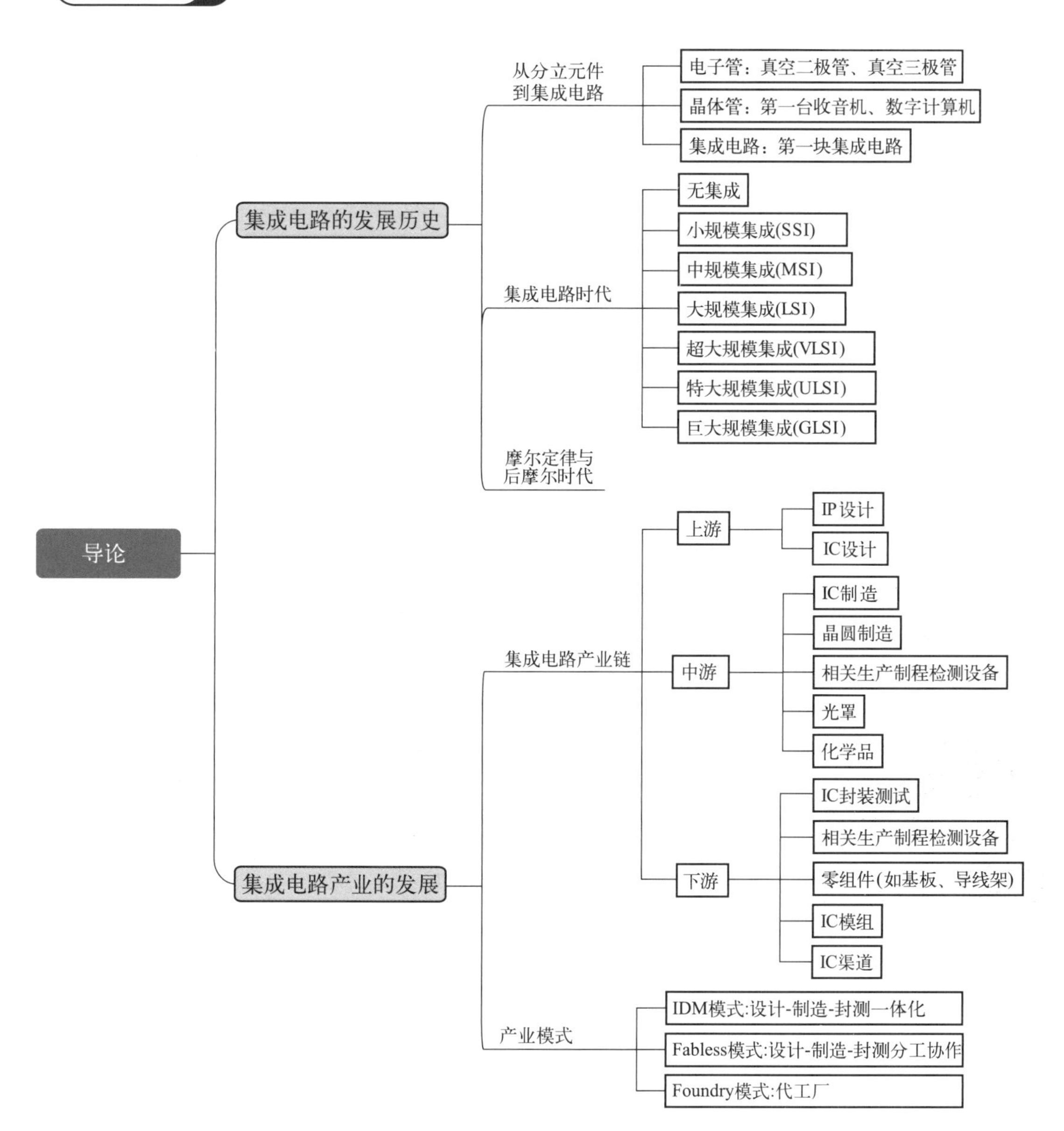

导论
集成电路的发展历史
从分立元件到集成电路
电子管：真空二极管、真空三极管
晶体管：第一台收音机、数字计算机
集成电路：第一块集成电路
集成电路时代
无集成
小规模集成(SSI)
中规模集成(MSI)
大规模集成(LSI)
超大规模集成(VLSI)
特大规模集成(ULSI)
巨大规模集成(GLSI)
摩尔定律与后摩尔时代
集成电路产业的发展
集成电路产业链
上游
IP设计
IC设计
中游
IC制造
晶圆制造
相关生产制程检测设备
光罩
化学品
下游
IC封装测试
相关生产制程检测设备
零组件(如基板、导线架)
IC模组
IC渠道
产业模式
IDM模式:设计-制造-封测一体化
Fabless模式:设计-制造-封测分工协作
Foundry模式:代工厂

1.1 引言

集成电路（integrated circuit，IC）是一类微型电子器件或部件，通过特殊的工艺技术，将晶体管、电阻、电容和电感等元器件及布线互连到一起，制成在一小块或几小块半导体晶片或介质基片上，再密封在一个管壳里，形成具备所要求电路功能的微型结构。

集成电路是整个信息工程的基石和中心，堪称“现代工业的粮食”，其应用范围广阔，在消费类电子（如智能手机、电视机、个人计算机等）、信息通信、军工等领域已获得了广泛应用。集成电路产业链通常包括集成电路设计、集成电路制造以及集成电路封装和测试（封测）。其中，集成电路制造属于产业链的中游环节，属于国民经济和社会发展的战略性、基础性和先导性产业，涉及我国科技、军事等众多领域。

1.2 集成电路的发展历史

1.2.1 从分立元件到集成电路

1.2.1.1 电子管阶段（19世纪初—60年代）

电子管：一种最早期的电信号放大器件，早期的电视机、收音机、扩音机等电子产品均由电子管等制作而成。

■ （1）真空二极管

1904年，英国物理学家约翰·安布罗斯·弗莱明（John Ambrose Fleming）发明了弗莱明管（二极检波管），即真空二极管，如图1-1所示。其理论基础来自“爱迪生效应”（当灯丝被加热时周围产生电子云，通过热电子发射产生自由电子，并且在真空管中被正极吸引，形成连续的电流）。

图1-1　弗莱明和真空二极管

■ （2）真空三极管

1907年，美国发明家弗雷斯特（Lee de Forest）在二极管的灯丝和板极之间加入一个栅板，如图1-2所示，发明了第一支真空三极管。三极管集检波、放大和振荡三种功能于一体，其发明是现代电子工业诞生的起点。

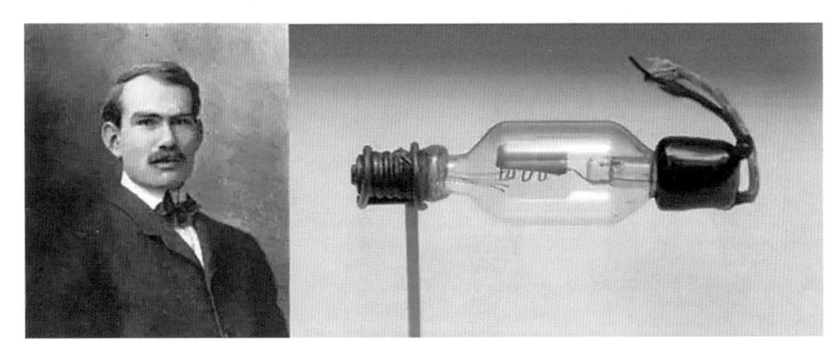

图1-2　弗雷斯特和真空三极管

■（3）第一台通用电子计算机ENIAC

1946年，世界上第一台通用电子计算机ENIAC诞生，如图1-3所示，它由超过17000个电子管及其他元件构成，体积庞大，重30多吨，占地面积170多平方米，功率超过174千瓦，电子管平均每隔15分钟烧坏一个。其具有体积大、能耗高、寿命短、噪声大等缺点，已不再适应近代信息工业的发展，急需新的固态器件来代替电子管。

图1-3　第一台通用电子计算机ENIAC

1.2.1.2　晶体管阶段（19世纪50年代—70年代）

晶体管：一种固体半导体器件，包括二极管、三极管、场效应管、晶闸管等，有时特指双极型器件，其具有检波、整流、放大、开关、稳压、信号调制等多种功能。

■（1）第一个晶体管

1947年，美国贝尔实验室的肖克利、巴丁和布拉顿基于量子力学发明的晶体管，如图1-4所示，是晶体管时代到来的标志。1956年，他们三人因此项发明共同获得了诺贝尔物理学奖。

图1-4　巴丁、肖克利、布拉顿（左起）及其发明的晶体管

■　（2）第一台晶体管收音机Regeney TR1

1954年，第一台晶体管收音机Regeney TR1被发明，如图1-5所示。它只包含4个锗晶体管。1959年，在售出的1000万台收音机中，已有一半使用了晶体管。

■　（3）第一台晶体管数字计算机TRADIC

1954年，第一台晶体管计算机TRADIC由贝尔实验室开发，如图1-6所示。它由大约700个晶体管和1万个锗二极管构成，每秒可以执行1百万次逻辑操作，功率仅为100瓦。

图1-5　Regeney TR1宣传海报

图1-6　第一台晶体管数字计算机

1.2.1.3　集成电路时代（19世纪60年代至今）

1958年，世界上第一块集成电路由美国德州仪器（TI）公司的基尔比研制成功，如图

1-7所示，该电路是在锗衬底上制作的相移振荡器和触发器，共12个器件，器件之间是介质隔离，器件间互连线采用的是引线焊接方法。

1959年，美国仙童公司的诺伊斯等人采用先进的平面工艺研制出适于工业生产的集成电路，因此，基尔比作为“IC的最早发明者”和诺伊斯作为“提出适用于工业生产IC的发明人”被业界认为是IC的共同发明人。

1969年，贝尔实验室发明了电荷耦合器件，该器件是一种固态电子器件（用于探测光的硅片，由时钟脉冲电压来产生和控制半导体势阱的变化，实现存储和传递电荷信息），引发了照相技术的大革命。手机上开始集成摄像头功能。

1971年，英特尔（Intel）公司推出了第一批4位的商用微处理器Intel 4004（约2300个晶体管），如图1-8所示，并采用MOS（金属氧化物半导体）工艺，1972年，推出8位商用微处理器Intel 8008（约3500个晶体管），IBM公司基于Intel 8008推出世界上第一台PC。随着越来越多的晶体管可以集成在一颗芯片上，芯片体积越来越小，但功能越来越强大。

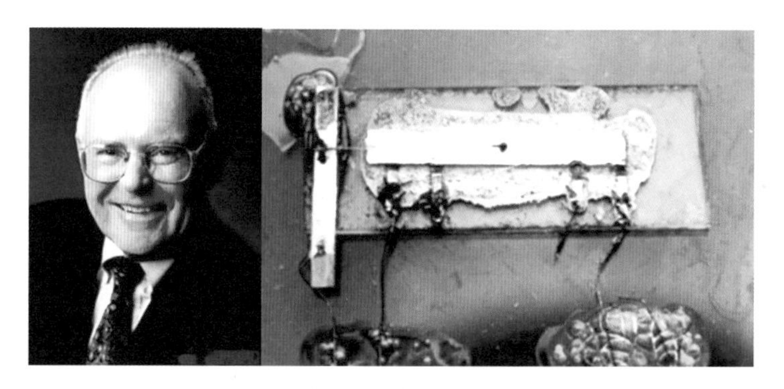

图1-7 基尔比和第一块集成电路

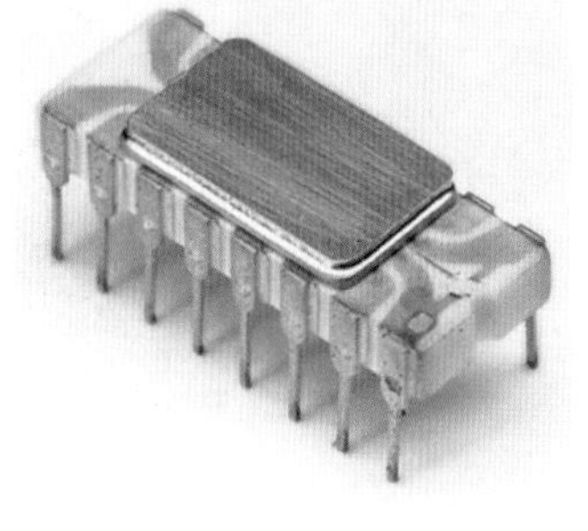

图1-8 Intel 4004处理器

随着集成电路的飞速发展（图1-9），芯片上所集成的晶体管数量已达到了空前的水平。比如，一个针头上可以容纳3000万个45nm大小的晶体管。此外，现在的处理器上单个晶体管的价格仅仅是1968年单个晶体管价格的百万分之一。

图1-9 集成电路工艺突飞猛进

1.2.2 集成电路时代划分

集成电路的时代以集成在一块芯片上的元件数划分。从20世纪60年代到现在，集成电路发展的时代划分如表1-1所示。

表1-1 集成电路时代划分

集成电路	半导体工业的时间周期	每个芯片元件数
没有集成（离散组成）	1960年之前	1
小规模集成（SSI）	1960年早期	2 ~ 5
中规模集成（MSI）	1960年—20世纪70年代早期	50 ~ 5000
大规模集成（LSI）	20世纪70年代早期—70年代晚期	5000 ~ 100000

续表

集成电路	半导体工业的时间周期	每个芯片元件数
超大规模集成（VLSI）	20世纪70年代晚期—80年代晚期	100000 ~ 1000000
特大规模集成（ULSI）	1990年以后	> 1000000
巨大规模集成（GLSI）	当今	> 10亿

1.2.3 摩尔定律的终结?

1.2.3.1 摩尔定律

1965年，仙童公司的摩尔（G. Moore，英特尔创始人之一）提出：集成电路上可容纳的元器件的数目，约每隔18 ～ 24个月便会增加一倍，性能也将提升一倍。他的这个论述被称为摩尔定律（图1-10）。后来证明，半导体集成电路产业的发展基本符合摩尔定律。

摩尔定律

Moores'Law

1.晶体管数量每两年翻一番。

2.集成电路性能每18个月翻一番。

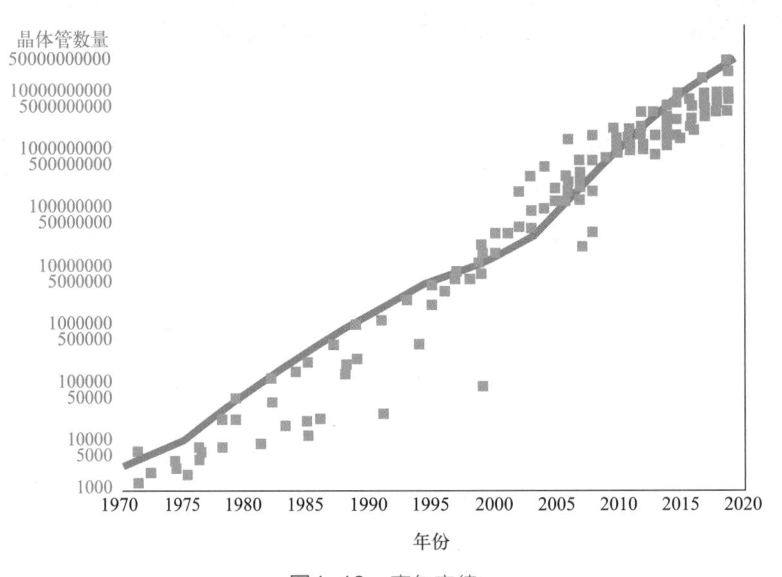

图1-10 摩尔定律

1.2.3.2 后摩尔时代

集成电路技术的发展一直遵循着摩尔定律。但随着晶体管尺寸越来越小，20nm节点后，单个晶体管的成本变高，性能提升变慢，摩尔定律已不再适用。到7nm、5nm甚至3nm、1nm，工业界不再提摩尔定律，集成电路发展进入“后摩尔时代”。

集成电路已经接近物理极限，微电子技术已经从“微电子科学”转向“纳电子科学”，从“摩尔定律时代”进入“后摩尔时代”。后摩尔时代集成电路技术的演进，如图1-11所示，主要包括延续摩尔定律（More Moore）、扩展摩尔定律（More than Moore）以及超越摩尔定律（Beyond Moore）三类，其主要发展方向包括生产工艺特征尺寸的进一步微缩、以增加系统集成的多重功能为目标的芯片功能多样化发展，以及通过三维封装（3D packaging）、系统级封装（SiP）等方式实现器件功能的融合和产品的多样化。

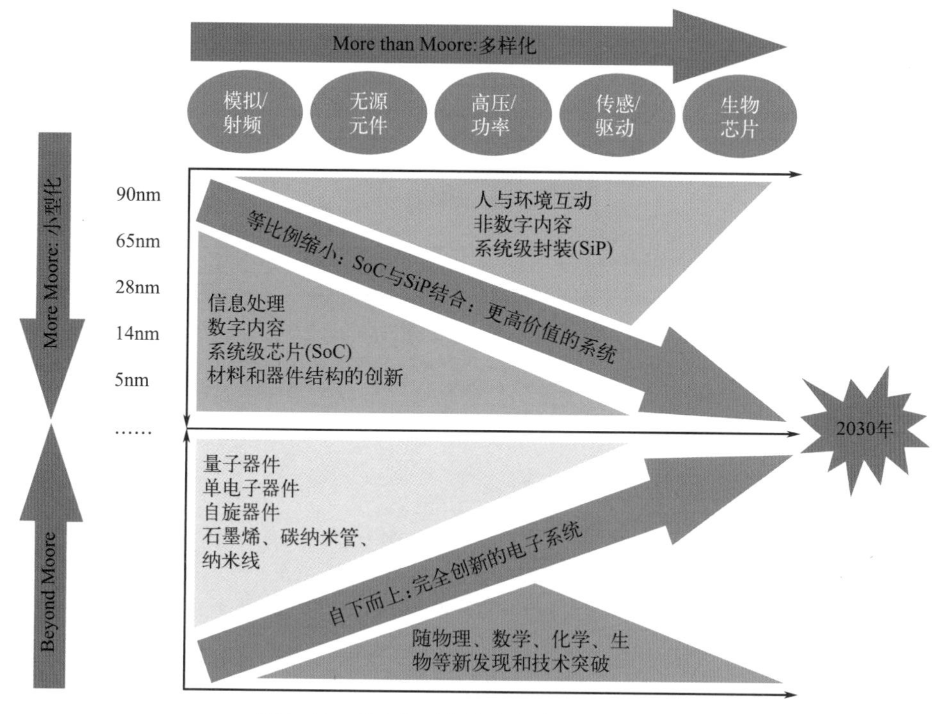

图1-11 后摩尔时代集成电路技术演进路径

1.3 集成电路产业的发展

1.3.1 集成电路产业链

半导体芯片产业链主要包括IC设计、晶圆制造及加工、封装及测试等环节（图1-12）。IC芯片的生产过程，简单来说就是把设计好的电路图转移到半导体（semiconductor）做成的晶圆（wafer）上，经过一连串的程序后，在晶圆表面上形成集成电路，再切割成一片一片的裸片（die），最后把这些裸片用外壳包起来保护好，形成最终的芯片。

一个IC芯片从无到有，依序大概分为下面3个阶段，而这3个阶段，就是所谓半导体产业的上、中、下游。

① 上游：IP（知识产权）核设计及IC设计业。

② 中游：IC制造、晶圆制造、相关生产制程检测设备、光罩（掩模版）、化学品等。

③ 下游：IC封装测试、相关生产制程检测设备、零组件（如基板、导线架）、IC模组、IC渠道等。

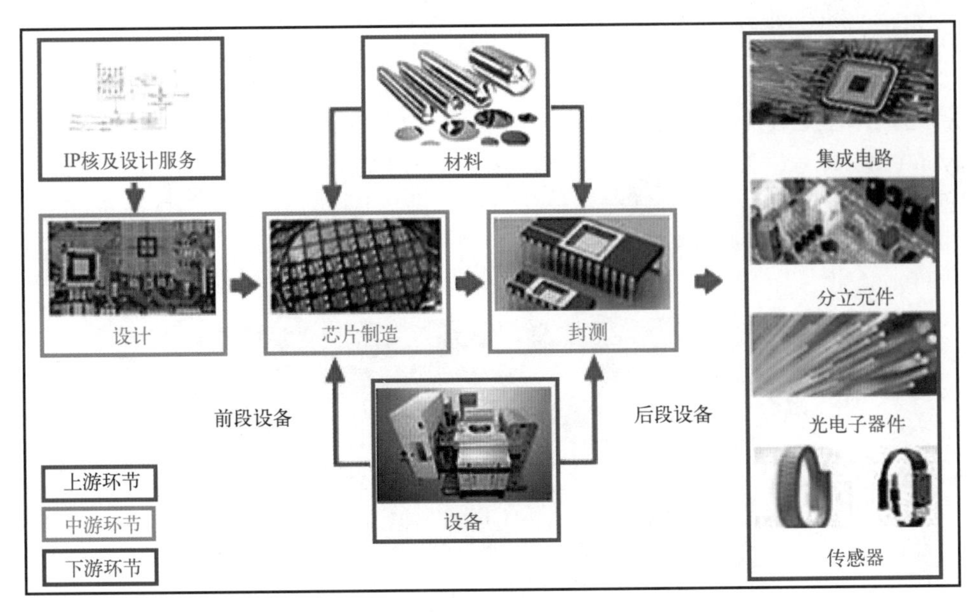

图1-12　集成电路产业链

1.3.2　产业模式

全球集成电路产业链发展模式分为两种：

① 设计-制造-封测一体化的IDM模式。

② 设计-制造-封测分工协作模式。

IDM（集成器件制造商）是指IC设计、芯片制造、芯片封装、测试、投向消费者市场五个环节都能独立完成的厂商，代表公司如英特尔、三星。

Fabless（无工厂芯片供应商）则是指有能力设计芯片架构，但没有晶圆厂生产芯片，需要找代工厂代为生产的厂商，代表公司如Qualcomm（高通）、苹果和华为。

Foundry（代工厂）则是无芯片设计能力，但有晶圆生产技术的厂商，代表公司如TSMC。

封测厂商是专注于封装测试环节的公司，代表公司如日月光、长电科技等。

各类型公司见表1-2。

表1-2　IDM、Fabless、Foundry和封测厂商

类型	代表公司	设计	芯片制造	封装、测试
IDM	英特尔、三星	√	√	√
Fabless	Qualcomm、苹果、华为	√		
Foundry	TSMC、联电		√	
封测厂商	日月光、长电科技			√

注："√"表示厂商的主要业务。

IDM优势是可将设计、制造等环节协同优化，有助于充分发掘技术潜力；缺点是公司规模庞大，管理成本高。

Fabless则具有灵活、轻便和高利润率等特点，越来越多IDM厂诸如TI、Renesas（瑞萨）、意法半导体等纷纷转型Fab Lite（轻晶圆厂）。Fabless使“轻资产、重设计”的运营模式成为IC市场的主流趋势。

本章小结

本章首先介绍了集成电路的发展历史，包括集成电路发展的三个主要阶段——电子管阶段、晶体管阶段、集成阶段。然后介绍了集成电路的各个时代、摩尔定律及后摩尔时代的特点。最后介绍了集成电路产业链及发展模式，着重介绍了产业链的上、中、下游构成，以及两种主要发展模式：IDM和分工协作模式。

习题

1. 什么是晶体管？第一个固体晶体管是由谁发明的？
2. 什么是集成电路？谁发明了第一块集成电路？
3. 集成时代如何划分？写出每个时代的英文缩写。
4. 什么是摩尔定律？谁提出了摩尔定律？
5. 集成电路产业链的构成是什么？其发展模式有哪些？

第 2 章

集成电路制造技术及模拟器

思维导图

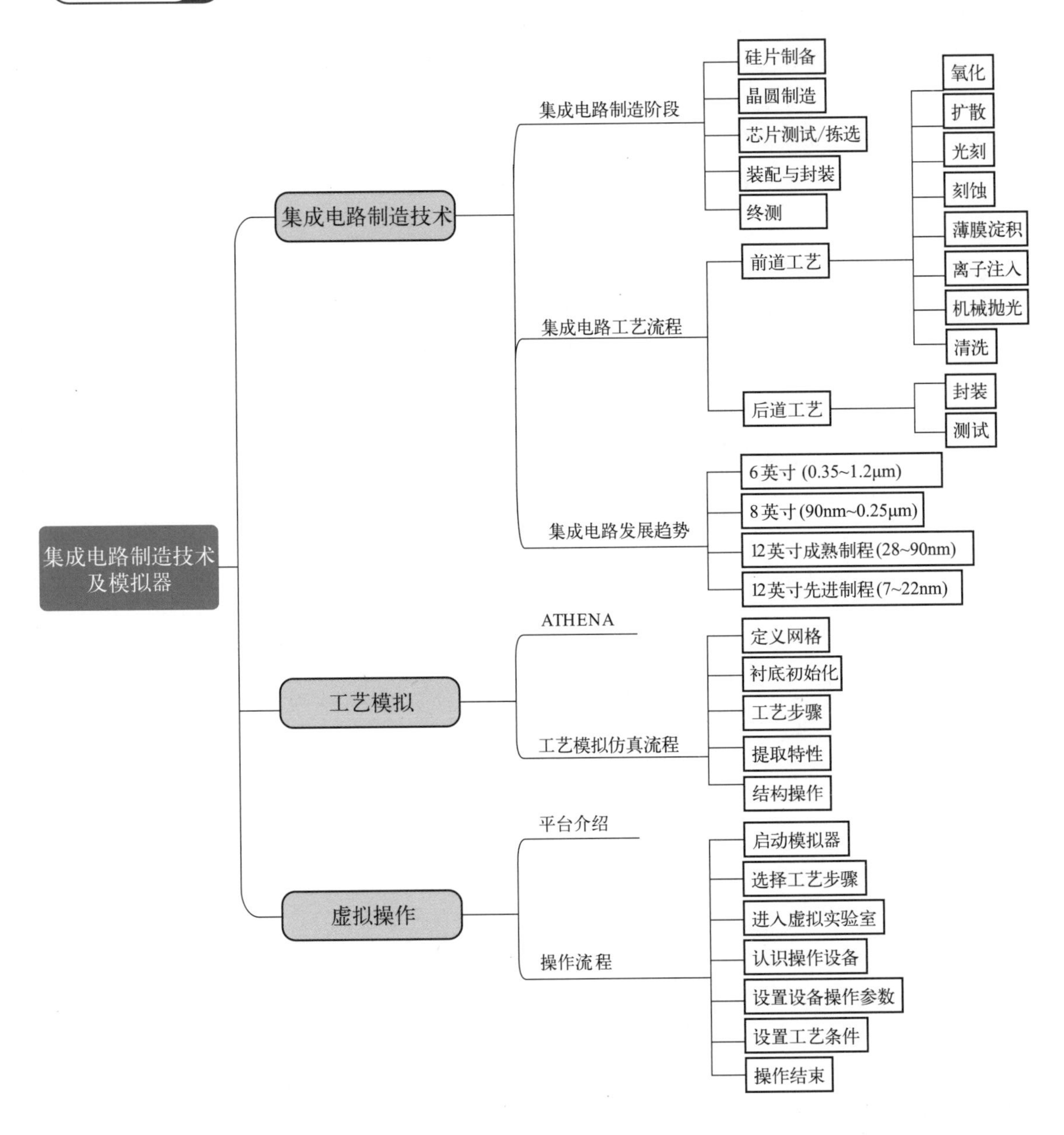

2.1 引言

芯片也称为管芯，硅片（即硅晶圆）也被称为衬底，见图2-1。

集成电路发展至今，硅片的直径已经从最初的不到1in[1]到现在的8in（约200mm）、12in（约300mm）以及450mm，见图2-2。一片硅片直径越大，即能制造出更多的芯片，成本也会大幅度降低。

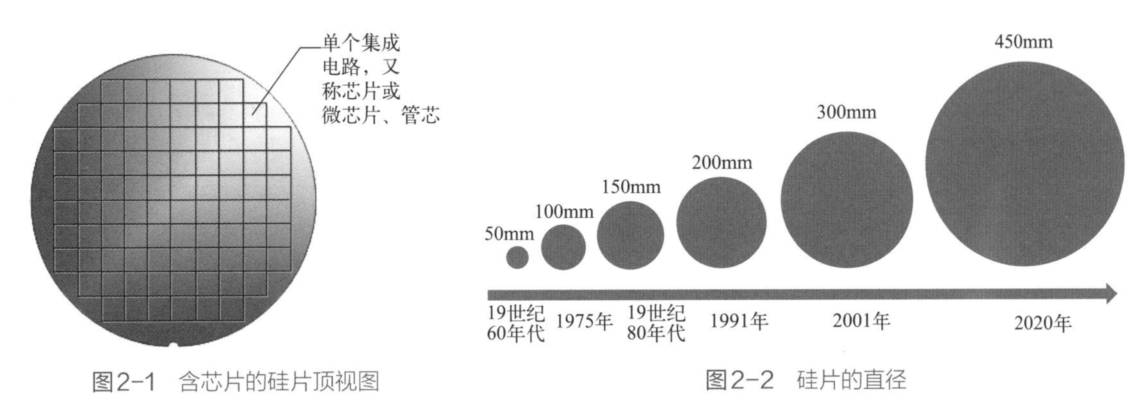

图2-1　含芯片的硅片顶视图

图2-2　硅片的直径

2.2 集成电路制造技术

2.2.1　集成电路制造的阶段划分

集成电路制造一般有以下5个不同的阶段（见图2-3）。

① 硅片制备。

② 晶圆制造。

③ 芯片测试/拣选。

④ 装配与封装。

⑤ 终测。

第一阶段：硅片制备是对半导体材料进行半导体标准的提纯，如图2-4所示。硅片的主要原料是沙子，沙子通过转化成为具有多晶硅结构的纯净硅。首先，形成带有特殊电子和结构参数的晶体。之后，通过晶体生长和晶圆准备工艺，将晶体切割成为晶圆薄片（硅片），并进行表面处理。

第二阶段：晶圆制造，即在晶圆表面形成器件或集成电路。芯片就是由分立器件或集成电路占据的区域。在每个晶圆上通常可形成200 ～ 300个同样的器件，也可多至几千个。

第三阶段：芯片的测试/拣选，晶圆制造之后，在测试拣选区进行单个芯片的探测和电学测试，拣选出可接受和不可接受的芯片，标记有缺陷的芯片。

第四阶段：装配与封装，测试完成之后，晶圆被切割成独立的芯片并封装起来，大多

[1] 英寸，1in=25.4mm。

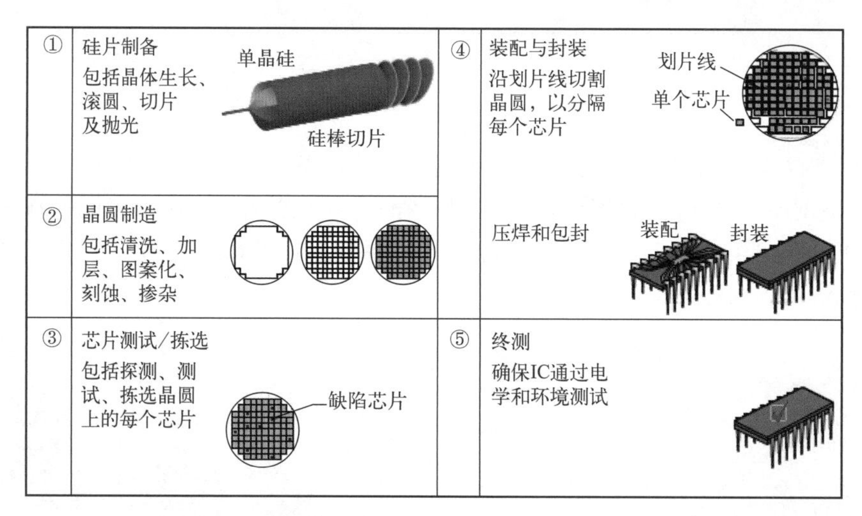

图2-3　集成电路制造阶段划分

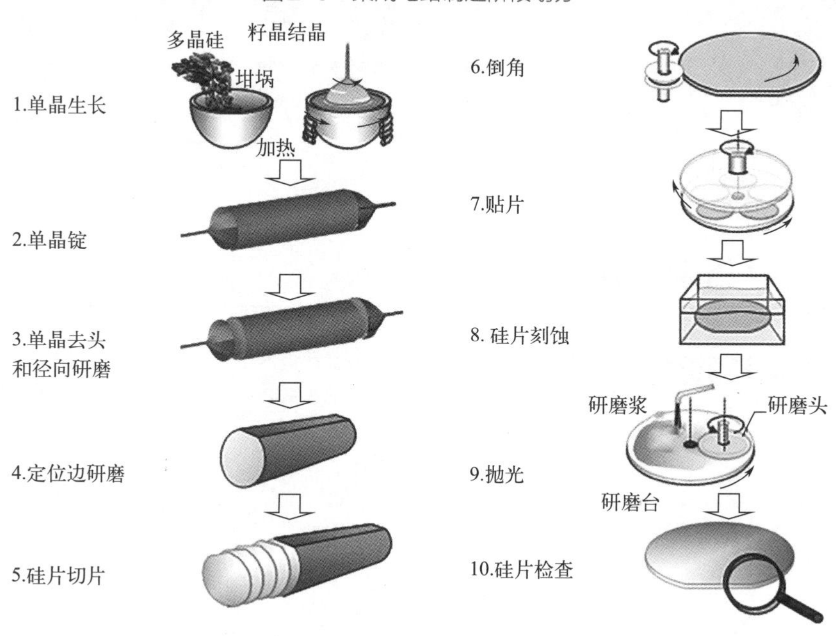

图2-4　硅片制备

数的芯片被封装在单个管壳里。混合电路、多芯片模块（MCM）或直接安装在电路板上（COB）的形式也在日趋增加。

第五阶段：终测，为确保芯片功能，需按照客户规范要求，对每个被封装的集成电路进行最终测试，确保满足电学和环境的特性参数要求。通过终测的芯片被发送给客户，装配到专用场合。终测和封装在工业界一起称为装配和测试（assembly and test，A/T）。

2.2.2　集成电路制造工艺流程

芯片制造是半导体产业的重要环节，主要涉及前道晶圆制造工艺和后道封装测试工艺。

前道（front-end）：指晶圆制造厂的加工过程，通过加工在晶圆上形成电路。前道晶圆制造工艺主要包括氧化、扩散、光刻、刻蚀、薄膜淀积、离子注入、化学机械抛光、清洗等复杂工艺。前道工艺涉及环节多，设备需求大，占集成电路产线投资约80%，当工艺达到16nm/14nm制程时，设备投资占比达85%，7nm及以下占比将更高。

后道（back-end）：指封装和测试的过程，在封测厂，圆形的硅片被切割成单独的芯片颗粒，并进行外壳的封装，最后完成终测，芯片成品出厂。

详细工艺流程见图2-5。

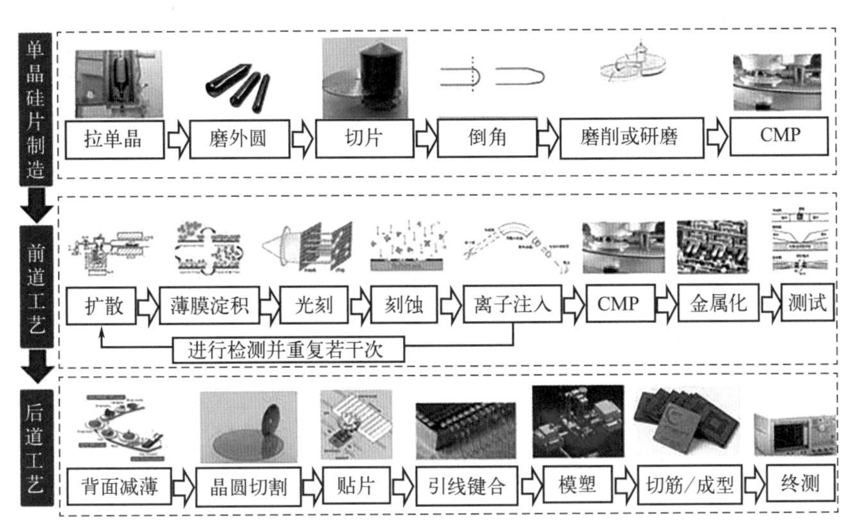

图2-5 集成电路芯片制造工艺流程

CMP—化学机械平坦化，也叫化学机械抛光

2.2.3 集成电路制造的发展趋势

半导体制程是指集成电路产业晶圆制造中的工艺节点，通过工艺节点可衡量集成电路工艺水平。根据摩尔定律，制程节点会以约0.7倍逼近物理极限。目前7nm是主流半导体制程，28nm是先进工艺和成熟工艺的临界点，28nm及以上的工艺被称为成熟工艺。主流半导体厂商的制程工艺见表2-1。

表2-1 主流半导体厂商的制程工艺发展进程

厂商	2013	2014	2015	2016	2017	2018	2019	2020	2021	2022
英特尔		14nm					10nm			
三星	28nm	20nm			10nm	7nm		5nm	3nm	
台积电		20nm	16nm		10nm	7nm		5nm		3nm
罗格方德	28nm	20nm			10nm					
联电		28nm			14nm					
中芯国际			28nm				14nm			
华润微电子					0.18μm		90nm			
华虹半导体	0.11μm				90nm		28nm			

根据摩尔定律，半导体性价比受制程工艺的成本和性能影响。据统计，28nm制程平均设计成本约为3000万美元，16nm/14nm制程平均设计成本约为8000万美元，而对于7nm制

程芯片则高达2.71亿美元。根据不同的应用需求，先进的10nm、7nm制程的芯片应用在智能手机、个人计算机、服务器等高价值智能终端，成熟的28nm及以上制程的芯片应用在蓝牙设备、机顶盒、路由器、汽车电子、可穿戴设备等领域，等等，见表2-2。

表2-2　不同半导体工艺制程及产品应用

尺寸	制程	半导体产品
12英寸先进制程	7nm	高端智能手机处理器，高性能计算（个人电脑、服务器CPU）
	10nm	高端智能手机处理器，高性能计算（个人电脑、服务器CPU）
	16nm/14nm	高端显卡，智能手机处理器，个人电脑CPU，FPGA芯片等
	20 ~ 122nm	存储（DRAM、NAND、Flash），低端智能手机处理器，个人电脑CPU，FPGA芯片，数字电视、机顶盒处理器，移动端影像处理器
12英寸成熟制程	28 ~ 32nm	Wi-Fi蓝牙芯片，音效处理芯片，存储芯片，FPGA芯片，ASIC芯片，数字电视、机顶盒、低电压、低功耗物联网芯片等
	45 ~ 65nm	DSP处理器，影像传感器（CIS），射频芯片，Wi-Fi、蓝牙、GPS、NFC、ZigBee等芯片，传感器中枢，非易失性存储
	65 ~ 90nm	物联网MCU芯片、射频芯片、功率器件等
8英寸	90nm ~ 0.13μm	物联网MCU芯片，汽车MCU芯片，射频芯片，基站通信设备DSP、FPGA、功率器件等
	0.13 ~ 0.15μm	指纹识别芯片、影像传感器、通信MCU、电源管理芯片、功率器件、液晶驱动IC、传感器芯片等
	0.18 ~ 0.25μm	影像传感器、嵌入式非易失性存储芯片（银行卡、SIM卡、身份证等）
6英寸	0.35 ~ 0.5μm	MOSFET功率器件、汽车用IGBT等
	0.5 ~ 1.2μm	MOSFET功率器件、IGBT、MEMS、二极管等

注：CPU—中央处理器；FPGA—现场可编程门阵列；DRAM—动态随机存储器；NAND—与非型（闪存）；Flash—闪存；ASIC—专用集成电路；DSP—数字信号处理；NFC—近场通信；ZigBee—蜂舞协议；MCU—微控制单元；MOSFET—金属-氧化物-半导体场效应晶体管；IGBT—绝缘栅双极型晶体管；MEMS—微机电系统。

2.3 工艺模拟器

2.3.1 ATHENA概述

工艺模拟软件ATHENA是一个易于使用的、模块化的、可扩展的平台，能帮助开发和优化集成电路制造工艺。ATHENA能快速精确地模拟关键制造步骤（离子注入、扩散、刻蚀、淀积、光刻以及氧化等）。相比于耗费大量成本的硅片实验，通过ATHENA模拟可缩短开发周期和提高成品率。

ATHENA工艺仿真软件包括如下模块：SSUPREM4，二维硅工艺仿真器，蒙特卡罗注入仿真器，硅化物模块的功能，精英淀积和刻蚀仿真器，蒙特卡罗淀积和刻蚀仿真器，先进的闪存材料工艺仿真器，光电印刷仿真器。

ATHENA包括以下单项工艺：离子注入、扩散、淀积、刻蚀、外延、光刻、氧化等等。图2-6为ATHENA的输入输出结构，通过输入工艺步骤、版图和掩模等基本的工艺条件，可以仿真得到相应的结构。

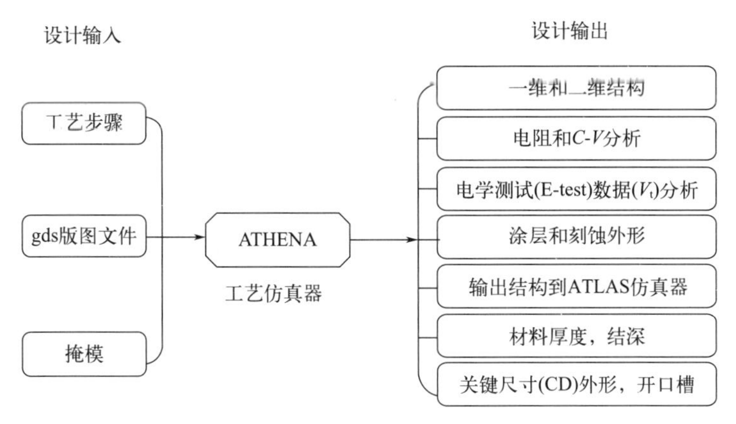

图2-6　ATHENA输入输出

ATHENA能仿真的工艺及其具体特性如下。

烘焙（bake）：

- 时间和温度的烘焙规范；
- 光刻胶材料流动模型；
- 光活性化合物模型。

C-注释器（C-intepreter）：

- 允许用户定义的注入损伤模型，SiGeC的蒙特卡罗刻蚀和扩散模型。

化学机械抛光（CMP）：

- 化学机械抛光模型；
- 硬抛光和软抛光或其组合；
- 考虑各向同性刻蚀成分。

淀积（deposition）：

- 淀积功能；
- 半球形、星形和圆锥形的金属化模型；
- 单向或双向淀积模型；
- 化学气相淀积（CVD）模型；
- 表面扩散/渗移效应；
- 包含原子定位效应的弹道淀积模型；
- 用户自定义模型；
- 默认淀积定义。

显影（development）：

- 五种不同光刻胶的显影模型。

扩散（diffusion）：

- 包括所有材料层扩散的通用二维结构的杂质扩散；

· 全耦合的点缺陷扩散模型；
· 氧化增强/阻止扩散效应；
· 快速热退火；
· 同时发生材料回流和杂质扩散的模型；
· 晶粒和晶粒边界扩散成分的多晶硅杂质扩散模型。

刻蚀（etch）：

· 丰富的几何刻蚀功能；
· 各向同性的湿法刻蚀；
· 包含各向同性和各向异性的反应离子刻蚀（RIE）模型；
· 微负载效应；
· 角度相关的刻蚀源；
· 默认刻蚀机定义；
· 蒙特卡罗等离子体刻蚀；
· 杂质增强刻蚀。

外延（epitaxy）：

· 外延功能。

曝光（exposure）：

· 在非平面结构中考虑局部修正的材料吸收剂量的光学特性，基于光束传播法的反射和衍射效应；
· 散焦和大数值孔径的影响。

成像（imaging）：

· 实验验证的Pearson和双Pearson解析模型；
· 晶体和非晶体材料的二元碰撞近似的蒙特卡罗计算；
· 通用倾斜和旋转能力的解析和蒙特卡罗计算。

氧化（oxidation）：

· 可压缩黏性应力模型；
· 单晶硅和多晶硅材料的单独速率系数；
· HCl和压力增强的氧化模型；
· 杂质浓度效应；
· 深槽、钻蚀和ONO（氧化物-氮化物-氧化物）层结构的氧化仿真能力；
· 多晶硅区域同时发生氧化和抬升的精确模型。

硅化（silicidation）：

· 钛、钨、钴和铂的硅化物模型；
· 实验验证的生长速率；

· 硅化物/金属界面和硅化物/硅界面的反应和边界移动。

图2-7是工艺仿真的流程图。工艺仿真需先建立网格，然后进行仿真初始化，即对衬底进行初始化，定义衬底的材料、掺杂或晶向等。接下来设置相关工艺步骤，将要仿真的工艺，如淀积、光刻、氧化、刻蚀或扩散等等进行设置。然后提取工艺的结果，如结深、材料厚度、浓度分布等。之后是结构操作，如导入结构，对结构旋转、做镜像和保存等。最后，Tonyplot工具显示仿真的结果。

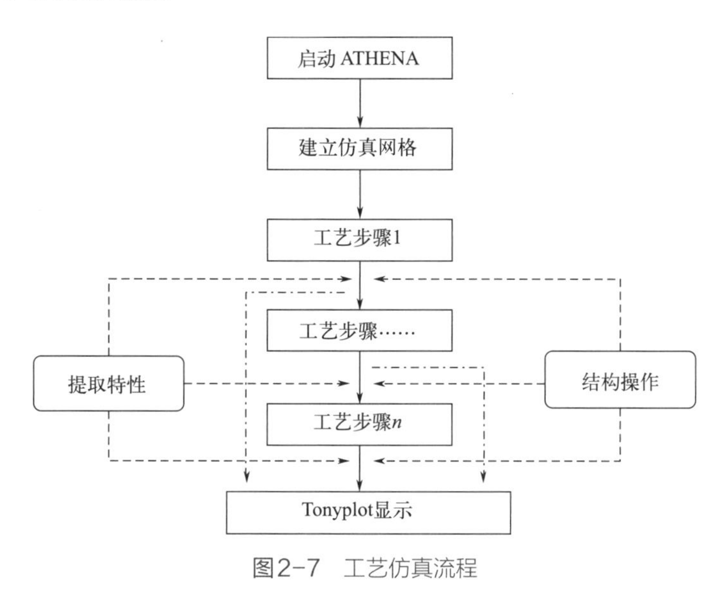

图2-7 工艺仿真流程

2.3.2 工艺模拟仿真流程

2.3.2.1 定义网格

网格定义的语法：

```
LINE
X | Y LOCATION=<n> [SPACING=<n>] [TAG=<c>] [TRI.LEFT | TRI.RIGHT]
```

“line”为定义网格线的命令，其参数主要有“x”、“y”、“location”（loc）、“spacing”和“tag”等。x和y参数设定网格线垂直于*X*轴或*Y*轴；loc设定网格线在轴上的坐标，spacing设定在该loc处临近网格线间的间距，loc和spacing的默认单位都是μm；tag参数可在相应的位置添加标签，这会在以后定义边界和区域的时候提供方便。图2-8为网格划分的示意图。其中，x1、x2、y1和y2表示网格线的*X*或*Y*的坐标值；S1、S2、S3和S4为对应坐标处网格线间的间距。注意：网格的原点在左上角，*Y*的坐标越往上越小。

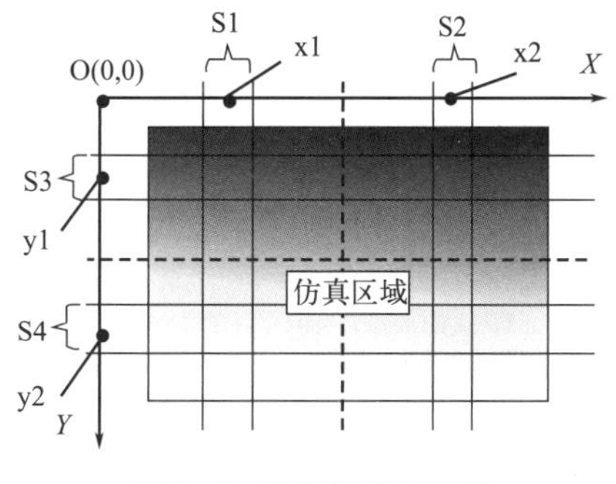

图2-8 网格划分示意图

如果在几个loc处的spacing大小相同，网格线是均匀分布的。如果spacing不一样，ATHENA会自动调整，尽量使loc处的spacing和设定的值一样，此时网格线是不均匀分布的。

【例2-1】均匀网格，结果如图2-9（a）所示。

```
line x loc=0.0 spacing=0.1
line x loc=1 spacing=0.1
line y loc=0 spacing=0.20
line y loc=2.0 spacing=0.20
```

【例2-2】非均匀网格，结果如图2-9（b）所示。

```
line x loc=0.0 spacing=0.02
line x loc=1 spacing=0.1
line y loc=0 spacing=0.02
line y loc=2.0 spacing=0.20
```

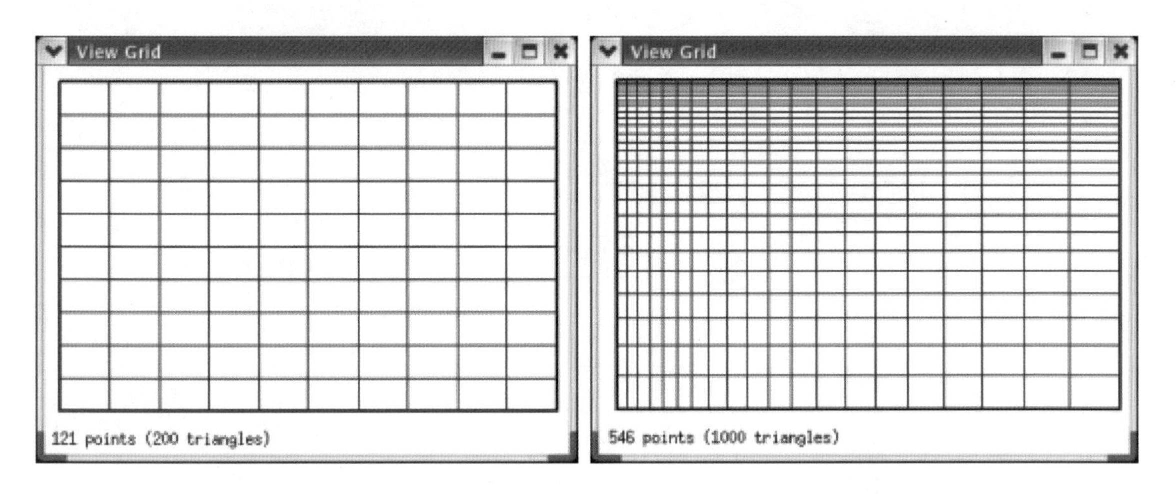

(a) 均匀网格

(b) 非均匀网格

图2-9 定义网格

2.3.2.2 衬底初始化

初始化的命令是“initialize”，可简写为“init”。

initialize语法：

```
INITIALIZE
[MATERIAL] [ORIENTATION=<n>] [ROT.SUB=<n>] [C.FRACTION=<n>]
[C.IMPURITIES=<n> | RESISTIVITY=<n>] [C.INTERST=<n>]
[C.VACANCY=<n>][BORON | PHOSPHORUS | ARSENIC | ANTIMONY]
[NO.IMPURITY] [ONE.D | TWO.D | AUTO] [X.LOCAT=<n>] [CYLINDRICAL]
[INFILE=<c>] [STRUCTURE |INTENSITY]
[SPACE.MULT=<n>] [INTERVAL.R=<n>] [LINE.DATA] [SCALE=<n>]
[FLIP.Y][DEPTH.STR=<n>] [WIDTH.STR=<n>]
```

初始化的参数及其说明如下，参数选择窗口见图2-10。

■ （1）材料相关参数

MATERIAL：衬底材料。

ORIENTATION：衬底晶向、晶向只有[100]、[110]和[111]，默认值是[100]。

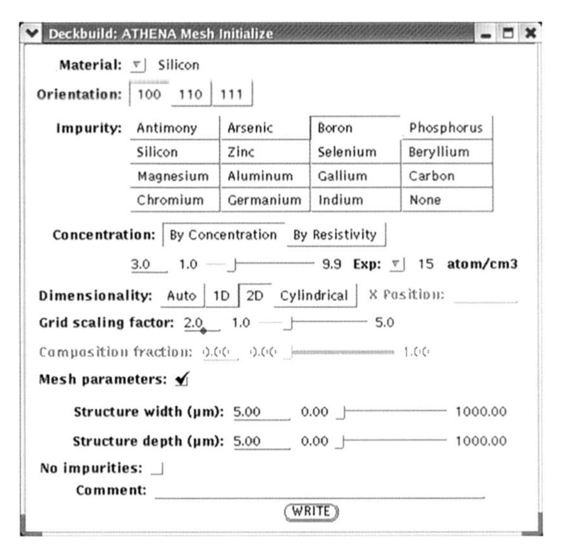

图2-10 initialize的参数选择窗口

ROT.SUB：在BCA注入模型中指明衬底方向，单位为度（°），默认值是−45，即表示剖面为(101)面。

C.FRACTION：三元化合物中第一种材料的组分，如AlGaAs中的Al组分。

（2）掺杂相关的参数

C.IMPURITIES：衬底所含杂质的种类及浓度，杂质为均匀掺杂，单位为原子/cm^3。

RESISTIVITY：衬底的电阻率（Ω・cm）。此参数指定时会忽略C.IMPURITIES，只对硼、磷、砷和锑杂质有效。

C.INTERST：衬底材料的间隙浓度（cm^{-3}）。

C.VACANCY：衬底材料的空位浓度（cm^{-3}）。

BORON，PHOSPHORUS，ARSENIC，ANTIMONY：用RESISTIVITY来定义掺杂浓度时指明杂质的种类。

NO.IMPURITY：衬底不进行掺杂。

（3）仿真维度相关的参数

ONE.D，TWO.D，AUTO：仿真的初始维度，如果是ONE.D，则需设定X.LOCAT参数。默认是AUTO，即一开始采用一维计算直到需要采用二维计算（通常从“etch”开始）。

X.LOCAT：2D Mesh（二维网格）结构中指明进行一维仿真的位置。

CYLINDRICAL：圆柱形对称结构（对称轴为X=0.0）的边界线。

（4）从文件定义初始化及其说明

INFILE：导入结构文件，文件中必须包含结构或强度分布信息。

STRUCTURE，INTENSITY：初始化的类型，默认为前者（结构）。

（5）结构相关参数

SPACE.MULT：设定全局的“spacing”的乘数。

INTERVAL.R：临近网格线间距的最大比值，默认是1.5。

LINE.DATA：指定在仿真时显示网格线的位置。

SCALE：输入网格线的放大比率，默认为1.0。

FLIP.Y：Boolean参数，设定“mesh”对*X*轴做镜像，即将衬底的底部置为最表面，需要注意的是这时*Y*轴的网格位置也是正负变号的。

DEPTH.STR，WIDTH.STR：初始衬底的深度和宽度（μm）。

【例2-3】使用默认参数初始化。

```
init
```

【例2-4】初始化硅衬底，含硼浓度3.0×10^{15} cm^{-3}，二维初始化。

```
init silicon c.boron=3.0e15 two.d
```

【例2-5】硅衬底，含磷杂质，电阻率10Ω·cm，晶向为[111]。

```
init silicon phosphor resistivity=10 orientation=111
```

2.3.2.3 工艺步骤

ATHENA 工艺仿真器可以对很多工艺进行仿真，这些工艺包括epitaxy、diffusion、oxidation、etch、CMP、deposition、bake、exposure、develepment、imaging和silicidation等。工艺仿真组件有ATHENA、SSUPREM3、SSUPREM4、parallel monte carlo implant、ELITE、monte carlo deposit/etch、OPTOLITH等。

2.3.2.4 提取特性

工艺仿真得到结果可以是仿真得到的结构文件（*.str），也可以是提取的特性如材料厚度、结深、表面浓度、浓度分布、某杂质的总浓度、方块电阻，等等。extract命令有内建的一维 QUICKMOS和 QUICKBIP，可以在工艺仿真器中提取得到器件结构的信息，如一维结电容（1djunc.cap）、一维电导（1dn.conduct）和阈值电压等。

2.3.2.5 结构操作

结构操作的命令是structure。structure可以保存和导入结构，也可以对结构做镜像或上下翻转。做镜像用 mirror，参数有left、right、top和bottom等；上下翻转的参数是 flip.y。

【例2-6】保存当前结构到结构文件。

```
structure outfile=filename.str
```

【例2-7】对结构做镜像，left表示现有结构向左边翻转得到新结构的左半部分。

```
structure mirror left
```

【例2-8】导入结构文件。

```
structure infile=filename.str
```

2.3.2.6 Tonyplot显示

Tonyplot可视化工具用来显示当前的结构，或者已经保存的结构文件的结构或掺杂等信息。工艺仿真中各个步骤得到的结构可用Tonyplot的动画功能做成动画（格式为*.gif 的文件）。Tonyplot 提供简单的函数计算功能（如积分），还有Poisson Solver的功能可以在工艺生成的结构中计算一些电学特性。

2.4 虚拟操作模拟器

2.4.1 虚拟操作模拟概述

虚拟操作模拟器主要基于UnityPlayer平台。该平台是实时3D互动内容创作和运营平台。UnityPlayer平台提供一整套完善的软件解决方案，用于创作、运营和变现任何实时互动的2D和3D内容，支持平台包括手机、平板电脑、PC、游戏主机、增强现实和虚拟现实设备。

通过该平台能对所有关键制造步骤（离子注入、扩散、刻蚀、淀积、光刻以及氧化等）进行虚拟操作。它通过模拟生产过程中实际的操作场景，能帮助读者更直观地了解每个工艺步骤采用的设备，理解各个工艺步骤的制造过程。该虚拟操作模拟器各个工艺步骤流程清晰，仅需按照提示进行相关操作，简单易懂，适用于初学者快速学习相关工艺步骤。

2.4.2 虚拟操作基础

该虚拟操作模拟器基本操作过程主要包括：启动模拟器（图2-11）→选择工艺步骤→

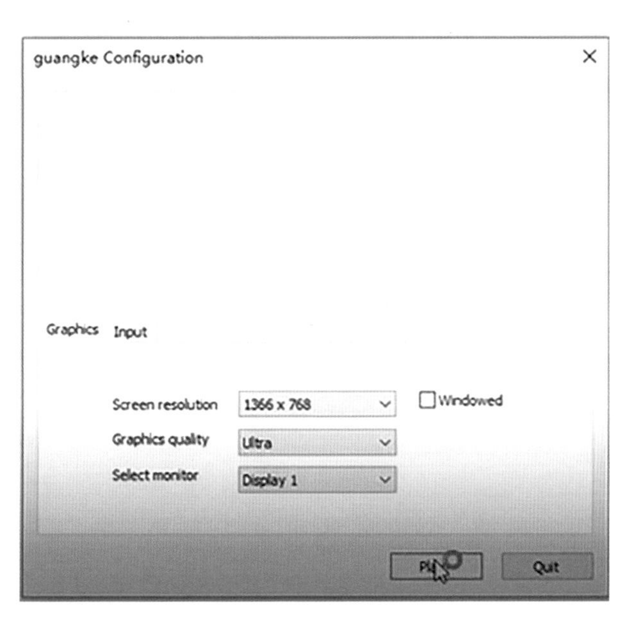

图2-11 模拟器启动界面

进入虚拟实验室（图2-12）→认识操作设备→设置设备操作参数（图2-13）→设置工艺条件（图2-14）→操作结束等过程。

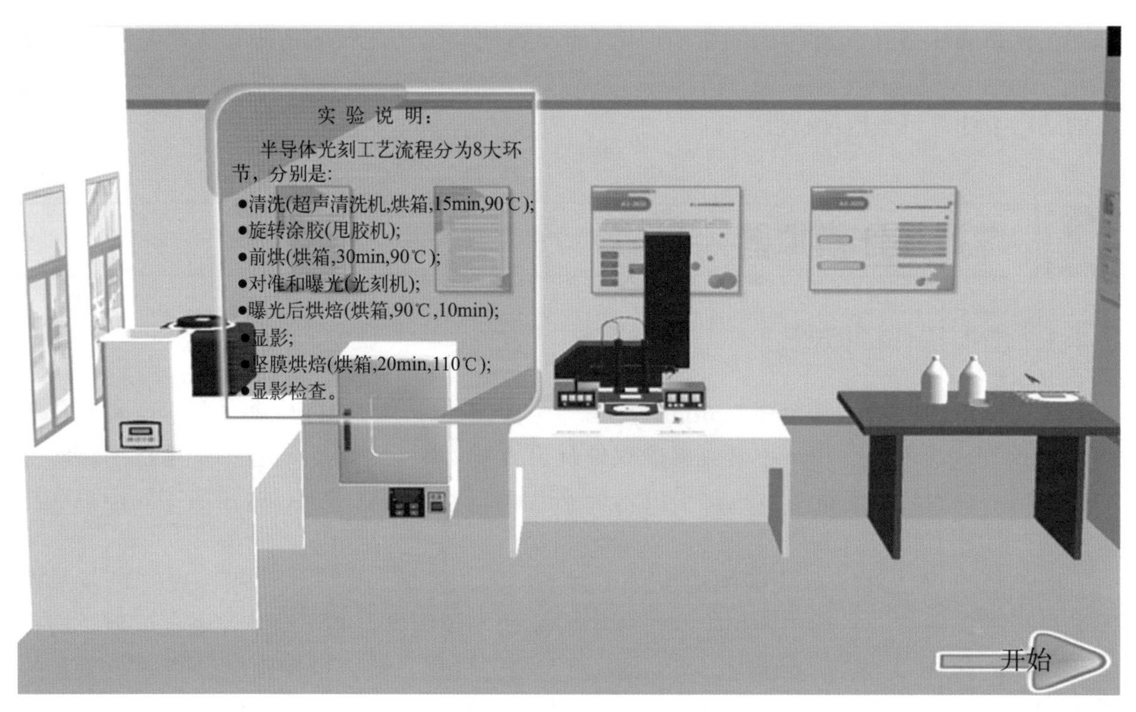

图2-12　进入虚拟实验室

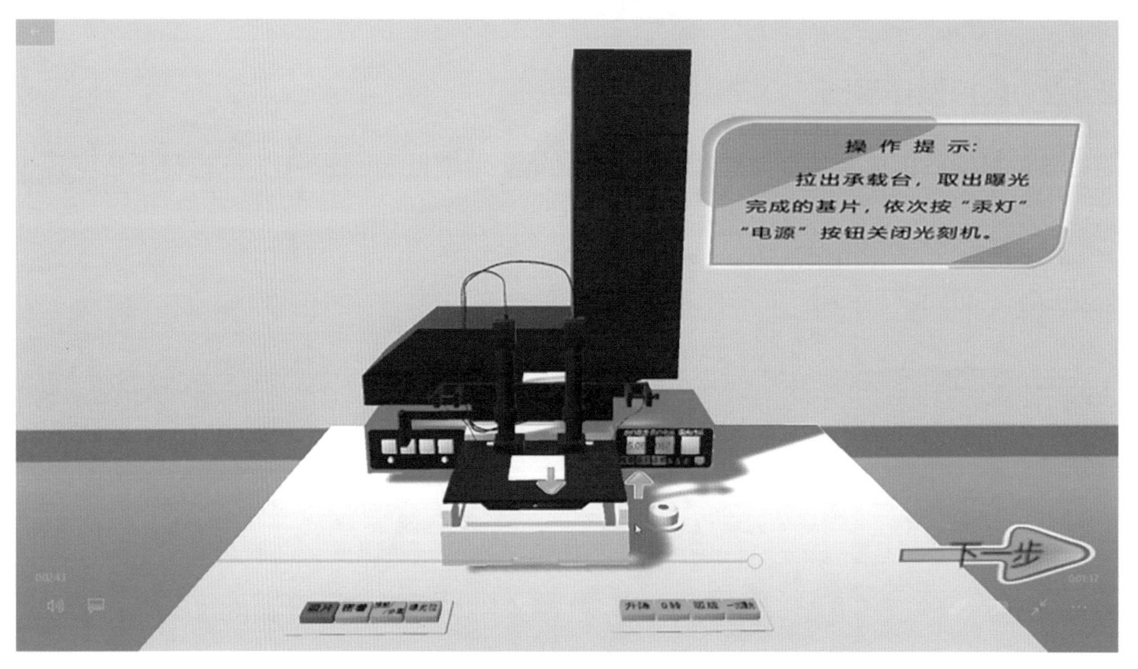

图2-13　操作设备参数设置

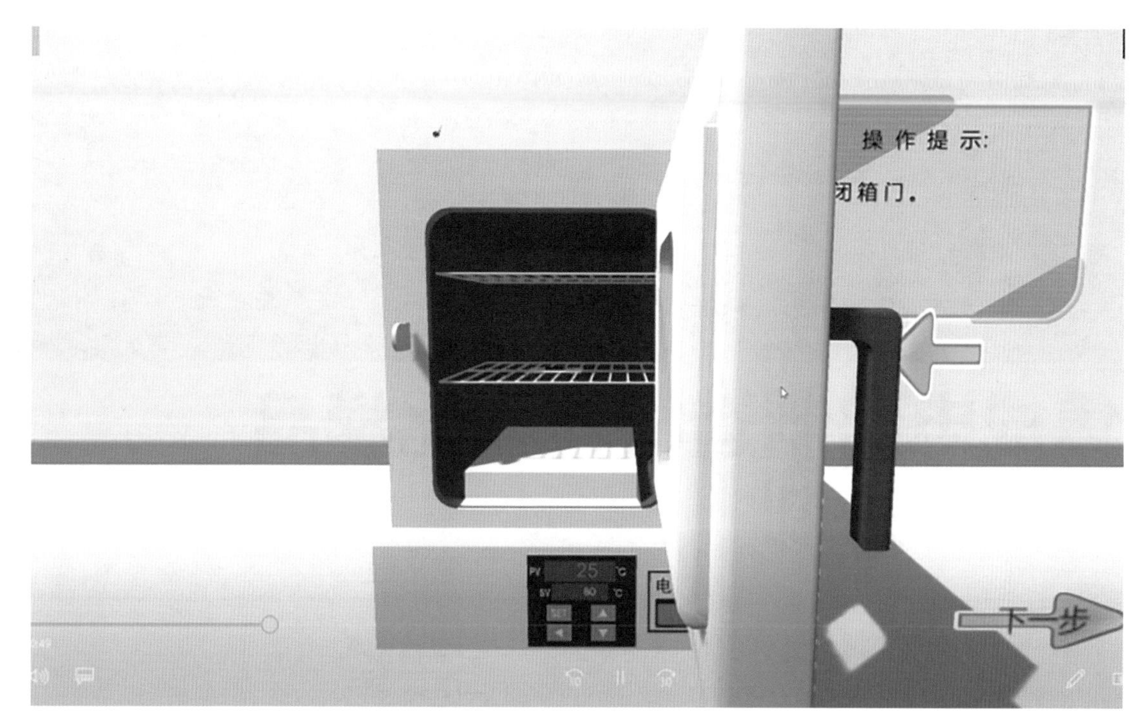

图2-14　设置工艺条件

本章小结

本章首先介绍了集成电路制造技术，包括集成电路制造的几个阶段以及各个阶段的特点。其次介绍了集成电路制造的工艺流程，包括前道工序和后道工序、每道工序的特点和集成电路制造的发展趋势。然后介绍了工艺模拟器，包括工艺模拟的基础知识及其仿真流程。最后介绍了虚拟操作模拟器，包括虚拟操作模拟器的基础知识及其操作基础。

习题

1. 50mm、100mm、125mm、150mm、200mm、300mm的晶圆各是多少英寸？
2. 集成电路制造的阶段如何划分？请简要描述集成电路制造的各个阶段。
3. 集成电路的工艺流程有哪些工序？请简要描述各个工序。
4. 什么是网格定义？试制作一个均匀网格和非均匀网格。
5. 描述ATHENA的工艺仿真流程。
6. 简述虚拟操作模拟器的基本操作流程。

第3章

集成电路制造材料和化学品及沾污控制

思维导图

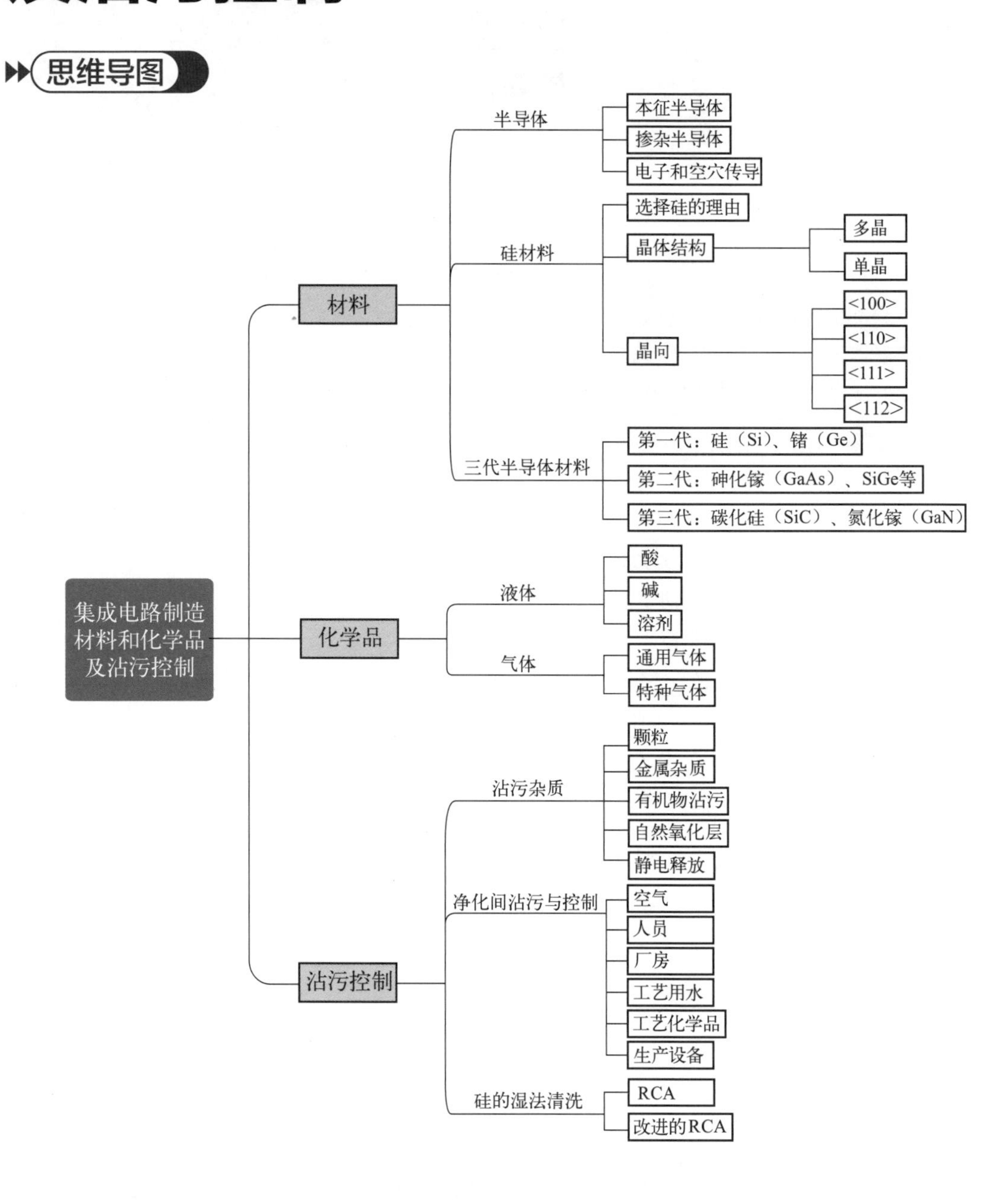

3.1 引言

半导体（semiconductor）材料是制作半导体器件和集成电路的电子材料，拥有特有的电性能和物理性能，可以通过掺杂增加特定的元素来改变和控制其电性能。本章将介绍集成电路中常见的半导体材料的基本性质，以及其他半导体材料。

集成电路制造的工艺过程经历了复杂的化学反应，会使用大量的化学品。在硅晶圆制造中使用的化学材料被称为工艺化学品。本章将讨论和阐述气体、酸碱和溶剂的基本性质。

芯片的制造过程中，会产生不同程度的沾污，硅片的沾污控制是必不可少的。本章将介绍硅片制造中各种类型的重要沾污、沾污的来源以及控制方法。

3.2 材料

3.2.1 半导体

半导体指常温下导电性能介于导体与绝缘体之间的材料。常见的半导体材料有硅、锗、砷化镓等（见图3-1），其中硅应用最为广泛。半导体应用在集成电路、消费电子、通信系统、光伏发电、照明、大功率电源转换等各个领域。硅作为半导体晶圆的衬底超过了芯片总量的85%。

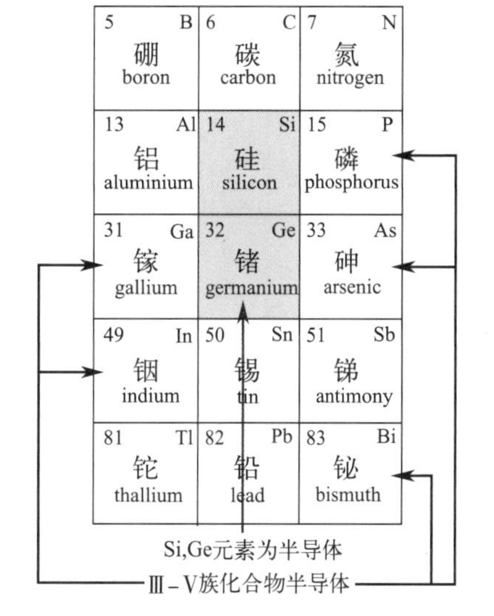

图3-1 半导体材料

3.2.1.1 本征半导体

本征半导体（intrinsic semiconductor）：完全不含杂质且无晶格缺陷的纯净半导体。典型的本征半导体有硅（Si）、锗（Ge）及砷化镓（GaAs）等。以硅为例，本征硅是晶格完整且不含杂质的硅单晶，其中参与导电的电子和空穴数目相等。本征硅的原子通过共价键共享电子结合在一起（见图3-2）。纯硅中的共价键把原子结合在一起形成固态的、电学上稳定的绝缘材料。纯硅所有价电子层都被共价键完全填充。

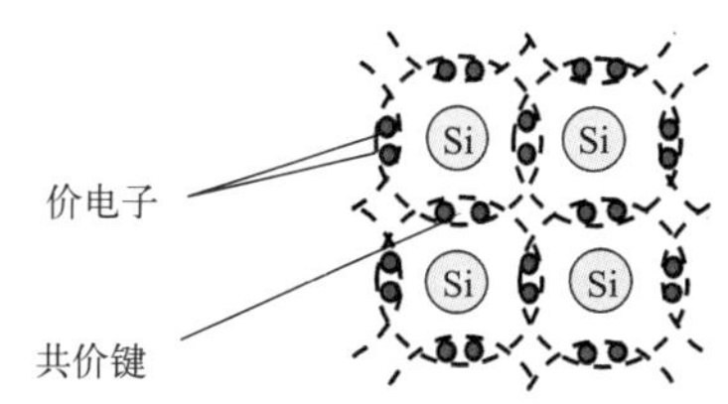

图3-2 本征硅的共价键

3.2.1.2 掺杂半导体

掺杂半导体： 本征半导体材料通过掺杂（doping）的工艺，引入特定的元素到本征半导体材料中，来提高本征半导体的导电性，掺杂后的半导体称为掺杂半导体。它具有两种特性：①通过掺杂精确控制电阻率；②电子和空穴导电。

掺杂半导体的电阻率： 掺杂半导体通过掺杂元素以达到一个有用的电阻率范围，这种材料或者是多电子（n型）的或者是多空穴（p型）的。

掺杂剂材料： 半导体材料位于周期表中的ⅣA族，有四个价电子。掺杂剂材料通常选用相邻两族的元素：ⅢA族和ⅤA族（见表3-1）。ⅢA族元素具有三个价电子称为三价态，ⅤA族元素则由于具有五个价电子而称为五价态。三价掺杂剂增加了空穴的数目（正性掺杂剂或p型），而五价掺杂将增加自由电子的数目（负性掺杂剂或n型）。

表3-1　掺杂元素

受主杂质Ⅲ族（p型）	Ⅳ族	施主杂质Ⅴ族（n型）
硼　5	碳　6	氮　7
铝　13	硅　14	磷　15
镓　31	锗　32	砷　33
铟　49	锡　50	锑　51

n型半导体： 以硅为例，纯硅中加入五价元素，称为n型半导体。五价掺杂剂称为施主（它们贡献一个额外的可移动电子）。典型情况下包括磷、砷和锑。图3-3展示了加入五价掺杂剂原子的硅。以磷为例，磷所提供的额外可移动的电子，无共价键的束缚，称为自由电子。当电子挣脱共价键的束缚，留下一个空位，称为空穴。对n型硅而言，自由电子是多数载流子，也称多子；空穴是少数载流子，也称少子。

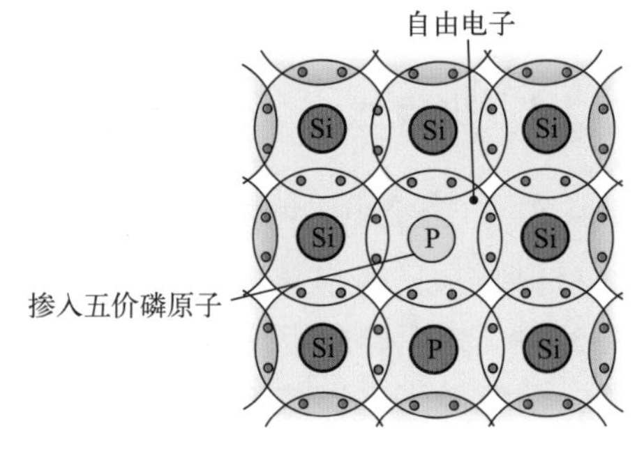

图3-3　掺磷的n型硅的电子

p型半导体： 以硅为例，纯硅中加入三价元素，称为p型半导体。三价掺杂剂称为受主（它们得到一个额外的可移动电子），最常见的受主元素是硼。在图3-4所示的p型硅中，以硼为例，硼因共价键上电子的空缺形成空穴。空穴是p型硅中主要的电流载流子。空穴为多数载流子，电子为少数载流子。

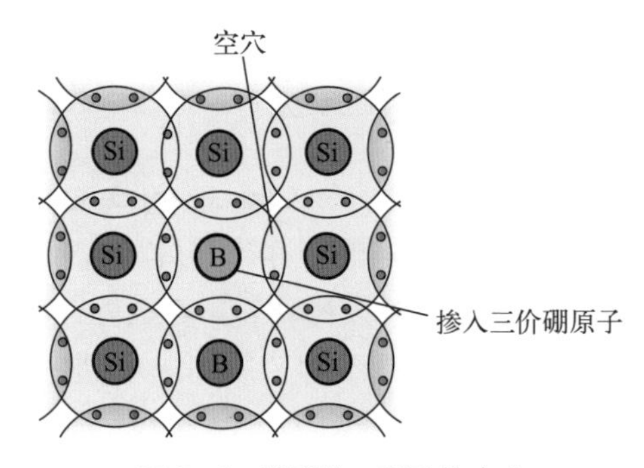

图3-4　掺硼的p型硅的空穴

3.2.1.3　电子和空穴传导

通过掺杂特定的掺杂元素，半导体可以成为n型或者p型。n型和p型半导体可以用电子或者空穴来导电。

图3-5解释了空穴是怎样导电的。在p型材料中（见图3-6），电子会沿箭头的方向跃入一个空穴而移向正极。当电子离开它的位置时，也留下一个新的空穴。当它继续向正极移动时，会形成连续的空穴。在表3-2中总结了掺杂半导体的特性。

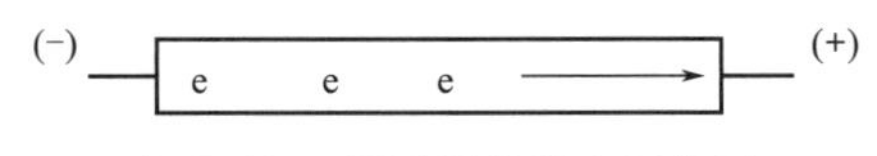

图3-5　n型半导体的电子传导

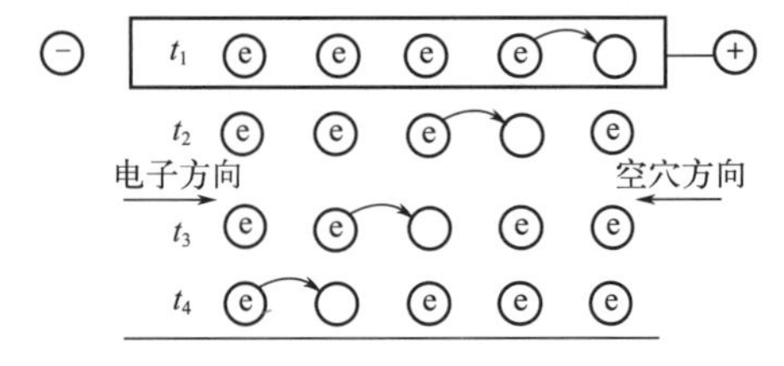

图3-6　p型半导体的空穴传导

表3-2 掺杂半导体的性质

类型	n型	p型
导电	电子	空穴
极性	负	正
掺杂术语	施主	受主
在硅中掺杂元素	砷	硼
	磷	
	锑	

3.2.2 硅材料

3.2.2.1 为什么选择硅

硅是一种化学元素，英文silicon，化学符号是Si，原子序数14，相对原子质量28.0855，密度2.33g/cm^3，熔点1414℃，沸点3265℃，元素周期表上第ⅣA族的类金属元素。硅原子的外层有4个电子，即价电子，它对硅原子的导电性等方面起着主导作用。硅晶体中没有明显的自由电子，能导电，但电导率不及金属，且随温度升高而增加，具有半导体性质。

为什么选择硅作为集成电路制造的主要半导体材料呢？

① 硅是地壳中第二丰富的元素，占到地壳成分的约25%。硅经过提纯，其纯度可达到集成电路制造的标准，同时具有更低的成本。

② 硅的熔点1414℃远高于锗。高熔点使硅可以承受高温工艺。

③ 用硅制造的半导体件具有更宽的温度范围，增加了其应用范围和可靠性。

④ 硅具有表面自然生长二氧化硅（SiO_2）的能力。SiO_2具有绝缘特性，可作为阻挡层保护硅不受外部沾污，同时也是制造高性能金属氧化物半导体（MOS）器件的根本。

3.2.2.2 晶体结构与晶向

晶体（crystal）：大量微观物质单位（原子、离子、分子等）按一定规则有序排列的结构。例如硅和锗，在材料中，原子重复排列成非常固定的结构，这种材料称为晶体。

非晶体或无定形（amorphous）：指结构无序或者短程有序而长程无序的物质，组成物质的分子（或原子、离子）不呈空间有规则周期性排列的固体，它没有一定规则的外形。玻璃体是典型的非晶体，所以非晶态又称为玻璃态。

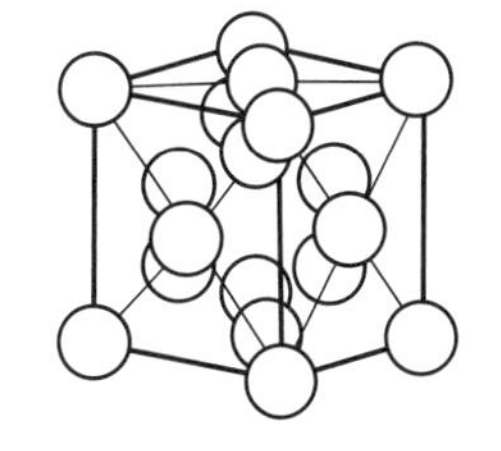

图3-7 硅晶胞

晶胞（unit cell）：构成晶体最基本的几何单元称为晶胞，其形状、大小与空间格子的平行六面体单位相同，保留了整个晶格的所有特征。保持晶体结构的对称性而体积又为最基本的称“单位晶胞”，简称晶胞。硅晶胞的原子排列为金刚石结构（见图3-7）。

晶格（lattice）：晶体材料具有特定的晶格结构，并且原子位于晶格结构的特定点。在晶胞里原子的数量、相对位置及原子间的结合能会引发材料的许多特性。砷化镓晶体的原子排列为闪锌矿结构（见图3-8）。

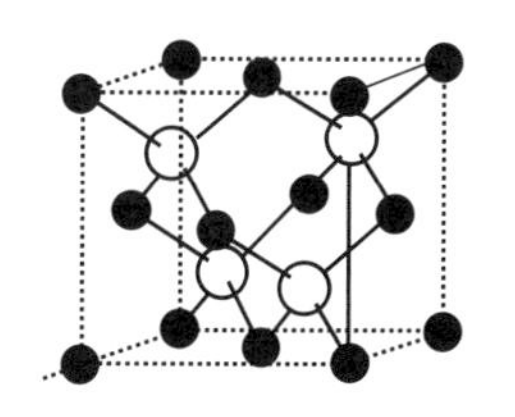

图3-8 砷化镓晶体结构

多晶（polycrystal）：有的晶体是由许许多多的小晶粒组成的，若晶粒之间的排列没有规则，则这种晶体称为多晶体，如金属铜和铁。在本征半导体中，晶胞间不是规则排列的。

单晶（single crystal）：结晶体内部的微粒在三维空间呈有规律的、周期性的排列，或者说晶体的整体在三维方向上由同一空间格子构成，整个晶体中质点在空间的排列为长程有序的。单晶整个晶格是连续的（见图3-9）。

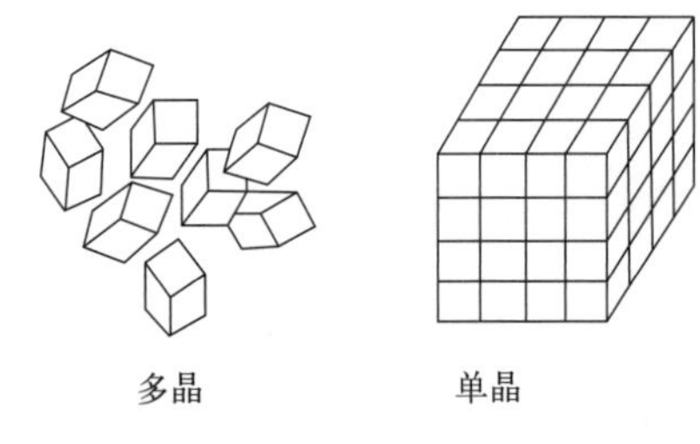

图3-9　多晶和单晶结构

晶向（crystal orientation）：在晶体中，任意两个原子之间的连线称为原子列，其所指方向称为晶向。在垂直平面上切割将会暴露一组平面，而角对角切割将会暴露一个不同的平面。每个平面是独一无二的，不同之处在于原子数和原子间的结合能。每个平面具有不同的化学、电学和物理特性，这些特性将赋予晶圆。对于一个晶圆，除了要有单晶结构之外，还需要有特定的晶向。

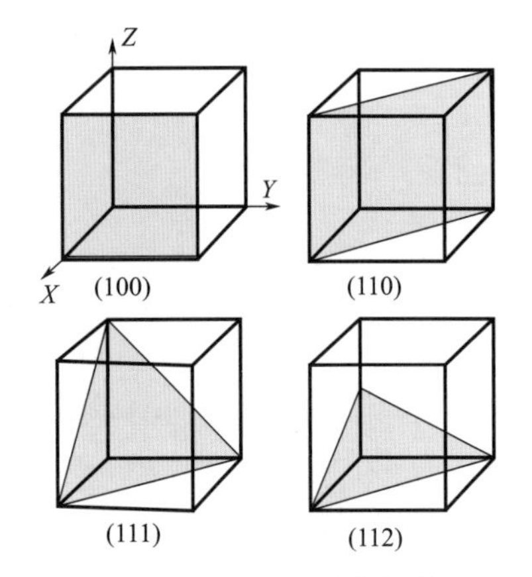

图3-10　晶面的密勒指数

晶面通过一系列称为密勒指数的三个数字组合来表示。如图3-10所示，立方晶胞嵌套在*XYZ*坐标中。在硅晶圆中最通常使用的晶向是<100>和<111>。<100>晶向的晶圆用来制造MOS器件和电路，而<111>晶向的晶圆用来制造双极型器件和电路。

3.2.3　三代半导体材料

化合物半导体材料主要有Ⅲ-Ⅴ族化合物和Ⅱ-Ⅵ族化合物，由周期表中ⅢA族和ⅤA族元素构成Ⅲ-Ⅴ族化合物，由ⅡA族和ⅥA族元素构成Ⅱ-Ⅵ族化合物。

砷化镓（GaAs）是最常见的Ⅲ-Ⅴ族半导体，这种化合物存在其他变种，例如用于制造蓝色半导体激光器和发光二极管的氮化镓（GaN）。另一种半导体材料是SiGe，它可能在市场应用中同GaAs展开竞争。

碲化镉（CdTe）和硒化锌（ZnSe）是两种最主要的Ⅱ-Ⅵ族材料。碲化镉半导体主要用于红外（IR）探测系统。硒化锌是另一种用于制造蓝色发光二极管的Ⅱ-Ⅵ族化合物材料。

3.2.3.1　第一代半导体材料

第一代半导体材料主要是指硅（Si）、锗（Ge）元素半导体材料。主要应用于各类分立元件和集成电路，例如用于电子信息网络工程、计算机、手机、电视、航空航天、各类军事工程及迅速发展的新能源、硅光伏产业中。

3.2.3.2　第二代半导体材料

第二代半导体材料主要是指二元化合物半导体材料，如砷化镓（GaAs）、锑化铟

（InSb）；三元化合物半导体，如GaAsAl、GaAsP；固溶体半导体，如SiGe、GaAs-GaP；玻璃半导体（又称非晶态半导体），如非晶硅、玻璃态氧化物半导体；有机半导体，如酞菁、酞菁铜、聚丙烯腈等。

■ （1）砷化镓（GaAs）

砷化镓（GaAs）是最常见的Ⅲ-Ⅴ族化合物半导体材料，载流子的高迁移率是砷化镓的一个重要特性。通信系统中，砷化镓器件比硅器件能更快地响应高频微波，并有效地把它们转变为电流。砷化镓器件比类硅器件快两到三倍，可应用于超高速计算机和实时控制电路（如飞机控制）。砷化镓本身对辐射所造成的漏电具有抵抗性，是天然辐射加固材料。砷化镓也是半绝缘的，使邻近器件的漏电最小化，允许更高的封装密度，进而缩小空穴和电子移动的距离，电路的速度更快。

■ （2）SiGe

硅和锗都是ⅣA族的元素半导体材料，有4个价电子。SiGe这种半导体材料提高了晶体管的速度，应用于超高速的对讲机和个人通信设备当中。集成电路关键的性能指标是速度，以速度为中心以满足更高的信号频率。

3.2.3.3 第三代半导体材料

第三代半导体材料主要包括碳化硅（SiC）、氮化镓（GaN）、氧化锌（ZnO）、金刚石、氮化铝（AlN）等宽禁带半导体材料。主要应用于半导体照明、电力电子器件、激光器和探测器以及其他等领域，每个领域产业成熟度各不相同。

■ （1）碳化硅（SiC）

SiC是由硅（Si）和碳（C）组成的化合物半导体材料。密度是3.2g/cm^3，天然碳化硅罕见，主要通过人工合成。其晶体结构具有同质多晶体的特点，在半导体领域最常见的是具有立方闪锌矿结构的3C-SiC以及六方纤锌矿结构的4H-SiC和6H-SiC。其结合力非常强，在热、化学、机械方面都非常稳定。

碳化硅作为第三代半导体材料的典型代表，也是目前晶体生产技术和器件制造水平最成熟、应用最广泛的宽禁带半导体材料之一，是高温、高频、抗辐射、大功率应用场合下极为理想的半导体材料。由于碳化硅功率器件可显著降低电子设备的能耗，因此碳化硅器件也被誉为带动“新能源革命”的“绿色能源器件”。

■ （2）氮化镓（GaN）

氮化镓（GaN）是第三代半导体材料的典型代表，在T=300K时，是半导体照明中发光二极管的核心组成部分。氮化镓是一种人造材料，形成氮化镓的条件极为苛刻，需要2000多摄氏度的高温和近万倍大气压的条件才能用金属镓和氮气合成为氮化镓，在自然界是不可能实现的。氮化镓（GaN）具有高性能、高可靠性、低成本的特点。GaN的禁带宽度较宽（3.4eV），采用蓝宝石等材料作衬底，散热性能好，有利于器件在大功率条件下工作。目前，GaInN超高度蓝光、绿光LED技术已经实现商品化，世界各大公司和研究机构都纷纷投入巨资，加入开发蓝光LED的竞争行列。

3.3 化学品

物质状态是指一种物质出现不同的相。物质是由分子、原子构成的。通常所见的物质有三态：气态、液态、固态。另外，物质还有“等离子态”“超临界态”“超固态”“中子态”。如图3-11所示。上述形态中，固态、液态、气态是生活中比较常见的基本形态。

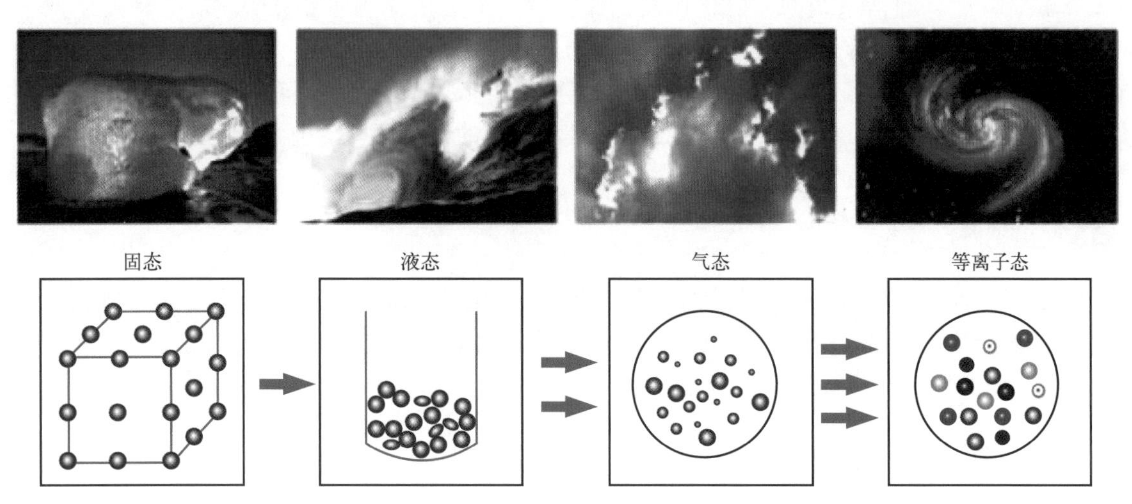

图3-11 物质的形态

许多物质都能够以三种基本物理形态中的任意一种存在。举例来说，水随着周围温度和压力的改变而改变它的物质形态。随着温度上升，固态水（冰）融化成液态水，然后蒸发成气体状态（水蒸气）。许多物质都是以这种方式发生物质形态变化的。

集成电路制造业使用了多种超高纯度的工艺用化学品。工艺用化学品通常有三种状态：液态、固态和气态。化学品在集成电路制造业中的主要用途有：

① 用湿法化学溶液和超纯净的水清洗或准备硅片表面。

② 用高能离子对硅片进行掺杂得到p型和n型硅材料。

③ 淀积不同的金属导体层以及导体层之间必要的介质层。

④ 生长薄的二氧化硅层作为MOS器件主要的栅极介质材料。

⑤ 用等离子体增强刻蚀或湿法试剂有选择地去除材料，并在薄膜上形成所需要的图形。

3.3.1 液体

在硅片加工厂液态工艺用化学品主要有以下几大类：酸、碱、溶剂。

3.3.1.1 酸

在常规的定义中，酸是一种包含氢并且氢在水中裂解（意思是化学键断裂）形成水合氢离子H_3O^+的溶液。既然酸中包含氢，那么在它的化学式里就包含H元素，例如磷酸（H_3PO_4）或盐酸（HCl）。

下面用盐酸的化学反应方程式来说明酸是如何在水中发生分解的：

$$HCl（气体）+H_2O（液体）\longrightarrow Cl^-（水溶液）+H_3O^+（水溶液）$$

在集成电路制造过程中使用了多种酸。表3-3列出了一些常用的酸及其在硅片加工中的特定用途。

表3-3　集成电路制造过程中常用的酸

酸	符号	用途
氢氟酸	HF	刻蚀SiO_2和清洗石英器皿
盐酸	HCl	湿式清洗化学药品，它是标准洁净溶液的成分，用于清除晶圆上的重金属
硫酸	H_2SO_4	例如常应用于晶圆清洗的piranha（食人鱼）溶液。其成分为7份的硫酸加上3份浓度为30%的过氧化氢（双氧水）
缓冲氧化层刻蚀剂（BOE）：氢氟酸和氟化铵溶液	HF和NH_4F	SiO_2薄膜的刻蚀
磷酸	H_3PO_4	四氯化硅的刻蚀
硝酸	HNO_3	HF和HNO_3混合液中的HNO_3系用来刻蚀磷硅玻璃（PSG）

3.3.1.2　碱

碱是一类含有氢氧根的化合物，例如，NaOH（氢氧化钠）和KOH（氢氧化钾），在溶液中发生水解生成氢氧根离子（OH^-）。表3-4列出了在集成电路制造过程中通常会使用的碱性物质。

表3-4　集成电路制造过程中通常用的碱

碱	符号	使用例子
氢氧化钠	NaOH	湿式刻蚀剂
氢氧化铵	NH_4OH	清洁溶液
氢氧化钾	KOH	正胶显影液
四甲基氢氧化铵	TMAH	正胶显影液

3.3.1.3　溶剂

溶剂是一种能够溶解其他物质形成溶液的物质。大多数溶剂，比如乙醇和丙酮，是易挥发并可燃的。表3-5列出了硅片厂常用的溶剂。

表3-5　集成电路制造过程中常用的溶剂

溶剂	英文名	使用例子
去离子水	DI water	广泛地被用来冲洗晶圆和稀释去污溶剂
异丙醇	IPA	一般用途的去污溶剂
三氯乙烯	TCE	使用于晶圆及一般去污用途的溶剂
丙酮	acetone	一般用途的去污溶剂（强于IPA）
二甲苯	xylene	强去污剂，亦能移除硅片边缘的光刻胶

3.3.2　气体

集成电路制造过程中使用了多种气体，通常被分成两类：通用气体和特种气体。通用气体有氧气（O_2）、氮气（N_2）、氢气（H_2）、氦气（He）和氩气（Ar）。特种气体也是指一些工艺气体以及其他在半导体集成电路制造中比较重要的气体。

3.3.2.1 通用气体

对于气体供应商来说，通用气体是相对简单的气体，它被存储在硅片制造厂外面的大型存储罐里或者大型管式拖车内。通用气体常分成惰性、还原性和氧化性三种（见表3-6）。

表3-6 通用气体

气体类型	气体	符号	使用例子
惰性	氮	N_2	清除气体管线和工艺反应室里的水汽和残留气体，有时也当作工艺气体使用在一些淀积过程中
	氩	Ar	在晶圆工艺中被使用在工艺反应室里
	氦	He	工艺反应室气体，用于检验真空室的漏洞
还原性	氢	H_2	用于外延层制造的载气，也用于氧化过程时，在炉管中和氧气形成水汽。使用在许多晶圆制造过程中
氧化性	氧	O_2	工艺反应室气体

3.3.2.2 特种气体

特种气体是指那些供应量相对较少的气体。这些气体通常比通用气体更危险，它们是许多制造芯片所必需材料的原料来源。这些特种气体在工艺线上最典型的用途是用于工艺腔体中。特种气体可以分成氢化物、氟化物、酸性气体及其他气体。表3-7列出了一些常用的特种气体。

表3-7 集成电路制造中一些常用的特种气体

气体种类	气体	符号	气体种类	气体	符号
氢化物	硅烷	SiH_4	氟化物	四氟化碳	CF_4
	胂（砷化氢）	AsH_3		四氟化硅	SiF_4
	磷化氢	PH_3		三氟化氯	ClF_3
	乙硼烷	B_2H_6	酸性气体	三氟化硼	BF_3
	正硅酸乙酯	$C_8H_{20}O_4Si$		氯	Cl_2
	四氯化硅	$SiCl_4$		三氯化硼	BCl_3
	二氯甲硅烷	SiH_2Cl_2		氯化氢	HCl
氟化物	三氟化氮	NF_3	其他气体	氨	NH_3
	六氟化钨	WF_6		氧化亚氮	N_2O
	四氟乙烷	C_2F_4		一氧化碳	CO

3.4 沾污控制

一个硅片表面具有多个微芯片，每个芯片又差不多有数以百万计的器件和互连线路，它们对沾污都非常敏感。随着芯片的特征尺寸为适应更高性能和更高集成度的要求而缩小，控制表面沾污变得越来越关键。为实现沾污控制，所有的硅片制备都要在沾污严格控制的净化间（图3-12）内完成。

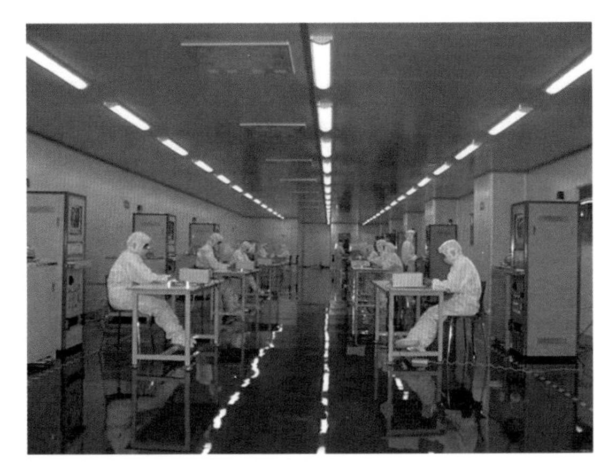

图3-12 净化间

3.4.1 沾污杂质的分类

沾污是指集成电路制造过程中引入半导体硅片的任何危害芯片成品率及电学性能的物质。沾污经常导致芯片出现缺陷。致命缺陷是导致硅片上的芯片无法通过电学测试的原因。据估计，80%的芯片电学失效是由沾污带来的缺陷引起的。电学失效引起成品率降低，导致硅片上的管芯报废（丢弃）以及很高的芯片制造成本。净化间沾污分为五类：

① 颗粒。

② 金属杂质。

③ 有机物沾污。

④ 自然氧化层。

⑤ 静电释放（ESD）。

3.4.1.1 颗粒

颗粒：是能黏附在硅片表面的小物体。悬浮在空气中传播的颗粒被称为浮质（aerosol）。从鹅卵石到原子的各种颗粒的相对尺寸分布如图3-13所示。

颗粒带来的问题：对于集成电路制造，我们的目标是控制并减少硅片与颗粒的接触。在硅片制造过程中，颗粒能引起电路开路或短路，如图3-14所示。

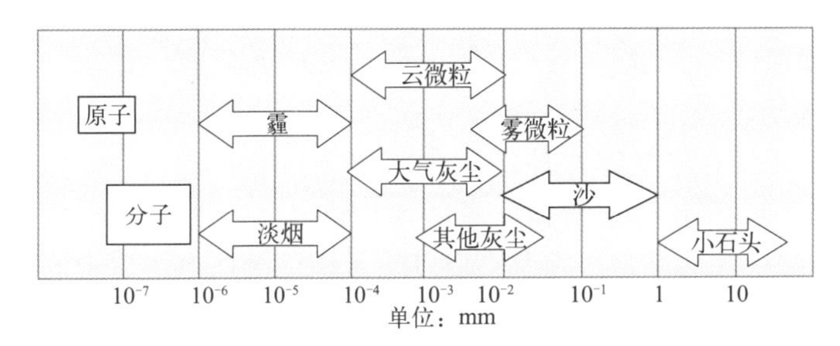

图3-13 颗粒的相对尺寸

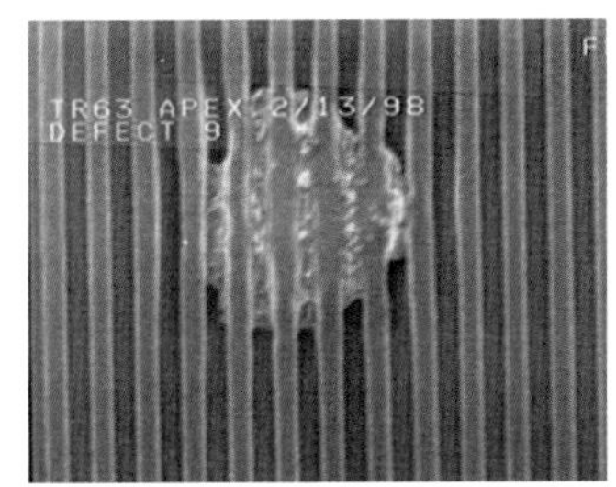

图3-14 颗粒引起的缺陷

集成电路制造中，可以接受的颗粒尺寸的粗略法则是它必须小于最小器件特征尺寸的一半。大于这个尺寸的颗粒会引起致命的缺陷。例如，22nm的特征尺寸不能接触11nm以上尺寸的颗粒。为估量这些尺寸，先假定人类头发的直径约为90μm。22nm的尺寸则是人类头发尺寸的约1/4000（见图3-15）。

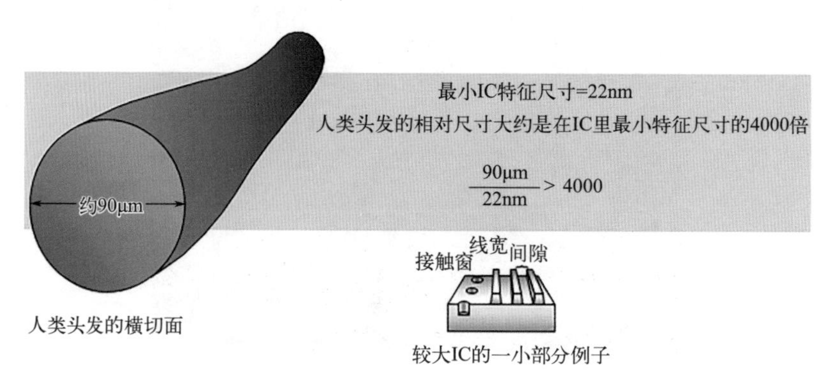

图3-15　人类头发与22nm尺寸的对比

3.4.1.2　金属杂质

金属杂质：硅片加工厂的沾污也可能来自金属化合物。危害半导体工艺的典型金属杂质是碱金属，它们在普通化学品和工艺中都很常见。这些金属在所有用于硅片加工的材料中都要严格控制（见表3-8）。

表3-8　典型金属杂质元素

重金属	碱金属
铁（Fe）	钠（Na）
铜（Cu）	钾（K）
铝（Al）	锂（Li）
铬（Cr）	
钨（W）	
钛（Ti）	

一种金属沾污来源于离子注入工艺，其金属沾污是最多的，在10^{12}～10^{13}原子/cm^3。另一种金属沾污的来源是化学品同传输管道和容器的反应。金属离子在半导体材料中是高度活动性的，被称为可动离子沾污（MIC）。当MIC引入硅片中时，在整个硅片中移动，严重损害器件电学性能和长期可靠性。未经处理过的化学品中的钠是典型的、最为普遍的MIC之一，人类充当了它的运送者。人体以液态形式包含了高浓度的钠（例如唾液、眼泪、汗液等）。钠沾污在硅片加工中被严格控制。

金属杂质带来的问题：金属杂质导致了集成电路制造中器件成品率的减少，例如氧化物-多晶硅栅结构中的结构性缺陷，包括pn结上泄漏电流的增加以及少数载流子寿命的减少。MIC沾污能迁移到栅结构中的氧化硅界面，改变开启晶体管所需的阈值电压。由于它们的性质活泼，金属离子可以在电学测试和运输很久以后沿着器件移动，引起器件在使用期间失效。集成电路制造的一个主要目标是减少与金属杂质和MIC的接触。

3.4.1.3 有机物沾污

有机物沾污：是指那些包含碳的物质，几乎总是同碳自身及氢结合在一起，有时也和其他元素结合在一起。有机物沾污的一些来源包括细菌、润滑剂、蒸气、清洁剂、溶剂和潮气等。现在用于硅片加工的设备使用不需要润滑剂的组件来设计，例如，无油润滑泵和轴承等。

有机物沾污带来的问题：在特定工艺条件下，微量有机物沾污能降低栅氧化层材料的致密性。工艺过程中有机材料给半导体表面带来的另一个问题是表面的清洗不彻底，这种情况使得诸如金属杂质之类的沾污在清洗之后仍完整保留在硅片表面。

3.4.1.4 自然氧化层

自然氧化层：如果暴露于室温下的空气或含溶解氧的去离子水中，硅片的表面将被氧化，这一薄氧化层称为自然氧化层。硅片上最初的自然氧化层生长始于潮湿。当硅片表面暴露在空气中时，一秒钟内就有几十层水分子吸附在硅片上并渗透到硅表面，这引起硅表面甚至在室温下就发生氧化。天然氧化层厚度随暴露时间的增长而增加。

自然氧化层带来的问题：硅表面无自然氧化层对半导体性能和可靠性是非常重要的。自然氧化层将妨碍其他工艺步骤，如硅片上单晶薄膜的生长和超薄栅氧化层的生长。自然氧化层也包含了某些金属杂质，它们可以向硅中转移并形成电学缺陷。自然氧化层引起的另一个问题在于金属导体的接触区。接触使得互连线与半导体器件的源区及漏区保持电学连接。如果有自然氧化层存在，将增加接触电阻，减少甚至可能阻止电流流过。自然氧化层需要通过使用含HF的混合液的清洗步骤去除，抑制自然氧化层的另一个方法是把多步工序集成在一个包含了高真空室的多腔体设备中，这样硅片就不会暴露于大气和潮湿的环境中。

3.4.1.5 静电释放

静电释放（ESD）：是另一种形式的沾污，因为它是静电荷从一个物体向另一物体未经控制地转移，可能损坏微芯片。ESD产生于两种不同静电势的材料接触或摩擦（称为摩擦电），带过剩负电荷的原子被相邻的带正电荷的原子吸引。这种由吸引产生的电流泄放电压可以高达几万伏。集成电路制造中特别容易产生静电释放，因为硅片加工保持在较低的湿度中，典型条件为40%±10%的相对湿度（RH）。这种条件容易使较高级别的静电荷生成。虽然增加相对湿度可以减少静电生成，但是也会增加侵蚀带来的沾污，因而这种方法并不实用。

静电释放带来的问题：ESD发生时，转移的静电总量通常很小（纳库仑级别），然而放电的能量积累在硅片上很小的一个区域内。因此，几纳秒内的静电释放能产生超过1A的峰值电流，甚至可以蒸发金属导体连线和穿透氧化层。放电也可能成为栅氧化层击穿的诱因。ESD带来的另一个重大问题在于，一旦硅片表面有了电荷积累，它产生的电场就能吸引带电颗粒，或极化并吸引中性颗粒到硅片表面。随着器件关键尺寸的缩小，ESD对更小颗粒的吸引变得重要起来，能产生致命缺陷。为减少颗粒沾污，硅片放电必须得到控制。

3.4.2 净化间沾污与控制

硅片的净化间必须严格控制沾污以减小危害微芯片性能的致命缺陷。几乎每一个接触硅片的物体都是潜在的沾污来源。硅片生产厂房的沾污源为：

① 空气。

② 人。

③ 厂房。

④ 水。

⑤ 工艺化学品。

⑥ 生产设备。

3.4.2.1 空气沾污的控制

净化间最基本的概念是硅片工厂空气中的颗粒控制。净化级别标定了净化间的空气质量级别，它是由净化间空气中的颗粒尺寸和密度表征的。例如1级净化间，每立方英尺（$ft^3$❶）只接受1个0.5μm的颗粒，这意味着每立方英尺中尺寸等于或大于0.5μm的颗粒最多允许1个。对于尺寸不同于0.5μm的颗粒，净化间级别应该表达为具体颗粒尺寸的净化级别。例如：10级0.2μm（每立方英尺最多允许尺寸等于或大于0.2μm的颗粒75个）和10级0.1μm（每立方英尺最多允许包含尺寸等于或大于0.1μm的颗粒350个）。

3.4.2.2 人员沾污的控制

人是颗粒的产生者。工作人员持续不断地进出净化间，是净化间沾污的最大来源。颗粒来自于头发和头发用品（喷雾、发胶）、衣物纤维屑、皮屑等。一个人平均每天释放1oz❷颗粒。人类活动释放的颗粒见表3-9。

表3-9 人类活动释放的颗粒

颗粒来源	每分钟大于等于0.3μm的平均颗粒数
静止	100000
移动手、臂、躯干、脖子和头	500000
步行，2km/h	5000000
步行，3.5km/h	7500000

为实现净化间内的超净环境，工作人员必须遵循某些程序，称为净化间操作规程，还必须穿上超净服（也叫“兔子服”，图3-16）。超净服由兜帽、连衣裤工作服、靴子和手套组成，完全包裹住身体。超净服系统的目标是满足以下职能标准：

① 对身体产生的颗粒和浮质的总体抑制。

② 超净服系统颗粒零释放。

③ 对ESD的零静电积累。

④ 无化学和生物残余物的释放。

图3-16 穿超净服的技术员

❶ $1ft^3=0.0283168m^3$。

❷ 盎司，1oz=28.34952g。

3.4.2.3 厂房沾污控制

净化间的设计和操作过程都必须防止外界沾污的侵入。控制外界沾污的技术如下：

① 黏性地板垫。

② 更衣区。

③ 空气压力。

④ 风淋间。

⑤ 维修区。

⑥ 双层门进出通道。

⑦ 静电控制。

⑧ 鞋套。

⑨ 手套清洗器。

⑩ 净化间沾污控制。

3.4.2.4 工艺用水沾污控制

为了制造半导体，需要大量的高质量、超纯去离子（DI）水（有时称为UPW，超纯水）。城市用水含有大量的沾污以致不能用于硅片生产。去离子水是集成电路制造中用得最多的化学品，主要用在化学硅片清洗溶液和后清洗中。据估计，在一条现代化的200mm工艺线中，制造每个硅片的去离子水消耗量达到7570L。

超纯去离子水中不允许存在的沾污有：

① 溶解离子。

② 有机材料。

③ 颗粒。

④ 细菌。

⑤ 硅土。

⑥ 溶解氧。

3.4.2.5 工艺化学品沾污控制

为保证成功的器件成品率和性能，半导体工艺所用的液态化学品必须不含沾污。检定数（assay number）用来鉴别化学纯度，它指的是容器中特定化学物的百分比（与出现的其他物质无关）。过滤器用来防止传送时分解或再循环时用来保持化学纯度，过滤器尽可能靠近工艺室，使用现场过滤。不同过滤器分类如下：

① 颗粒过滤（particle filtration）：适用于大约1.5μm以上颗粒的深度型过滤。

② 微过滤（microfiltration）：用于去除液体中0.1 ～ 1.5μm颗粒的膜过滤。

③ 超过滤（ultrafiltration）：用于阻挡大约0.005 ～ 0.1μm尺寸大分子的加压膜过滤。

④ 反渗透（reverse osmosis）：也被称为超级过滤（hyperfiltration），它是一个加压的处理方案，输送液体通过一层半渗透膜，过滤掉小至0.005μm的颗粒和金属离子。

3.4.2.6 生产设备沾污控制

硅片工厂中最大的颗粒来源是制造半导体硅片的生产设备。在硅片制造过程中，硅片从片架重复地转入设备中。为了制造一个硅片，这一系列操作重复达450次或更多，把硅片暴露在不同设备的许许多多机械和化学加工过程中。下面是工艺设备中各种颗粒沾污来源的一些例子：

① 剥落的副产物积累在腔壁上。

② 自动化的硅片装卸和传送。

③ 机械操作，如旋转手柄和开关阀门。

④ 真空环境的抽取和排放。

⑤ 清洗和维护过程。

制造过程中，当硅片暴露于更多的设备操作时，硅片表面的颗粒数将增加。从图3-17可以看出这种情况。

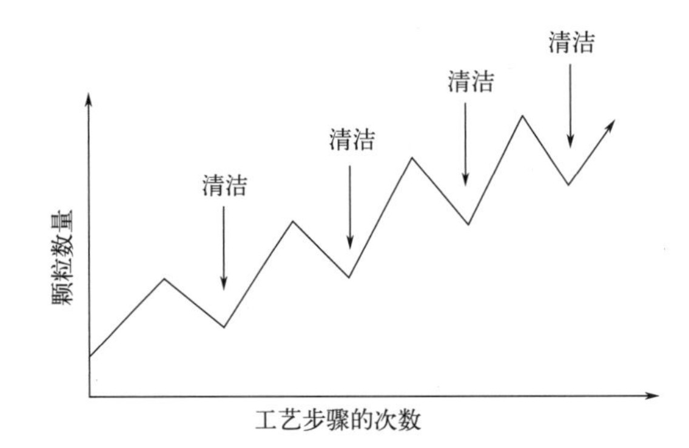

图3-17 硅片表面的颗粒数与工艺步骤数直接的关系

3.4.3 硅的湿法清洗

硅片清洗的目标是去除所有表面沾污：颗粒、有机物、金属和自然氧化层。

3.4.3.1 湿法清洗

湿法清洗是普遍使用的清洗方法，用在湿法清洗中的典型化学品以及它们去除的沾污列于表3-10。硅片制造过程中，最关键的表面清洗工艺步骤之一发生在硅片上热生长氧化层之前。超薄氧化层必须从完全洁净的硅片表面开始生长。

表3-10 硅片湿法清洗化学品

沾污	名称	化学配料描述	分子式
颗粒	piranha（SPM）	硫酸/过氧化氢/去离子水	$H_2SO_4/H_2O_2/H_2O$
	SC-1（APM）	氢氧化铵/过氧化氢/去离子水	$NH_4OH/H_2O_2/H_2O$
有机物	SC-1（APM）	氢氧化铵/过氧化氢/去离子水	$NH_4OH/H_2O_2/H_2O$
金属（不含铜）	SC-2（HPM）	盐酸/过氧化氢/去离子水	$HCl/H_2O_2/H_2O$
	piranha（SPM）	硫酸/过氧化氢/去离子水	$H_2SO_4/H_2O_2/H_2O$
	DHF	氢氟酸/水溶液（不能去除铜）	HF/H_2O
自然氧化层	DHF	氢氟酸/水溶液（不能去除铜）	HF/H_2O
	BHF	缓冲氢氟酸	$NH_4F/HF/H_2O$

3.4.3.2 RCA清洗

RCA清洗工艺：工业标准湿法清洗工艺，RCA是美国无线电公司的缩写。RCA湿法清洗由一系列有序浸入的两种不同化学溶液组成：1号标准清洗液（SC-1）和2号标准清洗液（SC-2）。

1号标准清洗液（SC-1）：化学配料为$NH_4OH/H_2O_2/H_2O$（氢氧化铵/过氧化氢/去离子水）。这三种化学物按1:1:5到1:2:7的配比混合。SC-1清洗液是碱性溶液，能去除颗粒和有机物质。对于颗粒，SC-1湿法清洗主要通过氧化颗粒或电学排斥起作用。过氧化氢是强氧化剂，能氧化硅片表面和颗粒。颗粒上的氧化层能提供消散机制，分裂并溶解颗粒，破坏颗粒和硅片表面之间的附着力。这样颗粒变得可溶于SC-1溶液而脱离表面。这一过程如图3-18所示。过氧化氢的氧化效应也在硅表面形成一个保护层，阻止颗粒重新黏附在硅片表面。

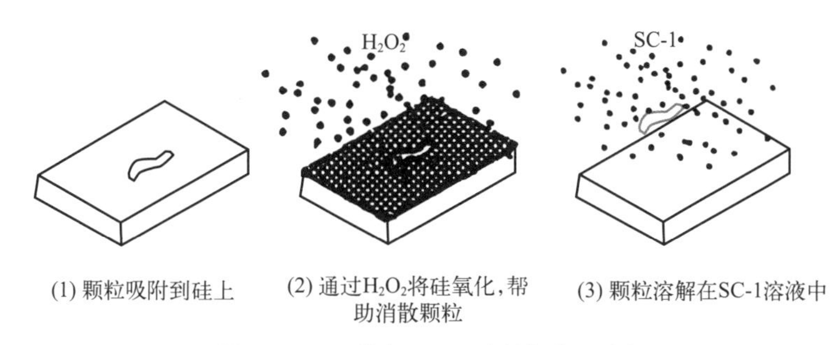

图3-18 颗粒在SC-1中的氧化和溶解

2号标准清洗液（SC-2）：组分是$HCl/H_2O_2/H_2O$（盐酸/过氧化氢/去离子水），按1:1:6到1:2:8的配比混合。SC-2湿法清洗工艺用于去除硅片表面的金属。为了去除硅表面的金属（和某些有机物）沾污，必须使用高氧化能力和低pH值的溶液。在这种情况下，金属成为离子并溶于具有强烈氧化效应的酸液中。清洗液就能从金属和有机物沾污中俘获电子并氧化它们，电离的金属溶于溶液中，而有机杂质被分解。

3.4.3.3 改进的RCA清洗

piranha溶液：piranha是一种强效的清洗溶液，其主要成分为硫酸（H_2SO_4）和过氧化氢（H_2O_2），目的是去除硅片表面的有机物和金属杂质。piranha最为常见的比例是7份浓缩H_2SO_4和3份30%（按体积）的H_2O_2。通常的清洗方法是把硅片浸入125℃的piranha中19min，紧接着用去离子水彻底清洗。

最后的HF步骤：在最后一步时把硅片表面暴露于氢氟酸（HF），以去除硅片表面的自然氧化层。硅片表面无自然氧化层，是生长高纯外延薄膜和MOS电路栅极超薄氧化物（50Å[1]或更薄）的关键。HF浸泡之后，硅片表面完全被氢原子终止，在空气中具有很高的稳定性，避免了再氧化。氢原子终止的硅表面保持着与体硅晶体相同的状态。

化学蒸气清洗：用化学蒸气去除工艺室内单个硅片上的残存氧化物和金属沾污。硅片暴露在稀HF:H_2O的细密喷雾中，接下来是去离子水清洗和IPA（异丙醇）蒸气干燥步骤。这

[1] 1Å＝10^{-10}m。

个方法是为了减少HF的化学用量而提出的，但并没有得到广泛应用。

硅片清洗步骤典型的硅片清洗顺序如表3-11所示。

表3-11 典型的硅片湿法清洗顺序

清洁步骤	目的
H_2SO_4/H_2O_2（piranha）	去除有机物和金属
UPW（超纯水）清洗	清洗
HF/H_2O（稀HF）	去除自然氧化层
UPW清洗	清洗
$NH_4OH/H_2O_2/H_2O$（SC-1）	去除颗粒
UPW清洗	清洗
HF/H_2O（稀HF）	去除自然氧化层
UPW清洗	清洗
HCl/H_2O_2（SC-2）	去除金属
UPW清洗	清洗
HF/H_2O（稀HF）	去除自然氧化层
UPW清洗	清洗
干燥	干燥

本章小结

本章首先介绍了集成电路制造材料的相关知识，包括半导体的集成知识、硅材料的基础知识以及三代半导体材料。然后介绍了集成电路制作中常用的化学品，包括常见的酸、碱、溶剂、气体等。最后介绍了集成电路制造中常见的沾污、沾污控制方法以及硅的湿法清洗等。

习题

1. 请解释什么是半导体、本征半导体以及掺杂半导体。
2. 什么是n型半导体和p型半导体？分别指出它们的多数载流子和少数载流子。
3. 简述半导体的导电机制。
4. 净化间沾污分类有哪些？
5. 什么是MIC？简要说明MIC的危害。
6. 解释自然氧化层。通过什么方法去除自然氧化层？
7. 解释静电释放。静电释放带来了什么问题？
8. 指出硅片制造厂房的7种沾污源。
9. 简要描述RCA清洗工艺。
10. 什么是SC-1洗液、SC-2洗液、piranha溶液？分别能去除什么沾污？
11. 典型的湿法清洗顺序是什么？

第 4 章

晶圆制备与加工

思维导图

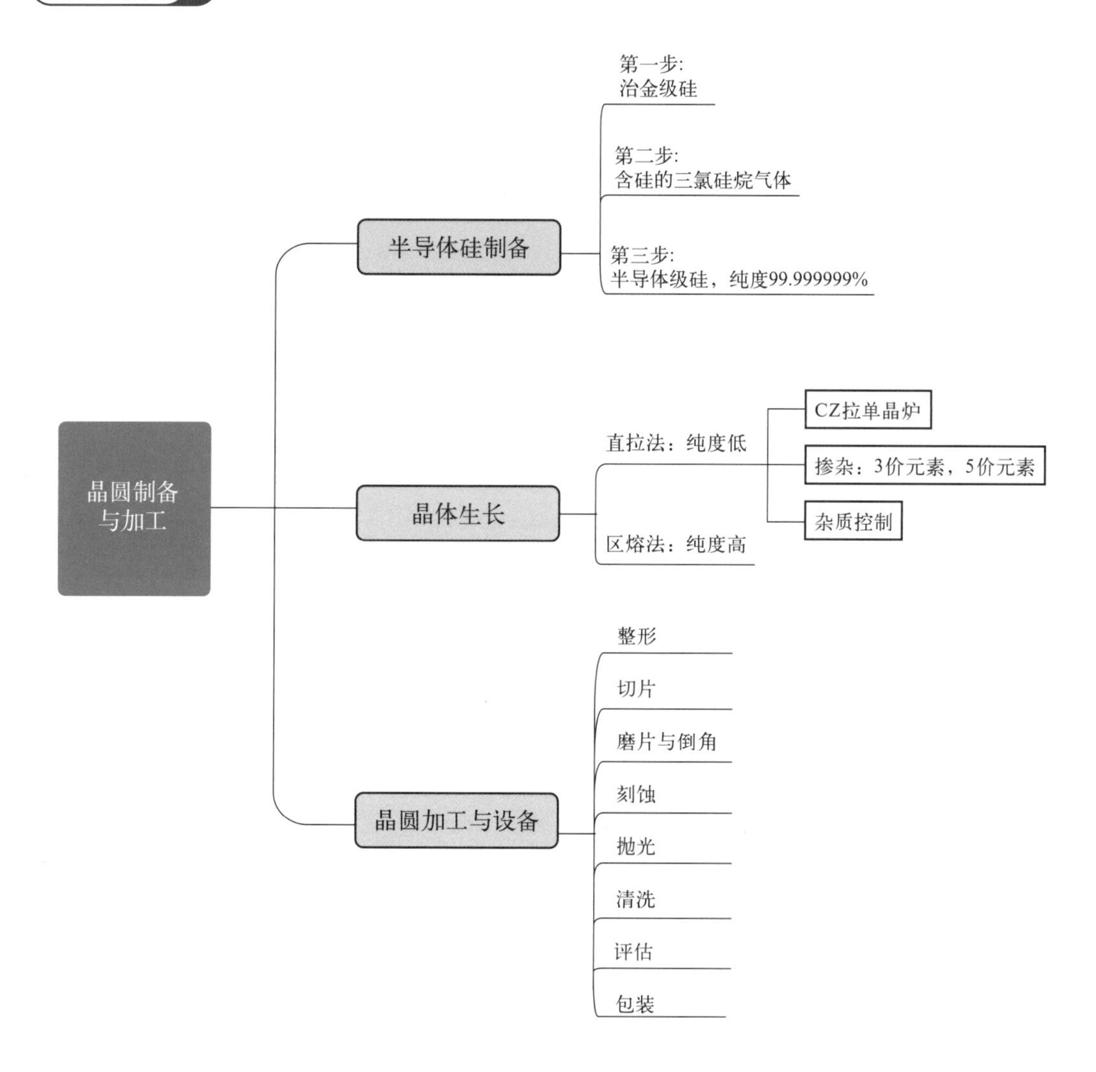

4.1 引言

硅是用来制造芯片的主要半导体材料，天然硅石必须经过提炼，变成非常纯净的硅材料。纯硅要求将硅原子级的微缺陷减到最小，一旦得到了纯硅，将其制作成具有一定的晶向、适量的掺杂浓度和半导体芯片制备所需物理尺寸的硅片。本章将介绍半导体硅的制备方法、晶体生长的方法以及晶圆的加工和设备。

4.2 半导体硅制备

半导体级硅（semiconductor-grade silicon，SGS）：用来做芯片的高纯硅，也称作电子级硅。制作SGS要分以下几步：

第一步：通过加热含碳的硅石（SiO_2）——一种纯沙，发生还原反应来生产冶金级硅，纯度有98%。

$$SiC（固）+SiO_2（固）\longrightarrow Si（液）+SiO（气）+CO（气）$$

第二步：将冶金级硅压碎并通过化学反应生成含硅的三氯硅烷气体。

$$Si（固）+3HCl（气）\longrightarrow SiHCl_3（气）+H_2（气）$$

第三步：含硅的三氯硅烷气体经过再一次化学过程并用氢气还原制备出纯度为99.9999999%的半导体级硅。

$$2SiHCl_3（气）+2H_2（气）\longrightarrow 2Si（固）+6HCl（气）$$

半导体级硅具有集成电路制造要求的超高纯度，它包含少于百万分之二（2ppm❶）的碳元素和少于十亿分之一（1ppb❷）的Ⅲ、Ⅴ族元素（主要的掺杂元素）。

4.3 晶体生长

晶体生长是把半导体级硅的多晶硅转换成一块大的单晶硅，生长后的单晶硅称为硅锭。

4.3.1 直拉法

Czochralski（CZ）法（又称直拉法）生长单晶硅是把熔化了的半导体级硅液体变为有正确晶向并且被掺杂成n型或p型的固体硅锭。85%以上的单晶硅是采用CZ法生长出来的。

所需要晶向的单晶硅作为籽晶来生长硅锭，生长的单晶硅锭就像籽晶的复制品。为了用CZ法得到单晶硅，熔化了的硅和单晶硅籽晶的接触面的条件要精确控制。这些条件保证薄

---

❶ $1ppm=10^{-6}$。

❷ $1ppb=10^{-9}$。

层硅能够精确复制籽晶结构，并最后生长成一个大的硅锭。这些是通过CZ拉单晶炉的设备得到的。

CZ拉单晶炉：如图4-1所示，为了生长硅锭，许多块半导体级硅被放在装有熔凝的硅石（非晶石英）坩埚中，还有少量的掺杂物质使其生成n型或p型硅。随着籽晶在直拉过程中离开熔体，熔体上的液体会因为表面张力而提高。籽晶上的界面散发热量并向下朝着熔体的方向凝固。随着籽晶旋转着从熔体里拉出，与籽晶有同样晶向的单晶就生长出来了（见图4-2）。

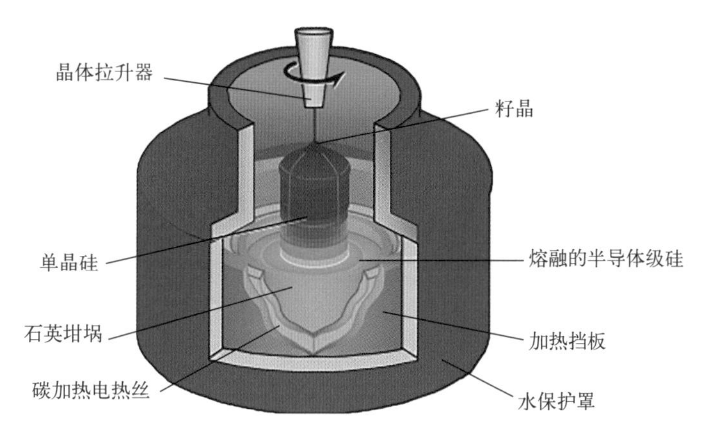

图4-1 CZ拉单晶炉

图4-2 用CZ法生长的硅锭

掺杂：为了在最后得到所需电阻率的晶体，掺杂材料被加到拉单晶炉的熔体中。晶体生长中最常用的掺杂杂质是产生p型硅的三价硼或者产生n型硅的五价磷。硅中的掺杂杂质浓度范围可以用字母和上标来表示，见表4-1。

表4-1 硅掺杂浓度术语

杂质	材料类型	浓度/（原子/cm^3）			
		$<10^{14}$（极轻掺杂）	$10^{14}\sim10^{16}$（轻掺杂）	$10^{16}\sim10^{19}$（中掺杂）	$>10^{19}$（重掺杂）
5价元素（磷）	n	n^{--}	n^{-}	n	n^{+}
3价元素（硼）	p	p^{--}	p^{-}	p	p^{+}

杂质控制：晶体生长中的杂质控制非常重要，因为不受欢迎的杂质会影响器件的性能。

一种有益但又必须加以控制的杂质是氧。在CZ法中，氧主要来源于晶体生长中由坩埚分解出来的氧。

硅锭里少量的氧是有益的，原因是氧作为俘获中心可束缚在硅片制备过程中引入的金属沾污。“俘获”一词可用于描述固定或束缚杂质的任何过程。在晶体生长中产生的大多数氧在硅片表面，由于硅片制备过程中有许多加热工艺，所以这些氧会脱离表面，使氧密度高的地方更深入硅片。这些氧作为俘获中心吸引能引起沾污的杂质离开器件所在的表面。

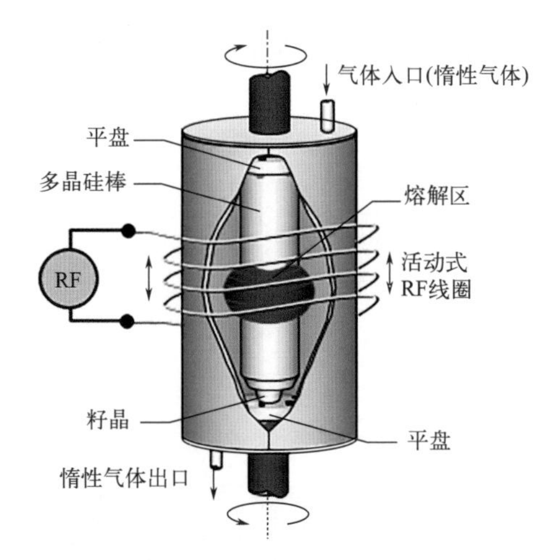

图4-3 区熔法晶体生长

RF—射频

4.3.2 区熔法

另一种晶体生长的方法是区熔法，它所生产的单晶硅锭的含氧量非常少。区熔法的示意图如图4-3所示。

区熔法生长单晶硅锭是把掺杂好的多晶硅棒铸在一个模型里。籽晶固定到一端，然后放进生长炉中。用射频（RF）线圈加热籽晶与硅棒的接触区域。加热多晶硅棒是区熔法最主要的部分。因为在熔融晶棒的单晶界面再次凝固之前只有30分钟的时间。晶体生长中的加热过程沿着晶棒的轴向移动。典型的区熔法硅片直径要比直拉法小，由于不用坩埚，区熔法生长的硅纯度高且含氧量低。

4.4 晶圆加工与设备

硅是硬而脆的材料，晶体生长后的硅锭对集成电路制造来说远未达标。圆柱形的单晶硅锭（又叫单晶锭）要经过一系列的处理过程，最后形成硅片，才能达到集成电路制造的严格要求。这些硅片制备步骤包括机械加工、化学处理、表面抛光和质量测量等。硅片制备的基本流程如图4-4所示。

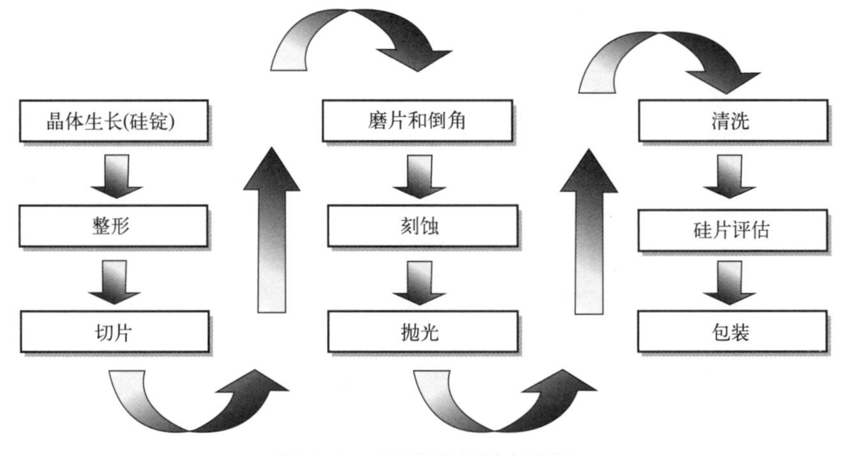

图4-4 硅片制备的基本流程

4.4.1 整形

硅锭在拉单晶炉中生长完成后，整形处理是接下来的第一步工艺。整形处理包括在切片之前对单晶硅锭做的所有准备步骤。

① **去掉两端**。第一步是把硅锭的两端去掉。两端通常叫作籽晶端（籽晶所在的位置）和非籽晶端（与籽晶端相对的另一端）。

② **径向研磨**。下一步是径向研磨来产生精确的材料直径。图4-5展示了径向研磨过程。

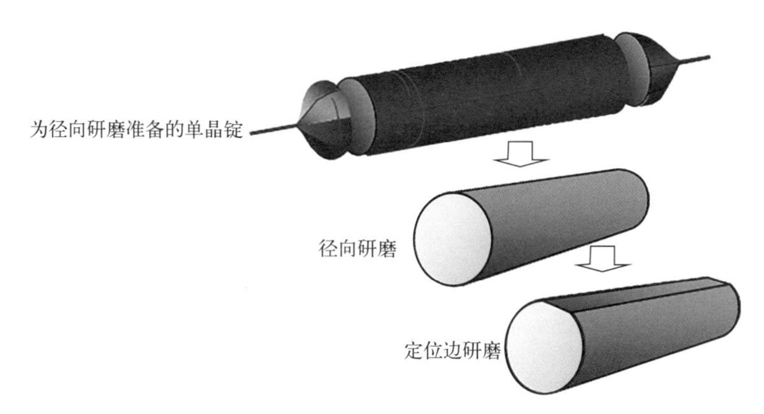

图4-5 硅锭的径向研磨

③ **硅片定位边或定位槽**。半导体业界传统上在硅锭上做一个定位边来标明晶体结构和硅片的晶向。主定位边标明了晶体结构的晶向，如图4-6所示。还有一个次定位边标明硅片的晶向和导电类型。

定位边在200mm及以上的硅片上已被定位槽所取代。具有定位槽的硅片在其上的一小片区域有激光刻上的关于硅片的信息。定位槽和激光刻印如图4-7所示。对于300mm硅片，没有利用到的区域是在固定质量区域面积之外，固定质量区域（FQA）是指硅片上容纳芯片的面积。

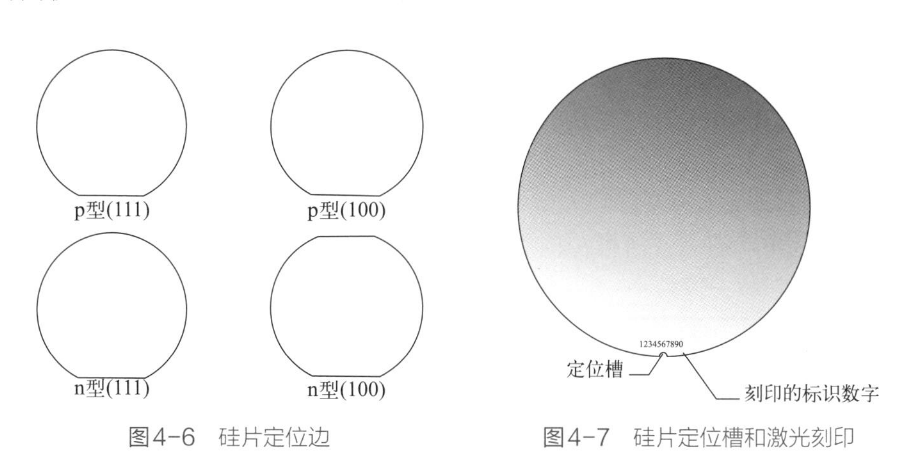

图4-6 硅片定位边　　图4-7 硅片定位槽和激光刻印

4.4.2 切片

一旦整形处理完成，硅锭就准备进行切片。这是硅锭生长后的第一个主要步骤。对200mm及以下硅片来讲，切片是用带有金刚石切割边缘的内圆切割机来完成的，如图4-8

所示。使用内圆切割机是因为边缘切割时能更稳定，可以产生平整的切面。

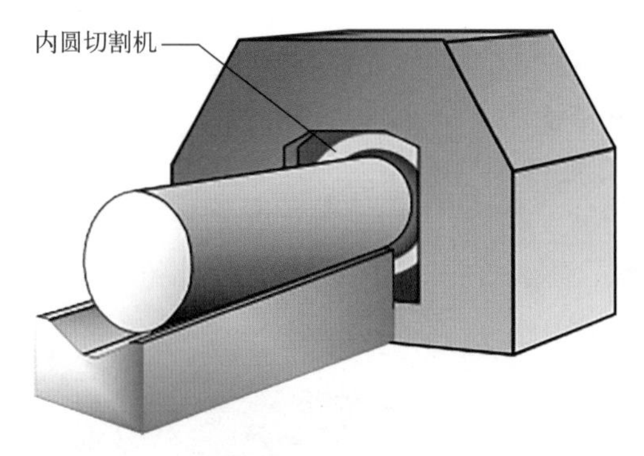

图4-8　内圆切割机

对300mm的硅片来讲，由于大直径的原因，内圆切割机不再符合要求。300mm的硅锭目前都是用线锯来切片的。对同样长度的硅晶体来说，线锯能比传统的内圆切割机产生更多的硅切片，这是因为用浆料覆盖的线来代替金刚石覆盖的锯刃，有更薄的切口（锯刃的厚度）损失。线锯在切片过程中减少了对硅片表面的机械损伤，但在切片的时候对硅片表面平整度控制方面还存在问题。

4.4.3　磨片与倒角

切片完成后，传统上要进行双面的机械磨片，以去除切片时留下的损伤，达到硅片两面高度的平行及平坦。磨片是用垫片和带有磨料的浆料，利用旋转的压力来完成的，典型的浆料包括氧化铝或硅的碳化物和甘油。在硅片制备过程的许多步骤中，平整度是关键的参数。硅片边缘抛光修整（又叫倒角）可使硅片边缘获得平滑的半径周线（见图4-9）。

4.4.4　刻蚀

硅片整形使硅片表面和边缘损伤及沾污。为了消除硅片表面的损伤，可采用一种叫硅片刻蚀或化学刻蚀的技术。硅片刻蚀是一个利用化学刻蚀选择性去除表面物质的过程（见图4-10）。硅片经过湿法化学刻蚀工艺消除硅片表面损伤和沾污。在刻蚀工艺中，通常要腐蚀掉硅片表面约20μm的硅，以保证所有的损伤都被去掉。

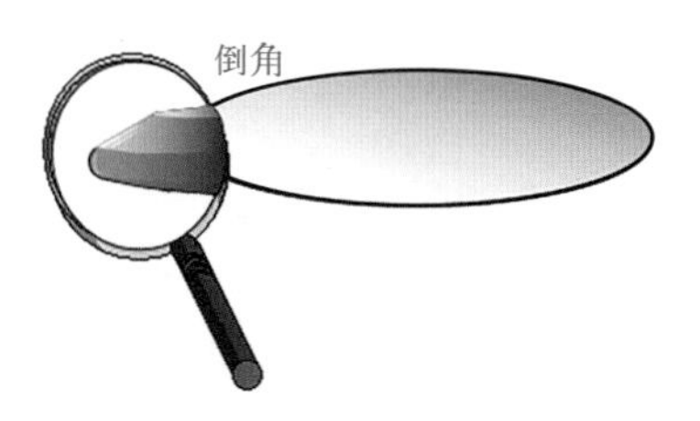

图4-9　抛光硅片边缘

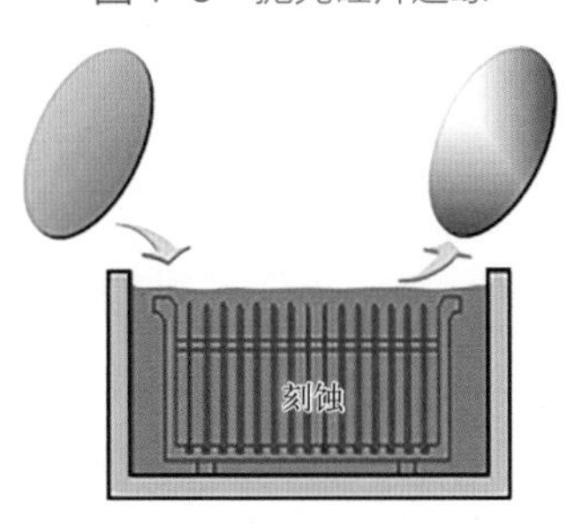

图4-10　用于去除硅片表面损伤的化学刻蚀

4.4.5　抛光

制备硅片的最后一步是化学机械平坦化（CMP），它的目标是高平整度的光滑表面。CMP又叫抛光。对300mm硅片来说，用CMP进行双面抛光（DSP）是最后一步主要的制备步骤。硅片在抛光盘之间行星式的运动轨迹在改善表面粗糙度的同时，也使硅片表面平坦且两面平整（见图4-11）。

背面抛光也是为了在把硅片提交给芯片制造厂之前，让厂商了解其洁净度。

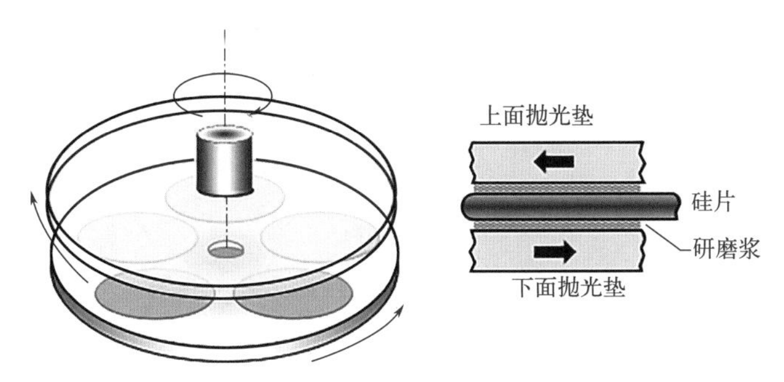

图4-11　双面抛光

4.4.6 清洗

半导体硅片必须被清洗，使其在发送给芯片制造厂之前达到超净的洁净状态。清洗规范在过去几年中经历了相当大的发展，使硅片达到几乎没有颗粒和沾污的程度。

4.4.7 硅片评估

在包装硅片之前，会按照客户要求的规范来检查是否达到质量标准。最关键的标准关系到表面缺陷，例如颗粒沾污。

4.4.8 包装

硅片供应商应仔细地包装好硅片，硅片叠放在有窄槽的塑料片架或“船”里以支撑硅片。氟碳化合物树脂材料（如特氟龙，即聚四氟乙烯）常被用于盒子材料，以使颗粒的产生减到最少。一旦装满了硅片，片架就会放在充满氮气的密封小盒里，以免在运输过程中被氧化和沾污。

本章小结

本章首先介绍了半导体级硅制备相关知识，包括半导体级硅制备的三个步骤。然后介绍了晶体生长的两种方法，包括直拉法和区熔法，以及它们各自的特点。最后介绍了晶圆加工制备的过程，包括整形、切片、磨片与倒角、刻蚀、抛光、清洗、硅片评估及包装。

习题

1. 简要说明半导体级硅制备的三个步骤。
2. 晶体生长的两种方法是什么？并进行简要介绍。
3. 直拉法和区熔法各自的优缺点有哪些？
4. 直拉法进行杂质控制的目的是什么？
5. 晶圆加工的基本步骤有哪些？

第5章

氧化工艺及模拟

思维导图

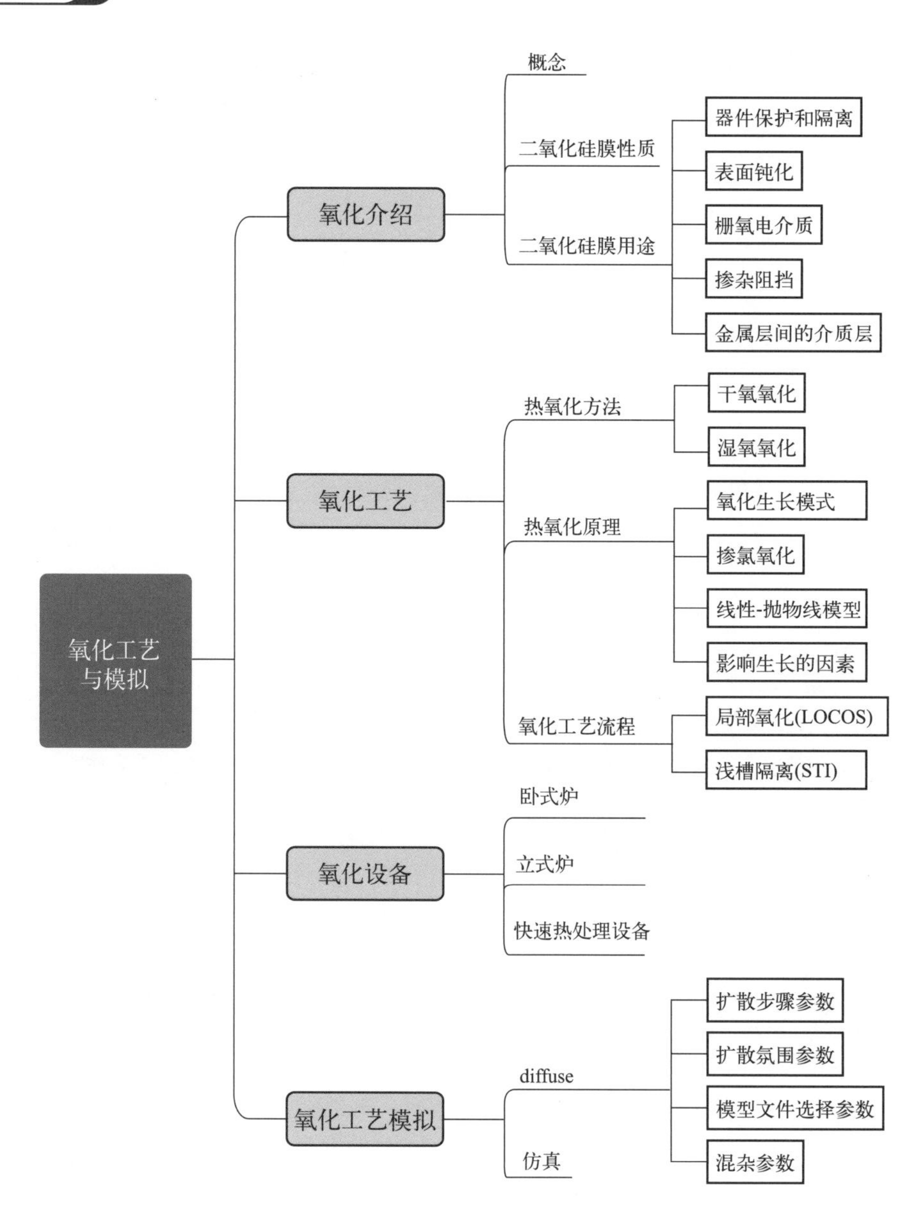

5.1 引言

氧化物掩蔽技术是一种在热生长的氧化层上通过刻印图形和刻蚀达到对硅衬底进行扩散掺杂的工艺技术。对于MOS工艺中的栅结构，氧化是非常重要的工艺。热氧化物可用作介质材料，如隔离器件、注入的氧化层屏蔽，应力消除（stress-relief）氧化物（垫氧）以及为光刻胶黏附和应力释放的氮化物和多晶硅表面的再氧化。氧化物可以通过淀积和生长得到。本章将讨论氧化的基本概念、氧化膜的性质及用途、高温生长热氧化膜的方法、基本原理、典型工艺流程以及常用的氧化设备。

5.1.1 氧化的概念

硅片上的氧化物可以通过热生长或者淀积的方法产生。在高温条件下，通过外部供给高纯氧气使之与硅衬底反应，在硅片上得到一层热生长的氧化层。高温氧化工艺发生在硅片制造厂的扩散区域，是硅片进入制造过程的第一步工艺（见图5-1）；通过外部供给氧气和硅源，在腔体中反应，淀积在硅片表面，形成一层氧化层薄膜。

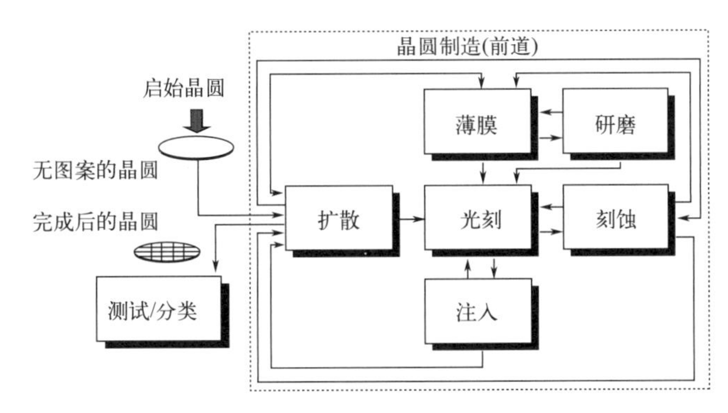

图5-1 硅片制造厂的扩散区

硅片暴露在高温的氧气中，能生长氧化物，这是种自然现象。硅常被认为是最普遍应用的半导体衬底材料，一个主要原因就是硅片的这种生长氧化层的能力，另一个主要原因是硅具有相对高的熔点温度。在温度作用下，氧化物从硅半导体材料上生长出来，在生长过程中实际消耗了硅。

5.1.2 二氧化硅膜的性质

温度750～1100℃条件下，在硅上生长的氧化层称为热氧化硅（thermal oxide）或热二氧化硅（SiO_2）。由于硅的天然氧化物只有一种，所以上面这两个词常常互换，它的另外一种说法是玻璃。二氧化硅是一种介质材料，不导电。

当硅片暴露在氧气中时，会立刻生长一层无定形的氧化膜。这种SiO_2膜的原子结构（见图5-2）是由一个硅原子被四个氧原子包围着的四面体单元组成的。无定形的SiO_2在原子水平上没有长程有序的晶格周期，这是因为四面体单元在晶体内没有以规则的三维形式排列。

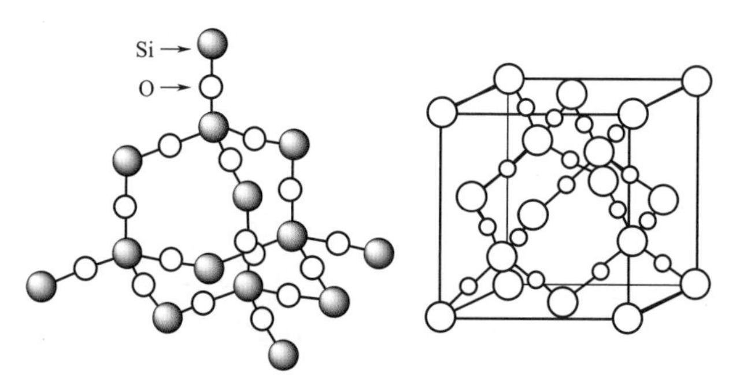

图5-2　二氧化硅的原子结构图

SiO_2是本征（纯）玻璃体，熔点温度1723℃。热生长的SiO_2紧紧黏附在硅衬底上，具有优良的介质特性。硅片只要暴露在空气中，就会立刻在其上形成几个原子层的自然氧化膜。长时间暴露在25℃的室温下，这层氧化膜的厚度也只能达到40Å左右。这种氧化物是不均匀的，常被认为是种污染物。自然氧化物也有一些用途，如用作存储器单元的复合介质层。

5.1.3　二氧化硅膜的用途

氧化层在制造微型芯片中的应用有以下几个方面：

① 保护器件免划伤和隔离沾污。

② 限制带电载流子场区隔离（表面钝化）。

③ 栅氧或储存器单元结构中的介质材料。

④ 掺杂中的注入掩蔽。

⑤ 金属导电层间的介质层。

器件保护和隔离：硅片表面上生长的SiO_2用来隔离和保护硅内的灵敏器件，是一种有效阻挡层。SiO_2是种坚硬和无孔（致密）的材料，可用来有效隔离硅表面的有源器件。坚硬的SiO_2层将保护硅片免受在制造工艺中可能发生的划伤和损害。通常晶体管之间的电隔离可以用LOCOS（硅的局部氧化）工艺，在它们之间的区域热生长厚SiO_2隔离实现。对于0.25μm工艺技术可采用浅槽隔离（STI）工艺，淀积的氧化物作主要的介质材料。

表面钝化：热生长SiO_2的一个主要优点是可以通过束缚硅的悬键，从而降低它的表面态密度，这种效果称为表面钝化，它能防止电性能退化并减少由潮湿、离子或其他外部沾污物引起的漏电流的通路。坚硬的SiO_2层可以保护硅片免受在后期制作中有可能发生的划擦和工艺损伤。在硅表面生长的SiO_2层可以将硅表面的电活性污染物（可动离子沾污）束缚在其中。钝化对于控制结器件的漏电流和生长稳定的栅氧化物也很重要。氧化层作为一种优质的钝化层，有厚度均匀、无针孔和空隙等质量要求。

用氧化层做硅表面钝化层的另一个要素是氧化层的厚度。必须有足够的氧化层厚度以防止由于在硅表面电荷积累引起的金属层充电，这非常类似于普通电容器的电荷存储和击穿特性。这种充电会导致短路和其他一些不受欢迎的电学效应。抑制金属层的电荷堆积的厚氧化层称为场氧化层（field oxide layer），其典型厚度为2500 ～ 15000Å（见图5-3）。

栅氧电介质：对于MOS技术中常用的重要栅氧结构（见图5-4），用极薄的氧化层作介质材料。因为栅氧与其下的硅具有高质量和稳定的特点，栅氧一般通过热生长获得。SiO_2具

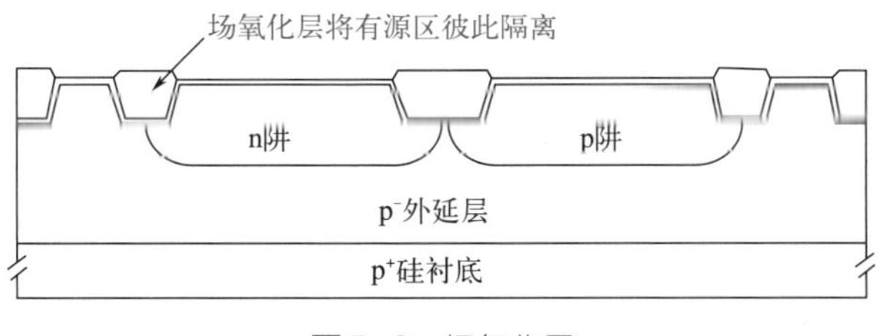

图5-3　场氧化层

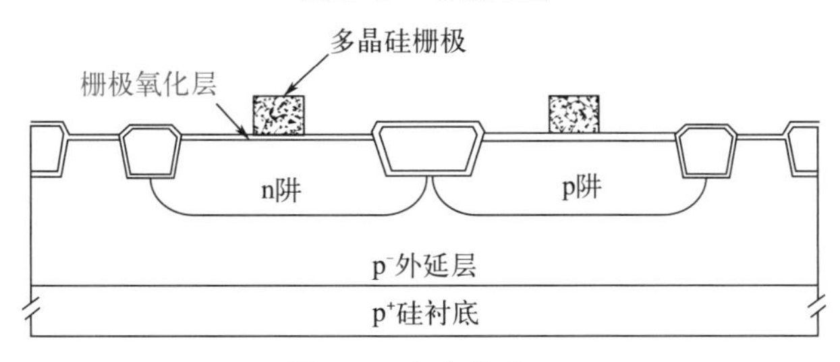

图5-4　栅极氧化层

有高的介电强度（10^7 V/cm）和高的电阻率（约$10^{17}\Omega\cdot$cm）。

根据器件技术的比例要求，规范化地选取栅氧厚度。对于0.18μm工艺，典型的栅氧厚度是（20±1.5）Å。栅氧有着规范化的厚度，以便于它和完整的栅氧结构有适当比例。栅结构允许在氧化膜下面的硅内的感应电荷。

掺杂阻挡：SiO_2可作为硅表面选择性掺杂的有效掩蔽层（见图5-5）。一旦硅表面形成氧化层，那么将掩模透光处的SiO_2刻蚀，形成窗口，掺杂材料可以通过此窗口进入硅片。在没有窗口的地方，氧化物可以保护硅表面，避免杂质扩散，从而实现了选择性杂质注入。与硅相比，掺杂物在SiO_2里的移动缓慢，所以只需要薄氧化层即可阻挡掺杂物（注意这种速率是依赖于温度的）。

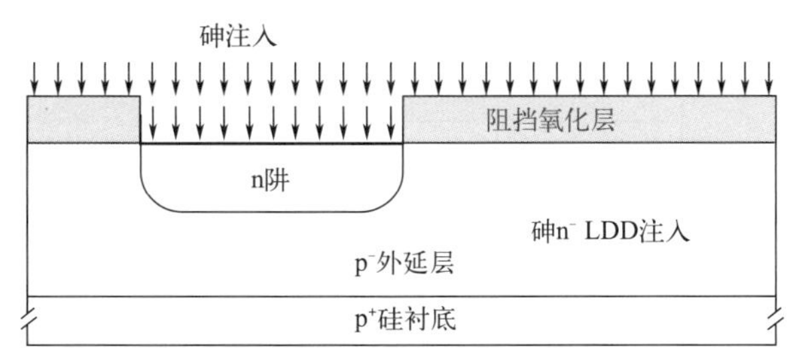

图5-5　氧化层掺杂阻挡层

LDD—轻掺杂漏极

薄氧化层（如150Å）也可以用于需要离子注入的区域。它可用来减小对硅表面的损伤，还可通过减小沟道效应，获得对杂质注入时结深的更好控制。注入后，可以用HF（氢氟酸）选择性地除去氧化物，使硅表面再次平坦。

金属层间的介质层：一般条件下SiO_2不能导电，因此SiO_2是微芯片金属层间有效的绝缘体。SiO_2能防止上层金属和下层金属间短路,就像电线上的绝缘体可以防止短路一样。氧化物质量要求无针孔和空隙。它常常通过掺杂获得更多有效的流动性，更好地使沾污扩散减到最小（例如，它作为俘获中心）。通常用化学气相淀积方法获得（不是热生长），这将在淀积章节进行阐述。

5.2 氧化工艺

5.2.1 热氧化方法

5.2.1.1 干氧氧化

热氧化物依靠硅和氧之间的化学反应生长。可通过把硅暴露在高纯氧的高温气氛里完成均匀氧化层的生长。如果生长发生于干氧（也就是没有水汽）的氛围里，则化学反应方程式为：

$$Si（固）+O_2（气）\longrightarrow SiO_2（固）$$

该反应的时间和质量不同，并受硅片表面氧气的纯度和反应温度影响。当硅片在室温下暴露于空气中，反应也会自然发生。反应速率会随着温度增加而增快。硅片制造过程中，硅的氧化温度通常为750～1100℃，而且在不同的氧化工艺步骤中是可变的。在任何一次反应里，炉温都是精确控制的。与温度和时间相对应的干氧化物厚度速率显示在图5-6中。

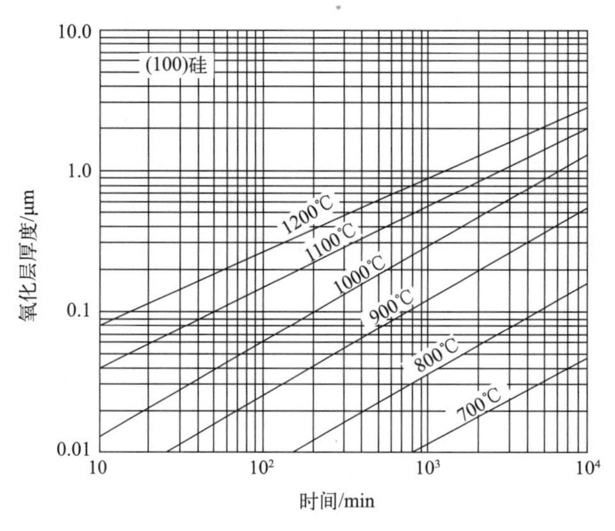

图5-6　干氧氧化时间

5.2.1.2 湿氧氧化

当反应中有水汽参与，即湿氧化时，氧化反应速率会大大加快。湿氧的化学反应方程式为：

$$Si（固）+2H_2O（水汽）\longrightarrow SiO_2（固）+2H_2（气）$$

对于湿氧氧化，用水蒸气代替干氧作为氧化气体。在氧化生长中，湿氧反应会产生一层二氧化硅膜和氢气。潮湿环境有更快的生长速率是由于水蒸气比氧气在二氧化硅中扩散更快，溶解度更高。然而，反应生成的氢分子会束缚在固态的二氧化硅层内，这使得氧化层的密度比干氧要小。这种情况可以通过在惰性气体中加热氧化来改善，以得到与干氧化生长相类似的氧化膜结构和性能。

5.2.2 热氧化原理

5.2.2.1 氧化生长模式

无论是干氧还是湿氧工艺，二氧化硅的生长都要消耗硅，如图5-7所示。硅消耗的厚度占氧化物总厚度的0.46，意味着每生长1000Å的氧化物，就有460Å的硅被消耗。

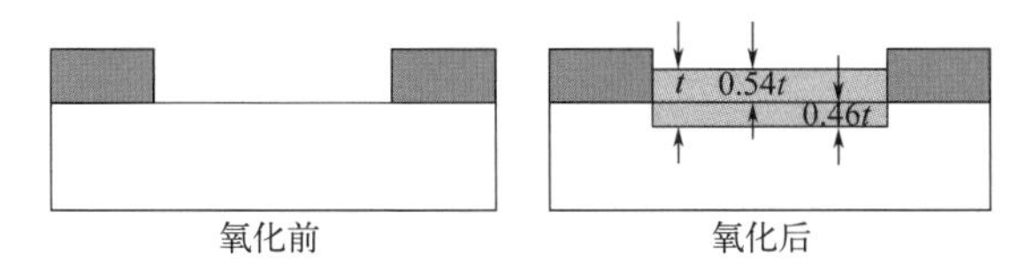

图5-7 在氧中硅的消耗

在硅片和氧化物的界面处，通过氧化物的氧气运动控制并限制氧化层的生长。对于连续生长的氧化层，氧气必须进去和硅片接触紧密。然而，SiO_2将隔离开氧气和硅片。氧化物生长发生在氧分子通过已生成的SiO_2层运动进入硅片的过程中。这种运动称为扩散（更精确地说是气体穿过固态阻挡层的扩散）。扩散是一种材料在另一种材料中的运动。

硅片制造厂中进行氧化的工作间（work bay）仍被称为扩散或扩散区，在早期的硅片制造中，扩散对pn结的形成至关重要。由化学源为硅提供掺杂物质，并且通过提高硅片的温度达到扩散需要的结深。虽然直至今日我们仍普遍采用扩散区（diffusion bay）一词，但是在硅片制造中已不再用杂质扩散来制作pn结了，取而代之的是离子注入。

5.2.2.2 掺氯氧化

在单晶硅到无定形SiO_2间的Si/SiO_2界面上存在着突变。在SiO_2分子中，每个硅原子和四个氧原子键合，每个氧原子和两个硅原子键合。但在Si/SiO_2界面上，有些硅原子并没有和氧原子键合（见图5-8）。距Si/SiO_2界面2nm以内的硅的不完全氧化是带正电的固定氧化物电荷区。界面处积累的其他一些电荷包括界面陷阱电荷、可移动氧化物电荷（mobile oxide charge）。前者由结构缺陷、氧化诱生缺陷或者金属杂质引起的正的或负的电荷组成。后者是由于可动离子沾污（MIC）引起的。在远离界面的氧化物体内，也可能有正的或负的电荷氧化物陷阱电荷。这会导致MOS器件的阈值电压值变得无法接受。通过在氢气或氢-氮混合气中低温（450℃）退火可以减少这种不可接受的电荷。

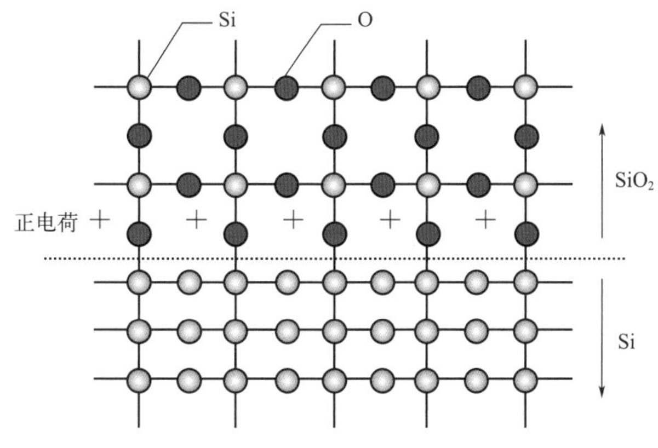

图5-8 在Si/SiO_2界面的电荷积累

氯化物在氧化中的应用：在氧化工艺中用含氯气体可以中和界面处的电荷堆积。氯离子能扩散进入正电荷层，并形成中性层。氯化物浓度保持在3%以下，否则过多的氯化物离子将引起器件的不稳定。在热氧化工艺中加入氯化物离子的另一重要优点是它们能使氧化速率提升10% ～ 15%。进而，氯的存在实际上能固定（也称为俘获）来自炉体、工艺原材料和处理的可动离子沾污。

5.2.2.3 线性－抛物线模型（Deal-Grove model）

氧化物生长速率：氧化物生长速率用于描述氧化物在硅片上生长的快慢。影响它的参数有温度、压力、氧化方式（干氧或湿氧入硅的晶向）和掺杂水平。生长速率受关注是因为如果扩散得快，硅工艺时间将减少，而这将减少热预算。硅片上的氧化物生长模型是由迪尔（Deal）和格罗夫（Grove）发展的线性-抛物线模型，这是一种能在较宽厚度范围内精确描绘氧化物生长的模型（最理想的范围是300 ～ 20000Å）。氧化物由两个生成阶段描述：线性阶段和抛物线阶段。

■ （1）线性阶段

二氧化硅生长的最初阶段是线性阶段，硅片表面上硅的消耗与时间呈线性关系。这就意味着，在硅内氧化层是随时间消逝以线性速率生长的。氧化物生长线性阶段的有效性是氧化物的厚度生长到150Å左右。用线性等式描述为：

$$X=\frac{B}{A}t$$

式中　X——氧化物生长厚度；

B/A——线性速率系数；

t——生长时间。

在线性阶段，氧化随时间线性变化。氧化在线性区域是反应速率控制（reaction-rate controlled）的，这是因为对于氧化生长，其制约因素是发生在Si/SiO_2界面上的反应。我们注意到，线性速率系数B/A是这种线性关系的斜率，所以才能控制反应速率。温度升高，B/A值会增加，这意味着氧化速率也会增大。

■ （2）抛物线阶段

氧化生长的抛物线阶段是氧化生长的第二阶段，而且是在氧化物厚度大约150Å以后才开始的。用于描述抛物线阶段的公式是：

$$X=(Bt)^{1/2}$$

式中　X——氧化物生长厚度；

B——抛物线速率系数；

t——生长时间。

注意：这个公式表示了抛物线形状。在抛物线阶段的氧化物生长要比在线性阶段慢得多。这是因为当氧化层变厚时，参与反应的氧扩散必须通过更长的距离才能达到Si/SiO_2界面（见图5-9），所以反应受到通过氧化物的氧扩散速率的限制。正是如此，氧化物生长的抛物线阶段被称为扩散控制。当抛物线速率系数变大时，氧化物生长的速率也会增大。在

图5-9中的曲线显示了线性和抛物线两个阶段。这是通过由迪尔（Deal）和格罗夫（Grove）于1965年发表的用于硅的热氧化的原始曲线简化得到的。

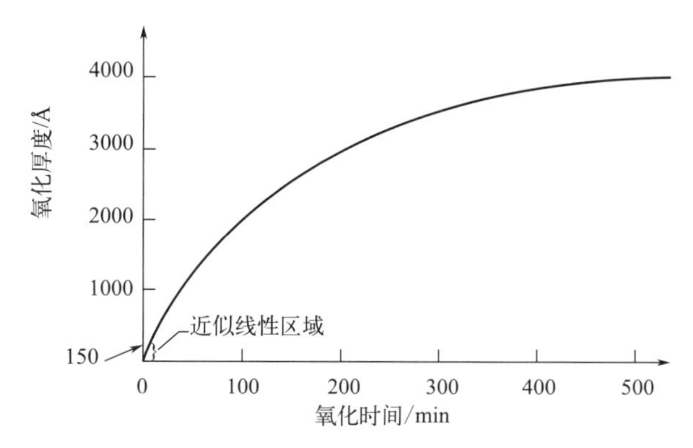

图5-9　在1100℃干氧氧化生长的线性和抛物线阶段

5.2.2.4　影响生长的因素

影响氧化物生长的因素：除了温度和H_2O的存在，还有其他一些因素能影响氧化物的生长速率。

① 掺杂效应。重掺杂的硅要比轻掺杂的氧化速率快。在抛物线阶段，硼掺杂比磷掺杂氧化得快。氧化膜中硼趋向混合，这将减弱它的键结构，使通过它的氧扩散随之增大。硼掺杂和磷掺杂的线性速率系数相差不大。

② 晶向。线性氧化速率依赖于晶向的原因是(111)面的硅原子密度比(100)面的大。因此，在线性阶段，(111)硅单晶的氧化速率将比(100)稍快，但是(111)的电荷堆积要多。在抛物线阶段，抛物线速率系数B不依赖于硅衬底的晶向。对于(111)和(100)面，在抛物线阶段的氧化生长速率没有差别。

③ 压力效应。由于氧化层的生长速率依赖于氧化剂从气相运动到硅界面的速度，所以生长速率将随着压力增大而增大。高压强迫氧原子更快地穿越正在生长的氧化层，这对线性和抛物线速率系数的增加很重要。这就允许降低温度但仍保持不变的氧化速率，或者在相同温度下获得更快的氧化生长。

④ 等离子增强。等离子增强氧化是另一种可在低温下提高氧化速率的方法，这也将减少热预算。通常在产生等离子中采用的技术是RF源。给硅施以比等离子区低的偏压，这可收集硅片上等离子区内的电离氧。这种行为导致硅的快速氧化，并且允许氧化物的生长在低于60℃的温度下进行。这一技术带来的问题是产生颗粒、较高的膜应力（这与热生长氧化物不同）以及比热生长氧化要差的膜质量。

5.2.3　氧化工艺流程

5.2.3.1　硅的局部氧化（LOCOS）

硅片上的选择性氧化区域是利用SiO_2来实现对硅表面相邻器件间的电隔离。传统的0.25μm工艺以上的器件隔离方法是硅的局部氧化（local oxidation of silicon，LOCOS）。淀积氮化物膜（Si_3N_4）作为氧化阻挡层。因为淀积在硅上的氮化物不能被氧化，所以刻蚀后的区域可用来选择性氧化生长（见图5-10）。热氧化之后，氮化物和任何掩模下的氧化物都将被除去，露出赤裸的硅表面，为形成器件做准备。

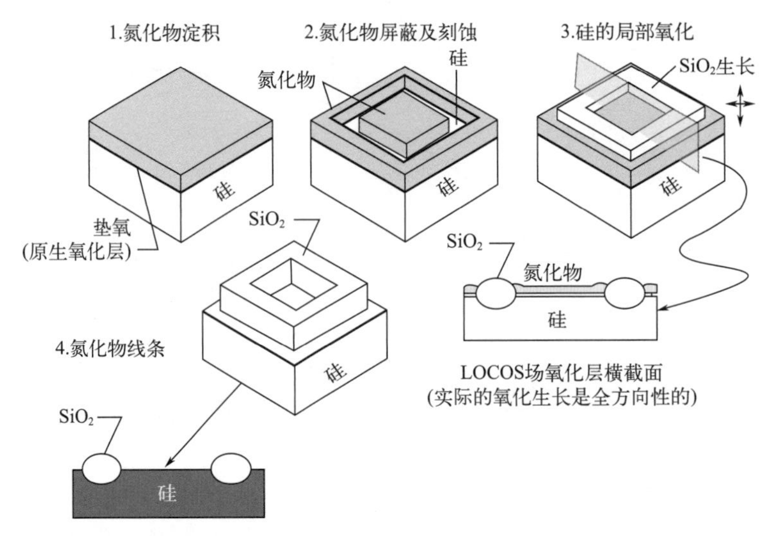

图5-10　LOCOS工艺

当氧扩散穿越已生长的氧化物时，它是在各个方向上扩散的。一些氧原子纵向扩散进入硅，另一些氧原子横向扩散。这意味着在氮化物掩模下有着轻微的侧面氧化生长。由于氧化层比消耗的硅更厚，所以在氮化物掩模下的氧化生长将抬高氮化物的边缘。我们称之为"鸟嘴效应"。这种现象是LOCOS工艺中不受欢迎的副产物（见图5-11）。氧化物较厚时，"鸟嘴效应"更显著。为了减小氮化物掩模和硅之间的应力，在它们之间热生长一层薄氧化层，称之为垫氧（pad oxide）。

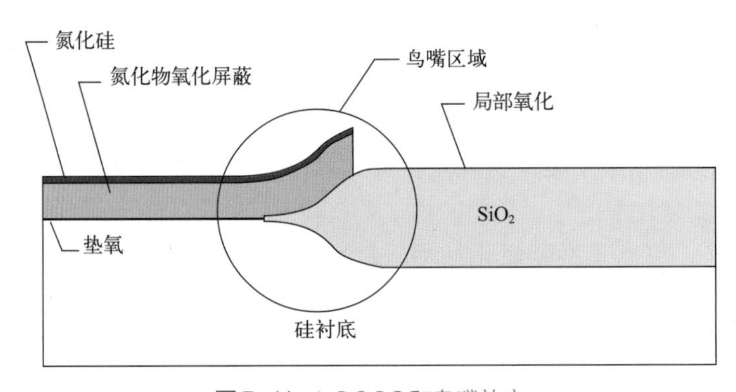

图5-11　LOCOS和鸟嘴效应

5.2.3.2　浅槽隔离

用于亚0.25μm工艺的选择性氧化的主要技术是浅槽隔离（STI）。STI技术中的主要绝缘材料是淀积氧化物。选择性氧化利用掩模来完成，通常是氮化硅（Si_3N_4）掩模经过淀积、图形化、刻蚀硅后形成槽。在掩模图形暴露的区域，热氧化150～200Å厚的氧化层之后，才能刻蚀硅形成槽（见图5-12、图5-13）。这种热生长的氧化物使硅表面钝化，并且可以使浅槽填充的淀积氧化物与硅相互隔离。它还能作为有效的阻挡层，避免器件中的侧墙漏电流产生。

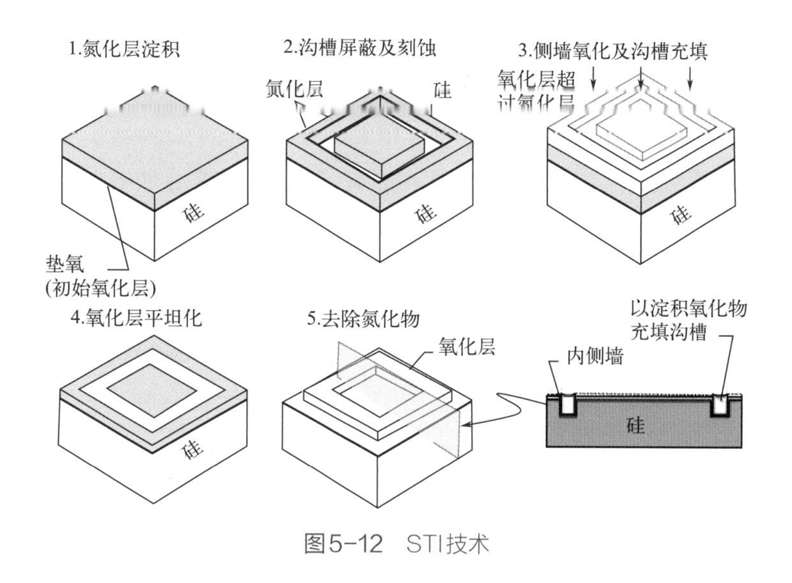

图5-12　STI技术

氮化硅（Si_3N_4）通常是在为热氧化的选择性区域刻蚀窗口之后，通过化学气相淀积得到的。只要氮化硅掩模足够厚，覆盖了氮化硅的硅表面就不会氧化（覆盖在硅上的氮化物掩模是轻微氧化）。氮和硅原子在高温下反应（通常在900℃以上），能在硅上生长氮化硅。然而，利用这种方法生长氮化物只能得到非常薄的一层（大约5nm），这就限制了这种具有高介电常数优点的器件应用。

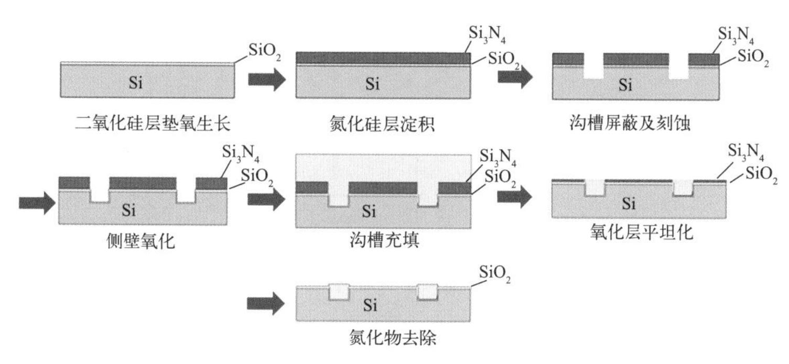

图5-13　STI技术横截面图

5.3 氧化设备

用于热氧化工艺的基本设备有三种：

① 卧式炉。

② 立式炉。

③ 快速热处理（RTP）设备（单片）。

5.3.1 卧式炉

水平管式反应炉（卧式炉）从20世纪60年代早期开始应用在氧化、扩散、热处理以及各种淀积工艺中。转换到200 mm和 300 mm晶圆后开始使用垂直管式反应炉（立式炉）。加工较小直径晶圆的晶圆制造厂仍然采用水平管式反应炉。两种系统的基本工作原理是一样的。

图5-14显示了一个有3个加热区的水平单炉管式反应炉的截面图。它包含一个由多铝红柱石材料制成的陶瓷炉管，管的内表面有铜材料制成的加热管丝。每一段加热管丝决定一个加热区并且由相应独立的电源供电，并由比例控制器控制其温度。在反应炉里有个石英的炉管，它被用作氧化（或其他工艺）反应室。反应室可以在一个瓷套管里，瓷套管也被称为套筒。它起到一个热接收器的作用，可以使沿石英炉管的热分配比较均匀。热电偶紧靠着石英炉管和控制电源。它们把温度信号发回比例控制器，这样依次靠热辐射和热传导加热反应炉管。热辐射来源于炉丝的能量蒸发和炉管的反射。传导发生在炉丝和炉管接触处。控制器非常复杂，可以通过控制使得恒温区（flat zone）的温度精度达到 ±0.5℃。

对于在1000℃反应的工艺来讲，温度变化只有 ±0.05%。对于氧化工艺，晶圆被放在承载器中，置于恒温区，氧化气体进入石英炉管，在那里发生氧化反应。

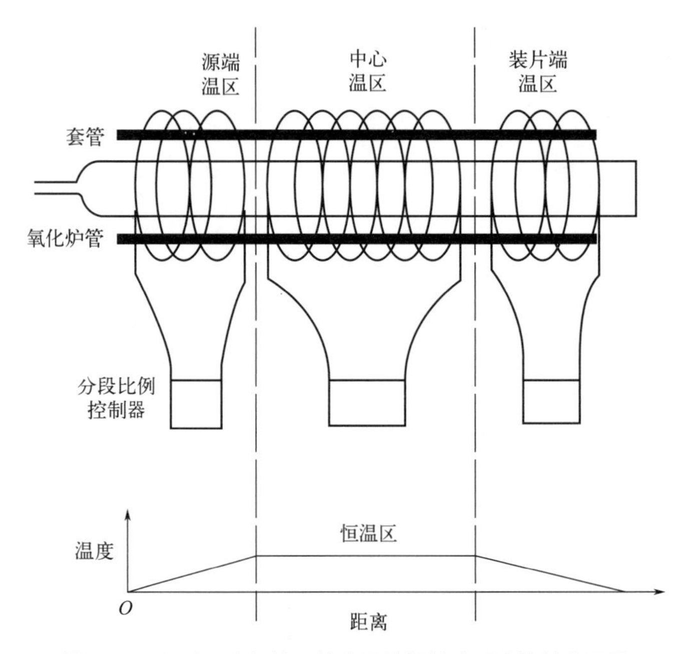

图5-14　具有3个加热区的水平单炉管式反应炉的截面图

生产中的石英反应炉是一个由7种不同部件组成的集成系统：

① 反应室。

② 温度控制系统。

③ 反应炉。

④ 气体柜。

⑤ 晶圆清洗台。

⑥ 装片台。

⑦ 工艺自动化。

水平石英炉管的一个缺点是在温度高于1200℃时炉管趋于破碎和下陷。破碎是一种退化，并导致石英炉管表面剥落，掉到晶圆上。

5.3.2 立式炉

对于较大直径晶圆，水平式反应炉不是氧化设备的最佳选择。对于更大直径的水平式反应炉来讲，也会有相应的工艺问题。其中一个是如何保证气流是层流状态。层流状态（laminar flow）是均匀的、无气体分离的、不产生不均匀反应的湍流。这些考虑导致了垂直式反应炉（VTF，立式炉）的开发，它是选择更高的生产量、更大直径工艺的配置。在这种配置里，炉管被设计成垂直状态（见图5-15），从底部或顶部装载晶圆，但炉管材料和加热系统与水平式反应炉一样。

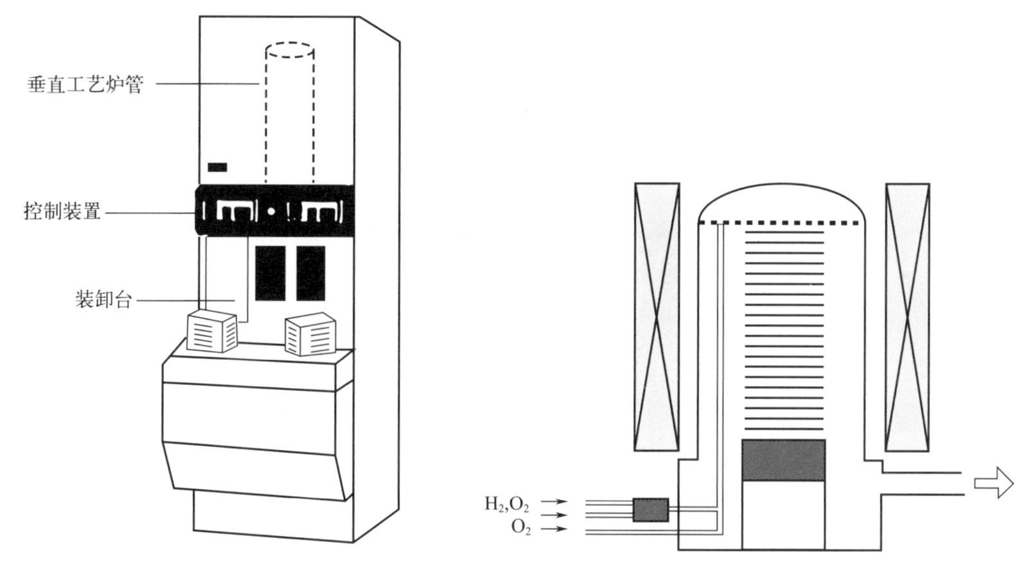

图5-15 垂直式反应炉及截面图

垂直式反应炉的优点：

① 适用于大直径晶圆。

② 更严格的温度控制（转动）。

③ 改善了氧化层的均匀性。

④ 更快地升温和降温。

⑤ 在装卸台中更洁净的工艺环境。

⑥ 自动化兼容。

5.3.3 快速热处理设备

离子注入工艺由于其与生俱来的对于掺杂的控制而取代了热扩散工艺。可是离子注入工艺要求一个被称为退火（annealing）的加热操作来把离子注入产生的晶格损伤消除。传统上，退火工艺由管式反应炉来完成。尽管退火工艺可以消除晶格损伤，但它同时也引起掺杂原子晶圆内部分散开，这是不希望发生的。这个问题促使人们去研究是否还有其他的能量源来达到同样的退火效果而不使掺杂物扩散开。这一研究导致了快速热处理（RTP）的开发。

RTP工艺基于热辐射原理（见图5-16）。晶圆被自动放入一个有进气口和出气口的反应室中。在内部，加热源在晶圆的上面或下面，使晶圆被快速加热。热源包括石墨加热器、微波、等离子体和碘钨灯。碘钨灯是最常见的。热辐射耦合进入晶圆表面并以50 ～ 100℃/s的速率达到800 ～ 1050℃的工艺温度。在传统的反应炉里，需要几分钟才能达到同样的温度。同样地，在几秒之内就可以冷却下来。对于辐射加热，由于加热时间很短，晶圆本体并未升温。对于离子注入的退火工艺，这就意味着晶格损伤被修复了，而注入的原子还待在原来位置。

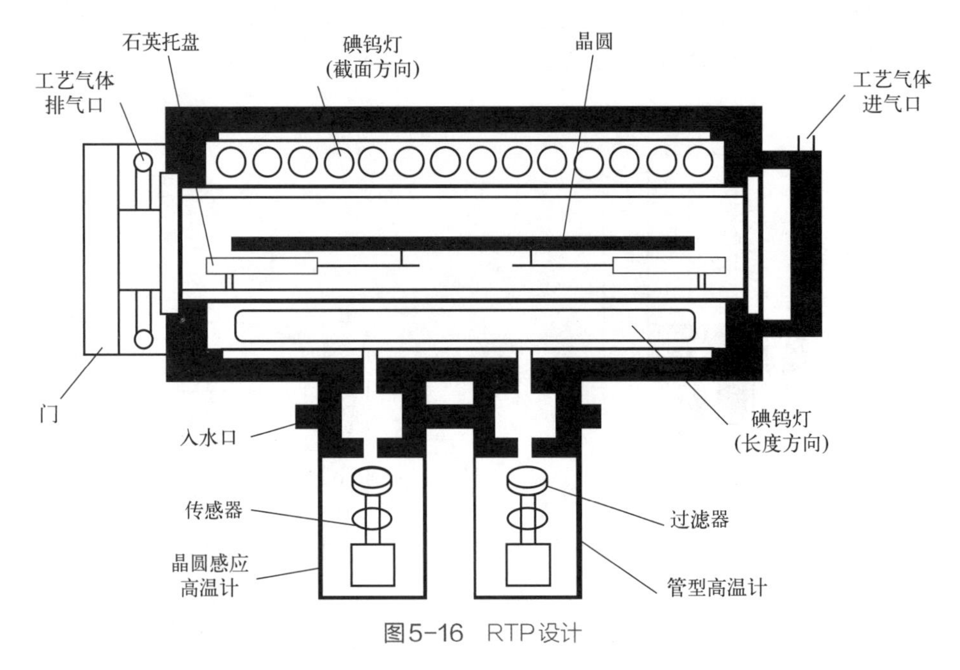

图5-16　RTP设计

RTP可减少工艺所需的热预算（thermal budget）。每次在扩散温度附近加热，使晶圆中的掺杂区向下或向旁边扩散。每次晶圆的加热或冷却都会产生更多晶格位错。因此，减少加热的总时间可以使设计的密度增加，减少由位错引起的失效。另一个优点是采用单片工艺。随着晶圆的直径越来越大，对均匀度的要求使得许多工艺最好采用单片工艺的设备。

5.4 氧化工艺模拟

5.4.1 参数介绍

■ （1）语法及参数说明（表5-1）

diffuse命令可以进行扩散、氧化退火等工艺模拟。其语法为：

```
DIFFUSE
TIME=<n>[HOURS|MINUTES|SECONDS]
TEMPERATURE=<n>[T.FINAL=<n>|T.RATE=<n>]
[DRYO2|WETO2|NITROGEN|INERT][HCL.PC=<n>][PRESSURE=<n>]
[F.O2=<n>|F.H2=<n>|F.H2O=<n>|F.N2=<n>|F.HCL=<n>]
[C.IMPURITIES=<n>][NO.DIFF][REFLOW]
[DUMP][DUMP.PREFIX=<n>][TSAVE=<n>][TSAVE.MULT=<n>]
[B.MOD=<c>][P.MOD=<c>][AS.MOD=<c>][IC.MOD=<c>][VI.MOD=<c>]
```

表5-1　diffuse主要参数及说明

扩散步骤参数	说明
TIME	扩散的总时间
HOURS,MINUTES,SECONDS	扩散时间的单位，默认是MINUTES
TEMPERATURE	氛围的温度（℃），恒温，超出700～1200℃范围时扩散系数将会不够精确
T.FINAL	温度是变温时，设定最终的温度
T.RATE	温度是变温时，设定温度的变化率
扩散氛围参数	**说明**
DRYO2,WETO2,NITROGEN,INERT	扩散的气体氛围，NITROGEN作用同INERT
HCL.PC	氧化剂气流中HCl的百分比
PRESSURE	指定气氛的分压，单位是atm[1]，默认值为1
F.02,F.H2,F.H20,F.N2, F.HCL	气体的流速，此时不需定义DRYO2, WETO2, NITROGEN, HCL.PC
C.IMPURITIES	气体氛围中所含杂质（原子/cm^3），可仿真预淀积
模型文件选择参数	**说明**
B.MOD,P.MOD,AS.MOD,IC.MOD,VI.MOD	模型文件boron.mod、phosphorus.mod、arsenic.mod、i.mod和defect.mod等的路径，默认位置X：sedatool\lib\athena\<version_number>\common\pls
混杂参数	**说明**
NO.DIFF	氧化和硅化时忽略杂质扩散
REFLOW	扩散时表面回流

■ （2）氧化示例语句

干氧氧化：

```
diffuse time=30 temp=1000 dryo2
```

湿氧氧化：

```
diffuse time=30 temp=1200 weto2
```

5.4.2　仿真运行

【例5-1】进行湿氧氧化，时间30min，温度1200℃。

```
go athena
line x loc=0.0 spac=0.1
line x loc=0.6 spac=0.01
line x loc=1.0 spac=0.1
line y loc=0.0 spac=0.1
line y loc=1.0 spac=0.01
line y loc=2.0 spac=0.1
init  silicon c.boron=1e16 two.d
diffuse time=30 temp=1200 weto2
tonyplot
```

[1] 1atm=101325Pa。

仿真结果见图5-17。

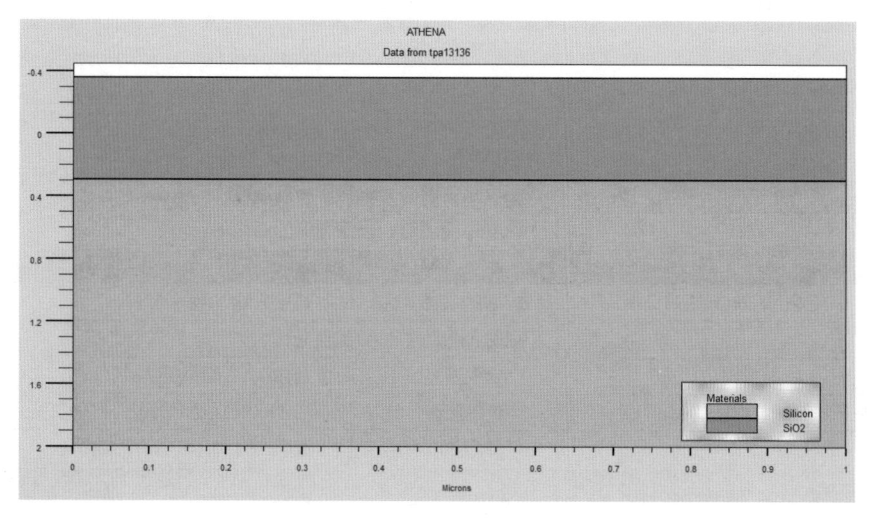

图5-17　湿氧氧化

本章小结

本章首先介绍了氧化的基本知识，包括二氧化硅膜的性质和用途。然后介绍了热氧化的原理，包括氧化生长的模式、掺氯氧化、线性-抛物线模型、影响生长的因素以及两种典型的工艺流程（LOCOS和STI）。还介绍了氧化的三种典型设备，卧式炉、立式炉以及RTP设备。最后介绍了氧化工艺的模拟。

习题

1. SiO_2薄膜的用途有哪些？讲出各种用途的目的。
2. 热氧化的生长模式有几种？各自的特点是什么？
3. 热氧化层厚度为1000Å，在热氧化生长过程中消耗掉的硅是多少？
4. 什么是扩散？热氧化生长位于硅片制造厂的哪个区域？
5. 什么是掺氯氧化？简要描述其作用。
6. 请简要描述Deal-Grove模型。
7. 影响氧化物生长速率的因素有哪些？
8. LOCOS是什么？列出它的优缺点。
9. 画出LOCOS氧化工艺流程图。
10. STI是什么？列出它的优缺点。
11. 画出STI工艺流程图。
12. 氧化的设备有哪些？各自的特点是什么？
13. 氧化工艺模拟的命令是什么？
14. 模拟生成厚度为0.1μm的氧化层，采用干氧氧化的方式，时间为10min，温度为1000℃。

第6章

淀积工艺及模拟

思维导图

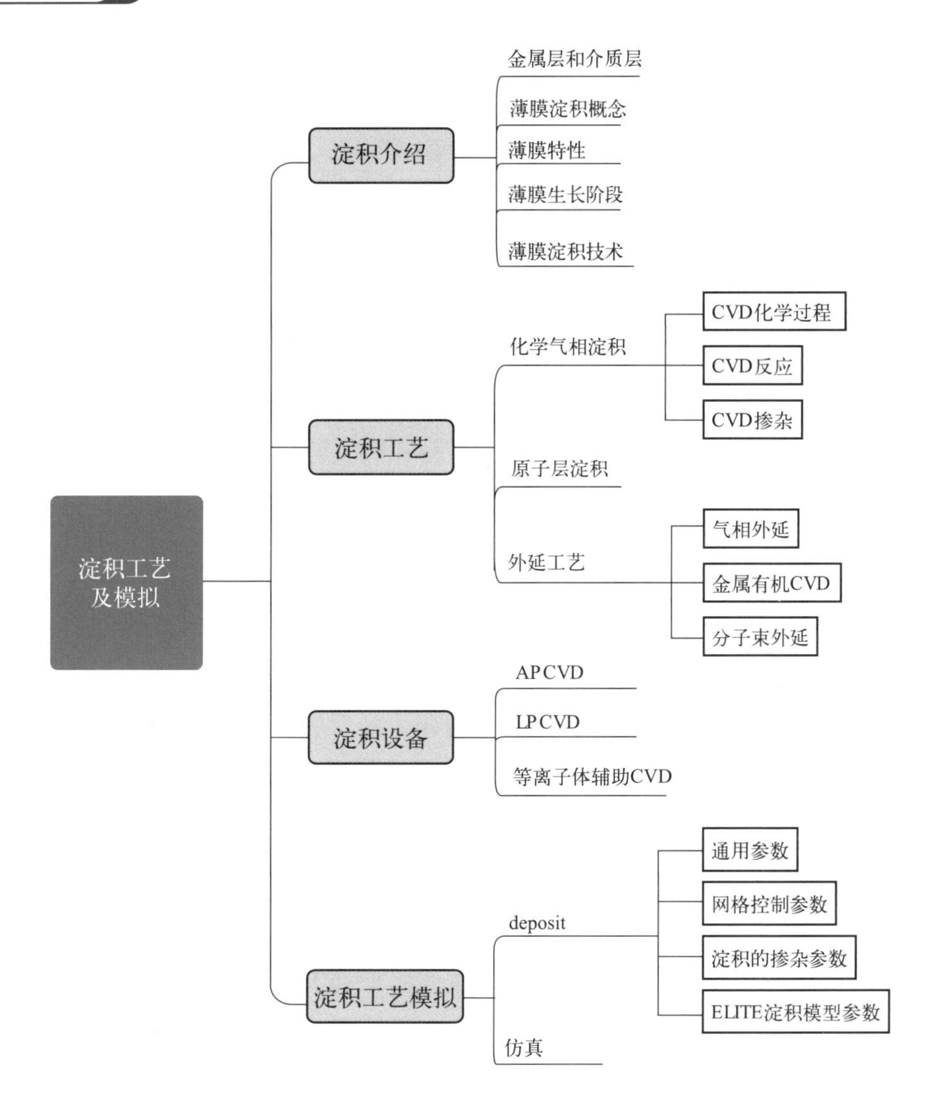

6.1 引言

在集成电路制造工艺中，需在硅片上淀积不同种类型的膜，这些膜可以作为器件的一部分，也可以作为牺牲层在后续工艺去除，膜淀积通常指薄膜。本章将介绍金属层和介质层、淀积的基本概念、薄膜的特性、薄膜的生长阶段以及薄膜淀积的技术等，主要介绍化学气相淀积（CVD）以及淀积的相关设备。

6.1.1 金属层和介质层

在微芯片加工中，需要多层金属连接。在金属薄膜层之间需要淀积高级绝缘材料提供充分的隔离保护，并且微芯片上具有数以百亿计的在金属层硅器件之间的电连接。因此，淀积可靠的薄膜材料显得尤为重要。正如图6-1的工艺流程模型所示，硅片加工中薄膜制备是一个主要的工艺步骤。

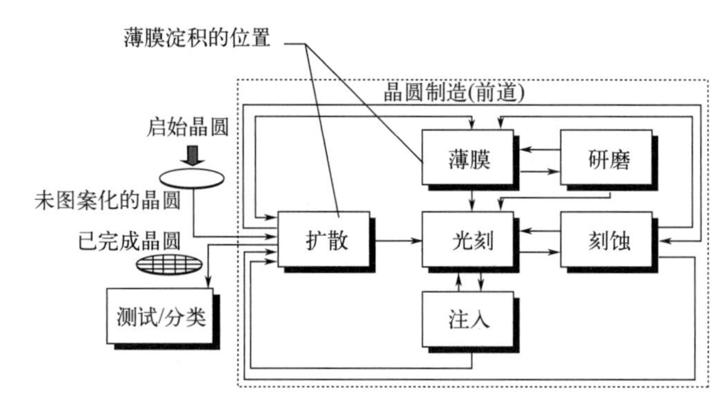

图6-1 硅片制造厂的工艺流程

多层金属化指用来连接硅片上高密度堆积器件的那些金属层和绝缘介质层。图6-2为多层金属化的示意图。在金属层直接需要绝缘隔离层，否则会发生短路现象。在绝缘介质层上开的孔称为通孔（via），金属层之间可以通过通孔进行连接。

■ （1）金属层（图6-3）

金属铝淀积到整个硅片的表面，形成固态薄膜，然后进行刻蚀形成互连线的宽度和间距。每层金属层被定义为METAL-1、METAL-2等（或M-1、M-2等），以此类推。工业界正在向铜金属化过渡，以增加芯片速度并减少工艺步骤。

关键层是指线条宽度被刻蚀为器件特征尺寸的金属层（例如，特征尺寸为0.15μm）。特征尺寸的范围一般为：多晶硅栅、氧化层以及距离硅片表面最近的金属层。关键层对于颗粒杂质（致命缺陷）很敏感，在小尺寸情况下，可靠性的问题（如电迁移）会更加显著。非关键层通常指处于上部的金属层，有更大的线宽（通常是0.5μm甚至更大），对于颗粒沾污（致命缺陷）不够敏感。

■ （2）层间介质

层间介质（ILD）：应用于器件中不同的金属层之间。ILD充当两层导电金属或者相邻金

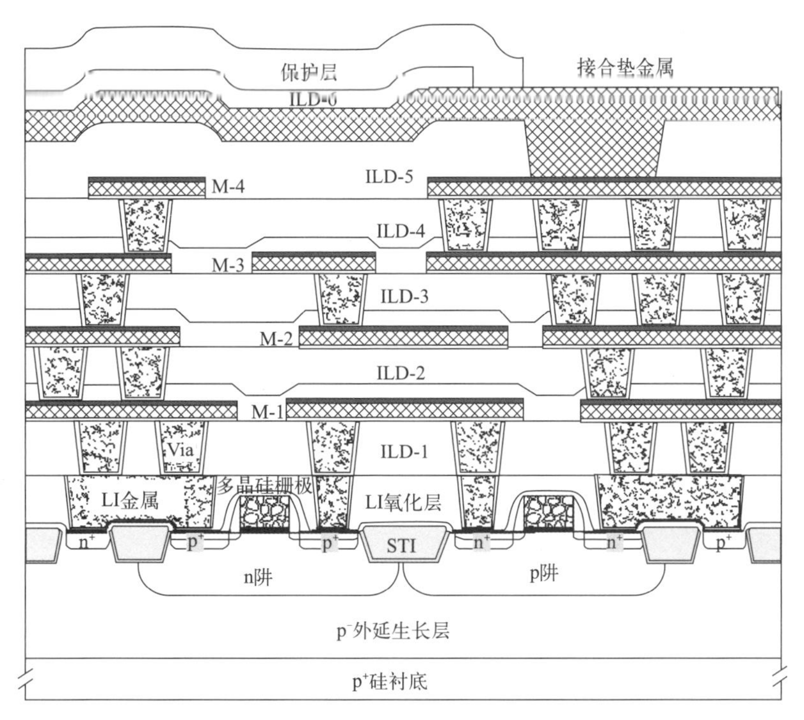

图6-2　硅片上的多层金属化

M-1 ～ M-4—金属层；ILD-1 ～ ILD-5—层间介质；LI—局部互连

属线条之间的隔离膜。通常，ILD采用介电常数为3.9 ～ 4.0的SiO_2材料。对淀积的隔离膜来说，介电常数是一个重要的指标，因为它直接影响到电路的速度和性能。

介于硅上有源器件和第一层金属之间的电绝缘层，称为第一层层间介质（first interlayer dielectric，ILD-1）。这一层也被称为金属前绝缘层（PMD）。典型的ILD-1是一层掺杂的SiO_2或者玻璃。电学上，ILD-1层隔离晶体管器件和互连金属层；物理上，ILD-1层隔离晶体管器件和可动离子等杂质源。

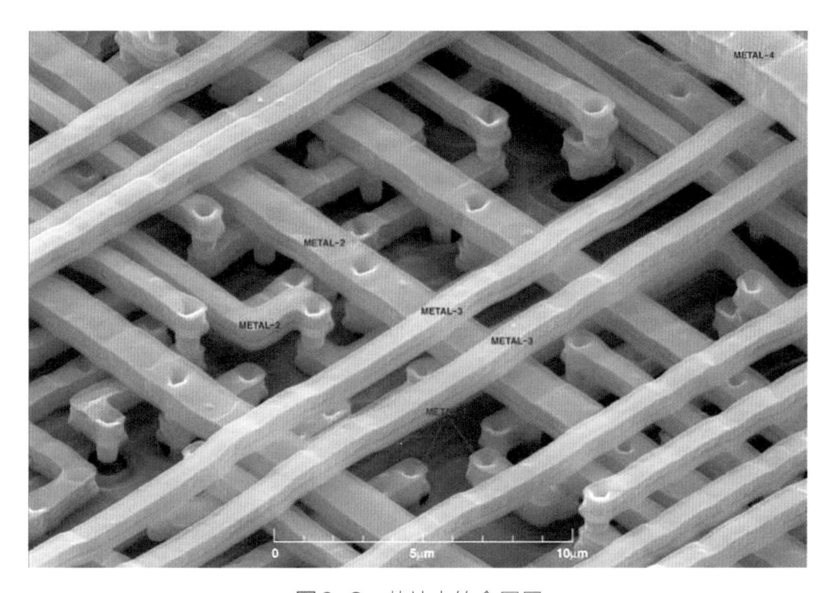

图6-3　芯片中的金属层

6.1.2 薄膜淀积的概念

薄膜：一种在衬底上生长的薄固体物质。通常情况下，薄膜的厚度远远小于其长度和宽度（见图6-4）。在硅片加工中，薄膜厚度的单位是埃（Å）。

薄膜淀积：在硅片衬底上物理淀积一层膜的工艺。这层膜可以是导体、绝缘物质或者半导体材料。淀积膜可以是二氧化硅（SiO_2）、氮化硅（Si_3N_4）、多晶硅（具有多晶结构的硅）以及金属［比如铜和难熔金属（如钨）］。

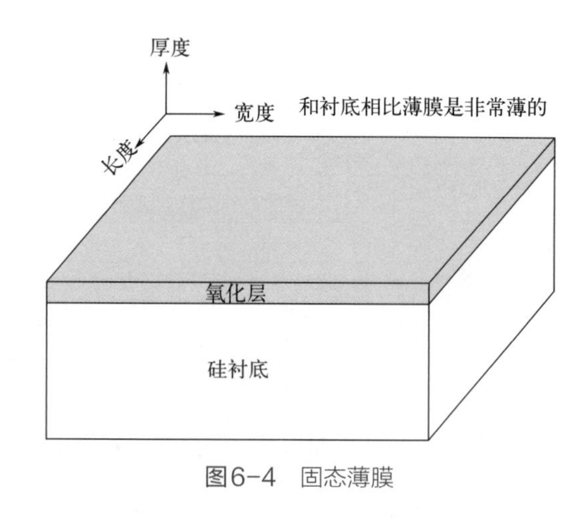

图6-4　固态薄膜

6.1.3 薄膜特性

为了满足器件性能的要求，可以接受的膜一般应具有如下特性：

① 好的台阶覆盖能力。

② 填充高的深宽比间隙的能力，好的厚度均匀性。

③ 高纯度和高密度。

④ 受控制的化学剂量。

⑤ 高度的结构完整性和低的膜应力。

⑥ 好的电学特性。

⑦ 对衬底材料或下层膜好的黏附性。

膜对台阶的覆盖：较好的膜对台阶的覆盖是薄膜在硅片表面上厚度一致（见图6-5）。如果淀积的膜在台阶上过度变薄，就容易导致高的膜应力、电短路或者在器件中产生不希望的诱导电荷。膜的应力要尽可能小，因为应力会导致衬底发生凸起或凹陷的变形。

图6-5　膜对台阶的覆盖

高的深宽比间隙：通常用深宽比来描述一个小间隙（如槽或孔），深宽比定义为间隙的深度和宽度的比值（见图6-6）。深宽比用比值的形式表达，比如2∶1，这表示间隙的深度是宽度的两倍。高的深宽比的典型值大于3∶1，在某些应用中会达到5∶1甚至更大。高深宽比的间隙不容易淀积形成厚度均匀的膜，会产生夹断（pinch-off）和空洞。

6.1.4 薄膜生长阶段

淀积膜的过程有三个不同的阶段（见图6-7）。

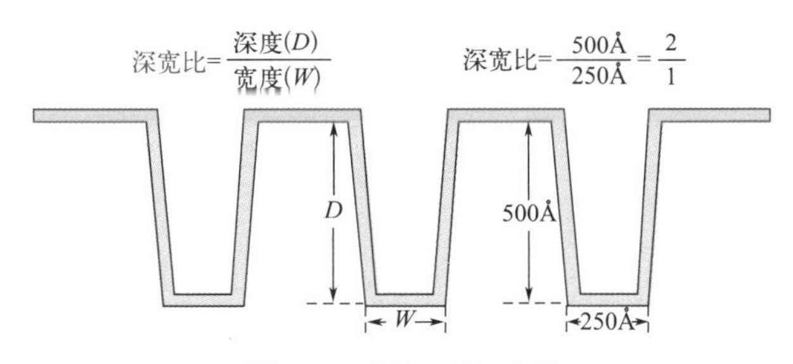

图6-6 膜淀积的深宽比

第一步：晶核形成。成束的稳定小晶核形成，起初少量原子或分子反应物结合起来，形成附着在硅片表面的分离的小膜层。晶核直接形成于硅片表面，是薄膜进一步生长的基础。

第二步：聚集成束（也称为岛生长）。这些随机方向的岛束依照表面的迁移率和束密度来生长。

第三步：形成连续的膜。岛束不断生长，岛束汇集合并形成固态的薄层并延伸铺满衬底表面。

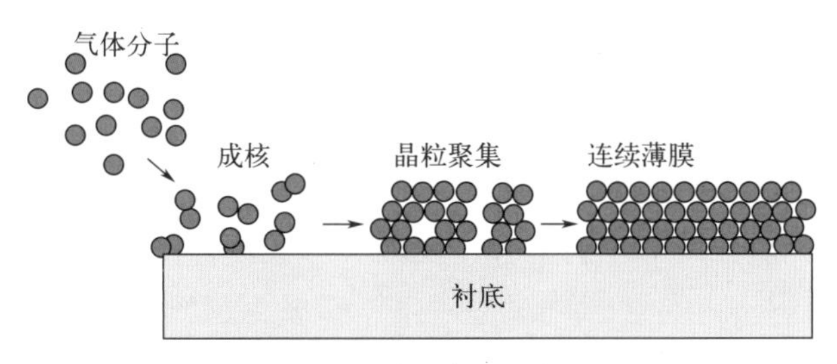

图6-7 薄膜生长的步骤

6.1.5 薄膜淀积技术

硅片表面的淀积物会在硅片上形成一层连续的薄膜。形成膜的物质由外部源供给，可以是气体源或固态源。在硅片衬底上淀积薄膜有多种技术，其中主要的淀积方法（见表6-1）可分为化学工艺和物理工艺。

表6-1 薄膜淀积技术

化学工艺		物理工艺		
化学气相淀积（CVD）	电镀	物理气相淀积（PVD）或溅镀	蒸镀	旋涂方式
常压CVD（APCVD）或次常压CVD(SACVD)	电化学淀积（ECD），一般称之为电镀	直流二极管	灯丝及电子束	旋涂式玻璃（SOG）
低压CVD（LPCVD）	化学镀层	射频（RF）	分子束外延（MBE）	旋涂式电介质（SOD）
等离子体有关的CVD： ·等离子体增强CVD（PECVD） ·高密度等离子体CVD（HDPCVD）		直流磁控		
气相外延（VPE）及有机金属CVD（MOCVD）		离子化金属等离子体（IMP）		

6.2 淀积工艺

6.2.1 化学气相淀积

化学气相淀积（CVD）：通过气体混合的化学反应在硅片表面淀积一层固体膜的工艺。硅片表面及其邻近的区域被加热来向反应系统提供附加的能量。化学气相淀积的基本内容包括：

① 产生化学变化，这可以通过化学反应或是热分解（称为高温分解）实现。

② 膜中所有的材料物质都源于外部的源。

③ 化学气相淀积工艺中的反应物必须以气相形式参加反应。

当化合物在反应腔中混合并进行反应时，就会发生化学气相淀积过程。原子或分子会淀积在硅片表面形成膜。

6.2.1.1 CVD化学过程

化学气相淀积过程有5种基本的化学反应：

① 高温分解：通常在无氧的条件下,通过加热化合物分解（化学键断裂）。

② 光分解：利用辐射使化合物的化学键断裂分解。

③ 还原反应：反应物分子和氢发生的反应。

④ 氧化反应：反应物原子或分子和氧发生的反应。

⑤ 氧化还原反应：反应③与④的组合，反应后形成两种新的化合物。

在上述5种基本反应中，有一些特定的化学气相淀积反应用来在硅片衬底上淀积膜。对于某种特定反应的选择通常要考虑到淀积温度（温度对硅片材料来说必须是可以接受的）、膜的特性以及加工中的问题等因素。

6.2.1.2 CVD反应

异类反应（也叫表面催化）：化学气相淀积工艺反应发生在硅片表面或者非常接近表面的区域。

同类反应：某些反应会在硅片表面的上方较高区域发生。

要避免同类反应，因为反应生成物会形成束状物，这会导致反应物黏附性差、密度低和缺陷多。在化学气相淀积工艺中，需要异类反应来生成高质量的膜。

CVD反应步骤：基本的化学气相淀积反应包含8个主要步骤，总结如下，参见图6-8。

① 气体传输至淀积区域：反应气体从反应腔入口区域流动到硅片表面的淀积区域。

② 膜先驱物的形成：气相反应导致膜先驱物（将组成膜最初的原子和分子）和副产物的形成。

③ 膜先驱物（气体分子）扩散到硅片表面：大量的膜先驱物输运到硅片表面。

④ 膜先驱物吸附：膜先驱物吸附在硅片表面。

⑤ 膜先驱物扩散：膜先驱物向膜生长区域的表面扩散。

⑥ 表面反应：表面化学反应导致膜淀积和副产物的生成。

⑦ 副产物从表面解吸：解吸（移除）表面反应的副产物。

⑧ 副产物从反应腔移除：反应的副产物从淀积区域随气流流动到反应腔出口并排出。

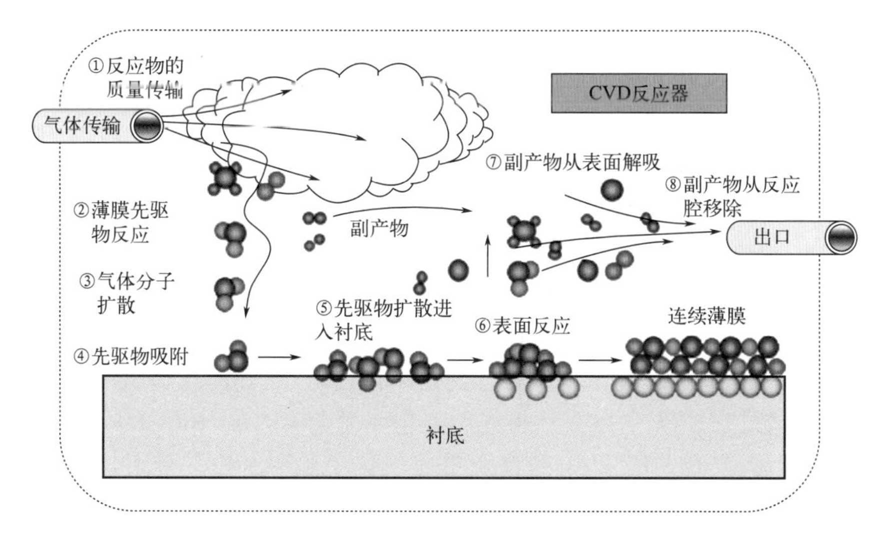

图6-8　CVD传输和反应步骤

吸附是发生在淀积过程的化学键合，使气态的原子或分子以化学方式附着在固态硅片表面。解吸作用是从硅片表面移出反应副产物。在化学反应中，种类的概念用来描述可以是原子、离子或者分子的化学物质。在气相反应中，通常有些称为先驱物的中间反应，这会形成一种并不包含原始气体成分的气体类。在化学气相淀积中，气体先驱传输到硅片表面进行吸附作用和反应。例如下面的三个反应。硅烷（SiH_4）首先分解成SiH_2先驱物。SiH_2先驱物再和硅烷反应形成Si_2H_6。在中间CVD反应中，SiH_2随着Si_2H_6被吸附在硅片表面。最后Si_2H_6分解形成最终所需的固态硅膜。

① SiH_4（气）$\longrightarrow$ SiH_2（气）+H_2（气）（高温分解）。

② SiH_4（气）+SiH_2（气）$\longrightarrow$ Si_2H_6（气）（反应半成品形式）。

③ Si_2H_6（气）$\longrightarrow$ 2Si（固）+$3H_2$（气）（最终产物形式）。

6.2.1.3　CVD掺杂

■（1）磷硅玻璃（PSG）

CVD淀积过程中，在SiO_2中掺入杂质对硅片加工来说很重要。例如，在淀积SiO_2的过程中，反应气体中加入磷化氢（PH_3）后，会形成磷硅玻璃。其化学反应方程如下：

$$SiH_4（气）+2PH_3（气）+O_2（气）\longrightarrow SiO_2（固）+2P（固）+5H_2（气）$$

$$4P+5O_2 \longrightarrow 2P_2O_5$$

在磷硅玻璃中，磷以P_2O_5的形式存在，磷硅玻璃由P_2O_5和SiO_2的混合物共同组成；对于要永久黏附在硅片表面的磷硅玻璃来说，P_2O_5的含量（质量分数）不超过4%，这是因为PSG有吸潮作用。

■（2）硼硅玻璃（BSG）

用乙硼烷（B_2H_6）替代磷化氢（PH_3），就可得到硼硅玻璃（BSG）。BSG需要高温（例如，1000℃）回流过程来平坦化硅片表面的台阶并使膜更加致密。BSG阻挡杂质离子较差，并且高温回流会导致高的热预算。

■ （3）硼磷硅玻璃（BPSG）

在SiO_2中掺杂百分比为2%～6%的B_2O_3，与P_2O_5形成硼磷硅玻璃（BPSG）。BPSG回流一般是800～1000℃，1h。通过高温回流可以得到一个好的台阶覆盖能力的致密SiO_2，也可以改进BPSG固定可动离子杂质的能力。

■ （4）氟硅玻璃（FSG）

氟硅玻璃（FSG）就是氟化的二氧化硅，作为第一代低*k*值ILD淀积材料被用在0.18μm器件上。通过在SiO_2中掺氟，材料的介电常数会从3.9（SiO_2）降低到3.5（FSG）。为了形成FSG膜，需要在SiH_4和O_2的混合反应气体中加入SiF_4，采用FSG的一个问题是氟化学键的不稳定以及由此导致的腐蚀缺陷，需要限制氟的含量在6%左右。如果氟遇到水，会产生腐蚀SiO_2的HF。为了避免这种情况，可以在淀积反应过程中引入H来去除弱键和F原子。

6.2.2 原子层淀积

与其他每种微芯片工艺类似，CVD已经随着尺寸改变而改变。下一代CVD系统加入了原子层淀积（atomic layer deposition，ALD）。除了独特的脉冲调制技术，它基于基本的CVD工艺方法。一个典型的CVD系统将先驱化学物引入腔室，在那里在晶圆表面上淀积期望的材料（Si、SiO_2、Si_3N_4）层。在ALD中，先驱物被依次引入腔室，但是被一种吹扫气体分开。在表面的效应如图6-9所示。ALD还是一种自限制工艺，因为反应发生在晶圆的表面上，而不是腔室内。由于每种薄膜台阶是以单层速率生长的，所以控制非常精确。另外，这种慢速率有助于晶圆表面高的共面性水平和致密薄膜成分。ALD的薄层厚度已经从通常CVD的300Å水平降到12Å左右。

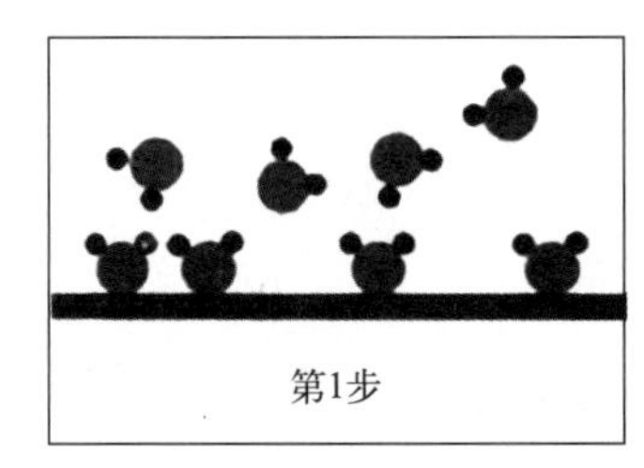

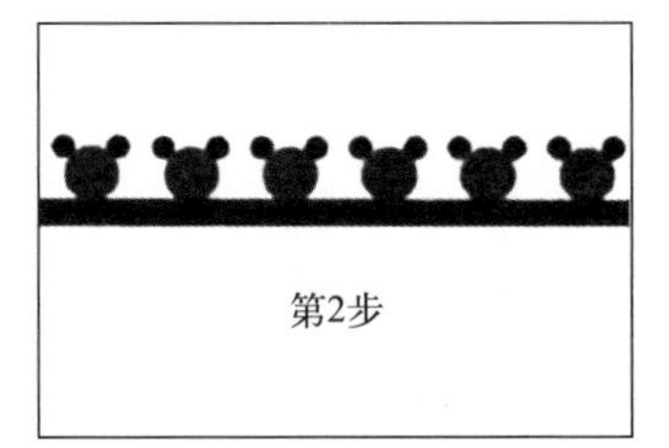

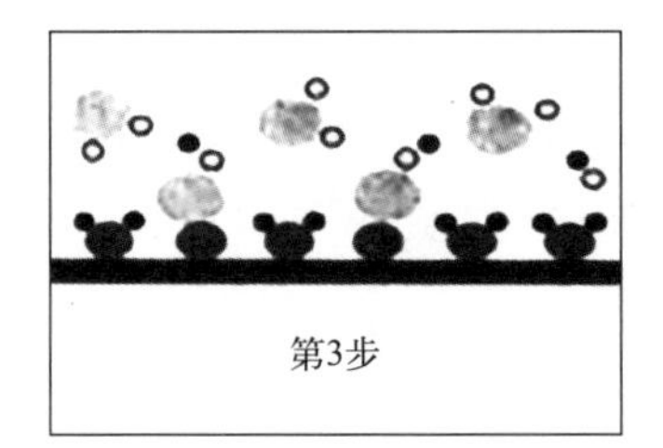

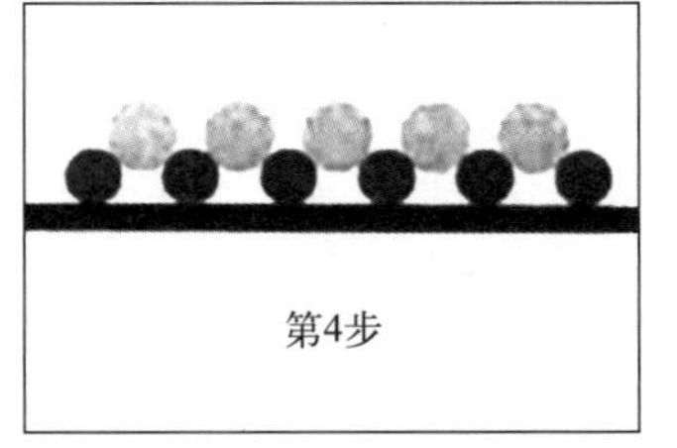

图6-9 ALD机制

ALD工艺在真空中进行。一种常用系统设计示意如图6-10所示。

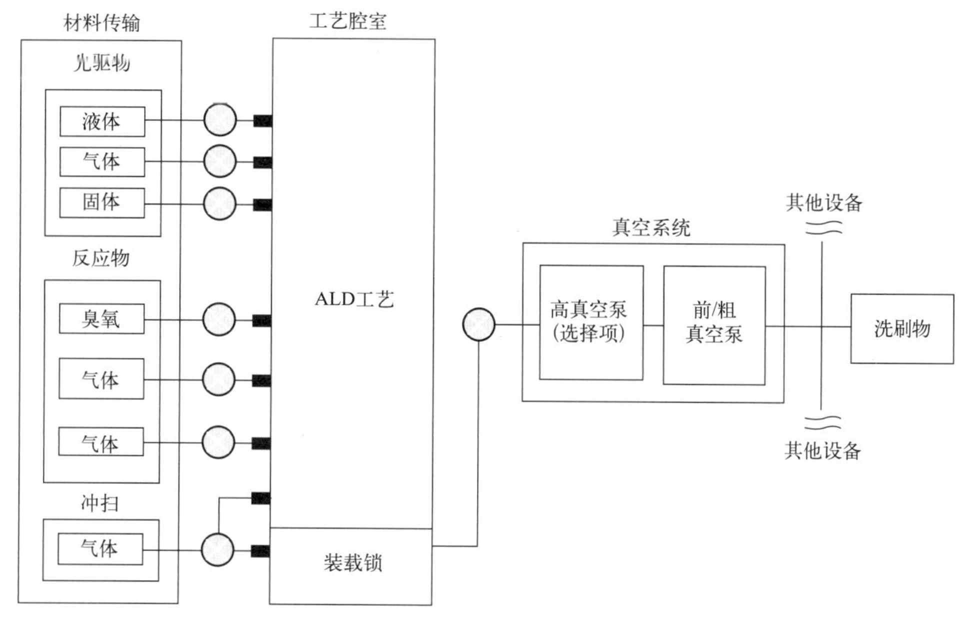

图6-10 ALD系统设计

6.2.3 外延工艺

外延就是在单晶衬底上淀积一层薄的单晶层（见图6-11）。新淀积的这层称为外延层。外延可以控制外延层掺杂厚度、浓度、轮廓。外延层还可以减少CMOS器件中的闩锁效应。IC制造中最普通的外延反应是高温CVD系统。

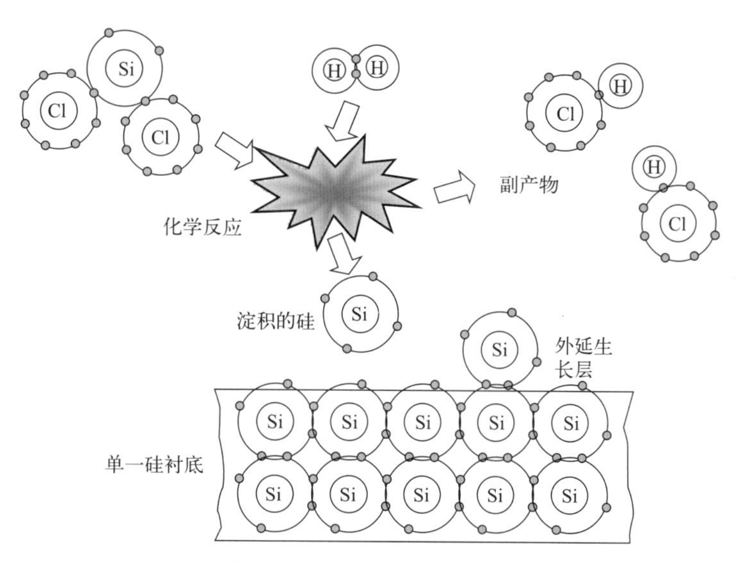

图6-11 硅片上外延生长硅

同质外延：膜和衬底的材料相同（例如硅衬底上长硅膜）。

异质外延：膜材料与衬底材料不一致的情况（例如硅衬底上长氧化铝），较少。

在IC制造中一般采用以下三种外延方法：

① 气相外延（VPE）。

② 金属有机CVD（MOCVD）。
③ 分子束外延（MBE）。

6.2.3.1 气相外延

气相外延（VPE）：属于CVD的范畴，是硅片制造中最常用的硅外延方法。在温度为800～1150℃条件下，硅片表面通过含有所需化学物质的气体化合物，可实现气相外延。化学反应所需的能量由高温获得的热提供，这一过程都是在硅片表面发生的。参见图6-12。

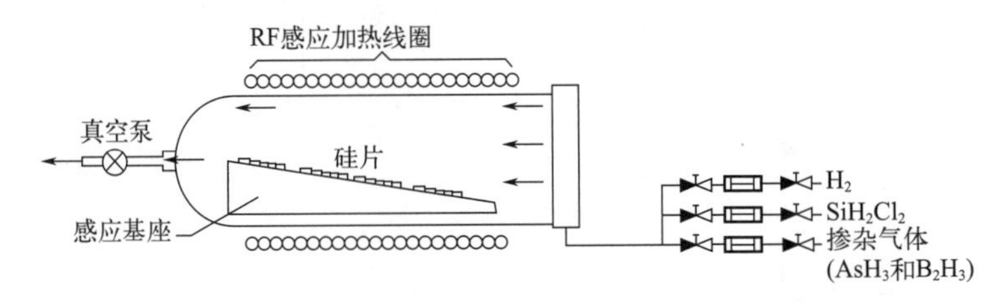

图6-12 气相外延示意图

在硅片进入VPE反应腔之前，反应系统先通入氮气或氢气净化，然后通入反应气体（如SiH_xCl_{4-x}），伴随着掺杂气体，被引入到反应腔中，此时硅片已经加热到反应所需的温度。一旦反应物和掺杂气体进入生长反应腔，就会产生必要的化学和物理反应并淀积掺杂的外延层。

6.2.3.2 金属有机CVD

金属有机CVD（MOCVD），它可以指淀积金属以及氧化物的多晶或无定形膜。MOCVD是VPE的一种，由于没有合适的气体源，通常不用于硅外延。它被用来淀积化合物半导体外延层，例如在低温下用有机金属源淀积Ⅲ-Ⅴ族化合物GaAs。随着VPE的进行，需要的化合物材料输运到加热的硅片表面并发生复杂的化学反应。MOCVD对于受控的超薄掺杂或者无掺杂半导体异质层的淀积很重要，主要用于激光器、发光二极管以及光电集成电路。MOCVD也被研究用来为未来的IC制造淀积有机低k绝缘介质。

6.2.3.3 分子束外延

分子束外延（MBE）：用来淀积GaAs异质外延层并可达到原子级分辨率的一种主要方法，也被用来在硅片衬底上淀积硅，并能严格控制外延层厚度和掺杂的均匀性。MBE需要高真空条件，反应温度为500～900℃。大多数硅MBE系统通过聚焦的电子束源产生的电磁场使硅原子蒸发以得到外延反应所需的硅反应原子。MBE系统的硅生长速率可以通过测量离开源气体后，撞击硅片表面并黏附在硅片上的原子数目来决定。

6.3 淀积设备

CVD系统（见表6-2）主要分为两种类型：常压（AP）和低压（LP）。大多数器件的薄膜是在低压系统中淀积的，称为低压CVD或LPCVD。

表6-2　各种类型的CVD反应器及其主要特点

工艺	优点	缺点	应用
APCVD（常压CVD）	反应器简单、淀积快速且低温	台阶覆盖不佳、微粒污染及低产能	低温氧化层（掺杂及未掺杂）
LPCVD（低压CVD）	优异的纯度及均匀性、台阶覆盖佳及大的晶圆产能	高温、低淀积速率，需更强的维护及真空系统	高温氧化层（掺杂及未掺杂）、氮化硅、多晶硅以及WSi_2
等离子体CVD ·等离子体增强CVD（PECVD） ·高密度等离子体CVD（HDPCVD）	低温、淀积快速、台阶覆盖佳及好的填沟	需RF系统、成本高、应力很高（张力）及含化学物（如H_2）及微粒污染	高深宽比填沟、金属上方的低温氧化物、ILD、双镶嵌的铜籽晶层及保护层（氮化物）

6.3.1 APCVD

图6-13是两种不同类型的连续工艺APCVD系统。这些设备采用传送带或者其他传送装置来传送硅片样本，使其通过流动在反应器中部的反应气体。连续工艺APCVD系统有高的设备产量、优良的均匀性以及制造大直径硅片的能力。APCVD的问题是高的气体消耗量，并且需要经常清洁反应腔。由于膜也会淀积到传送装置上，因而传送装置也需要洁净处理（可以是原位洁净，或是在使用中洁净）。APCVD淀积的膜通常台阶覆盖能力差。

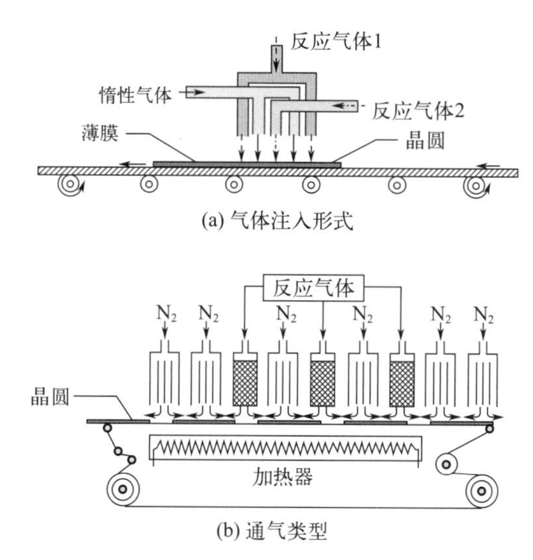

图6-13　连续加工的APCVD反应炉

6.3.2 LPCVD

与APCVD相比，LPCVD（低压CVD）系统有更低的成本、更高的产量及更好的膜性能，因此应用更为广泛。LPCVD通常在中等真空度下（约0.1～5Torr[1]），反应温度一

[1] 托，1Torr=133.3224Pa。

般为300～900℃。常规的氧化炉（卧式或立式）以及多腔集成设备都可以应用于LPCVD中。LPCVD反应中的边界层由于低压的缘故，距离硅片表面更远（见图6-14）。边界层的分子密度低，使得进入的气体分子很容易通过这一层扩散，使硅片表面接触足够的反应气体分子。而且LPCVD过程中会发生大量碰撞，淀积的材料会无序撞击硅片表面。这有助于在高的深宽比的台阶和沟槽上覆盖填充均匀的膜。一般来说，LPCVD具有优良的台阶覆盖能力。

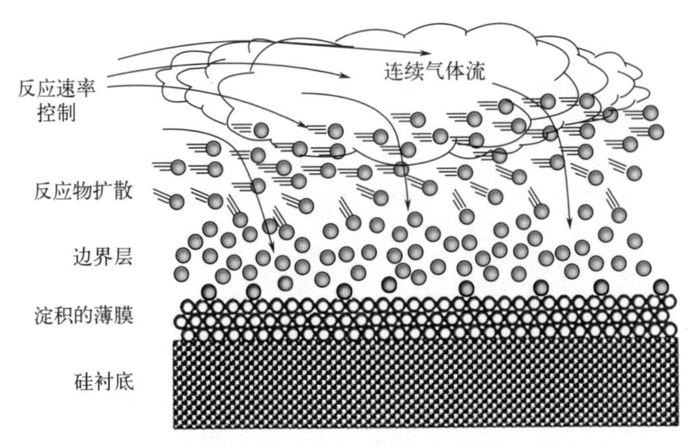

图6-14　在硅片表面的边界

LPCVD反应器设计一般是热壁型的，以便在很长的反应器体内获得均匀的温度控制。图6-15给出了一个有代表性的反应腔。

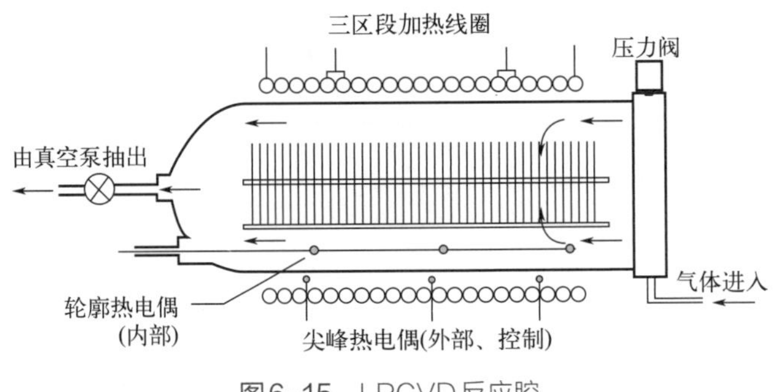

图6-15　LPCVD反应腔

由于LPCVD反应通常是热壁的，颗粒淀积在反应器的内壁上。通过减小气相反应物的分压（导致发生更少的气相反应），尽量减少这些淀积物。因此，LPCVD反应用到的压力低于APCVD系统。热壁反应需要周期性的维护来去除反应腔内的颗粒。对于大量硅片（例如150～200片）的LPCVD反应，当气体沿着反应腔传输时会发生反应气体耗尽。这会导致反应速度的降低。调整反应器的温度，使沿气体入口到出口方向的温度有略微升高（25～50℃），可以补偿由于温度不均匀造成的速度差异。

6.3.3　等离子体辅助CVD

在CVD中有两类等离子体工艺：等离子体增强CVD（PECVD）和高密度等离子体CVD（HDPCVD）。

等离子体辅助的CVD设备依赖等离子体的能量和热能来触发并维持CVD淀积所需的化学反应。在CVD过程中使用等离子体的好处是：

① 更低的工艺温度（250 ~ 450℃）。

② 对高的深宽比间隙有好的填充能力（用高密度等离子体）。

③ 淀积的膜对硅片有优良的黏附能力。

④ 高的淀积速率。

⑤ 少针孔和空洞，因而有高的膜密度。

⑥ 工艺温度低，因而应用范围广。

膜的形成：在真空腔中施加射频功率使气体分子分解，就会发生等离子体增强CVD并淀积形成膜。射频功率的频率取决于应用，典型的值为40kHz、400kHz、13.56MHz、2.45GHz（微波频率）。被激发的分子具有化学活性，很容易与其他原子键合形成黏附在硅片表面的膜（见图6-16）。气态的副产物通过真空泵系统排出。硅片通常需要加热，以促进表面反应并减少不希望的杂质（如H）。

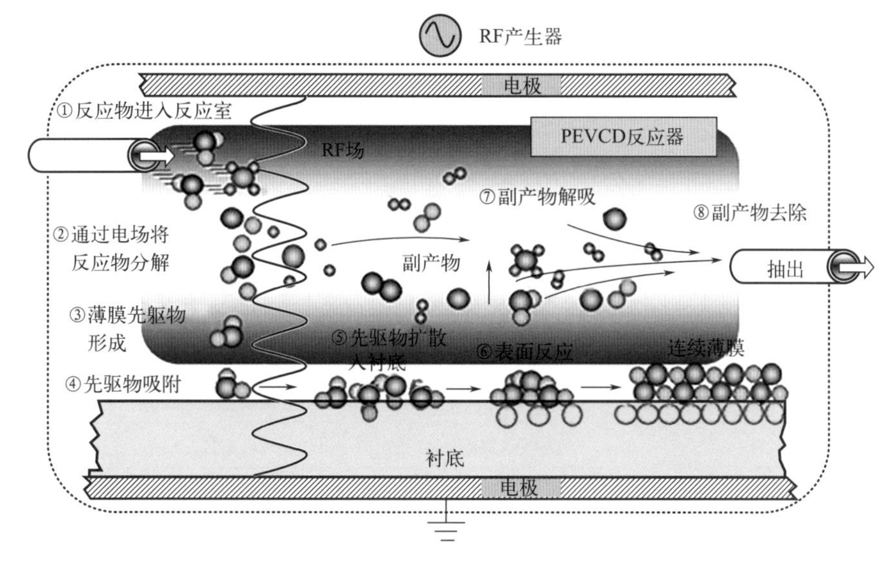

图6-16　在等离子体辅助CVD中膜的形成

6.4 淀积工艺模拟

6.4.1 参数介绍

■ （1）语法及参数说明（表6-3）

deposit 命令可以淀积特定的材料。淀积的语法：

```
DEPOSIT
MATERIAL [NAME.RESIST=<c>] THICKNESS=<n>
[SI_TO_POLY] [TEMPERATURE=<n>]
[DIVISIONS=<n>] [DY=<n>][YDY=<n>] [MIN.DY=<n>] [MIN.SPACE=<n>]
```

```
[C.IMPURITIES=<n>] [F.IMPURITIES=<n.] [C.INTERST=<n>] [F.INTERST=<n>]
[C.VACANCY=<n>] [F.VACANCY=<n>] [C.FRACTION=<n>] [F.FRACTION=<n>]
[GR.SIZE=<n>] [F.GR.SIZE=<n>]
[MACHINE=<c>] [TIME=<n>] [HOURS | MINUTES | SECONDS]
[N.PARTICLE=<n>] [OUTFILE=<c>] [SUBSTEPS=<n>] [VOID]
```

表6-3 deposit的主要参数及其说明

通用参数	说明
MATERIAL	淀积的材料
NAME.RESIST	淀积光刻胶的类型
THICKNESS	淀积的厚度（μm）
TEMPERATURE	采用STRESS.HIST模型时淀积的温度
网格控制参数	在2.2.2.1节网格定义中已详细提到，这些参数是DIVISIONS、DY、YDY、MIN.DY和MIN.SPACE。
淀积的掺杂参数	说明
C.IMPURITIES	淀积层的杂质浓度（cm^{-3}）
F.IMPURITIES	只能和C.IMPURITIES一起设置，C.IMPURITIES为淀积层底部的杂质浓度，F.IMPURITIES为淀积层顶部的杂质浓度
C.INTERST	淀积层空隙的浓度
F.INTERST	作用和F.IMPURITIES类似，区别是空隙浓度
C.VACANCY	淀积层的空位浓度
F.VACANCY	作用和F.IMPURITIES类似，区别是空位浓度
C.FRACTION	淀积材料为三元化合物时指定第一种元素的组分，如AlGaAs中的Al
F.FRACTION	作用和F.IMPURITIES类似，区别是元素组分
GR.SIZE	淀积多晶硅的晶粒尺寸，只有POLY.DIFF模型时有效
F.GR.SIZE	作用和F.IMPURITIES类似，区别是多晶硅的晶粒尺寸
ELITE淀积模型参数	说明
MACHINE	淀积使用的机器名，在RATE.ETCH状态参数中设定
TIME	淀积的时间
HOURS,MINUTES,SECONDS	TIME的单位，默认是MINUTES
N .PARTICLE	Monte Carlo淀积时计算弹道颗粒数
OUTFILE	将Monte Carlo颗粒位置的信息存入文件
SUBSTEPS	ELITE模型的分步淀积的每一步
VOID	指定淀积材料未填充时空隙的形成

（2）淀积示例

淀积氧化层：

```
deposit oxide thick=0.1 div=10
```

淀积BPSG：

```
deposit material=BPSG thickness=0.1 div=6 c.boron=1e20 c.phos=1e20
```

6.4.2 仿真运行

【例6-1】淀积氧化层（图6-17）。

```
go athena
line x loc=0.0 spac=0.1
line x loc=0.6 spac=0.01
line x loc=1.0 spac=0.1
line y loc=0.0 spac=0.1
line y loc=1.0 spac=0.01
line y loc=2.0 spac=0.1
init silicon c.boron=1e16 two.d
deposit oxide thick=0.2 div=4
tonyplot
```

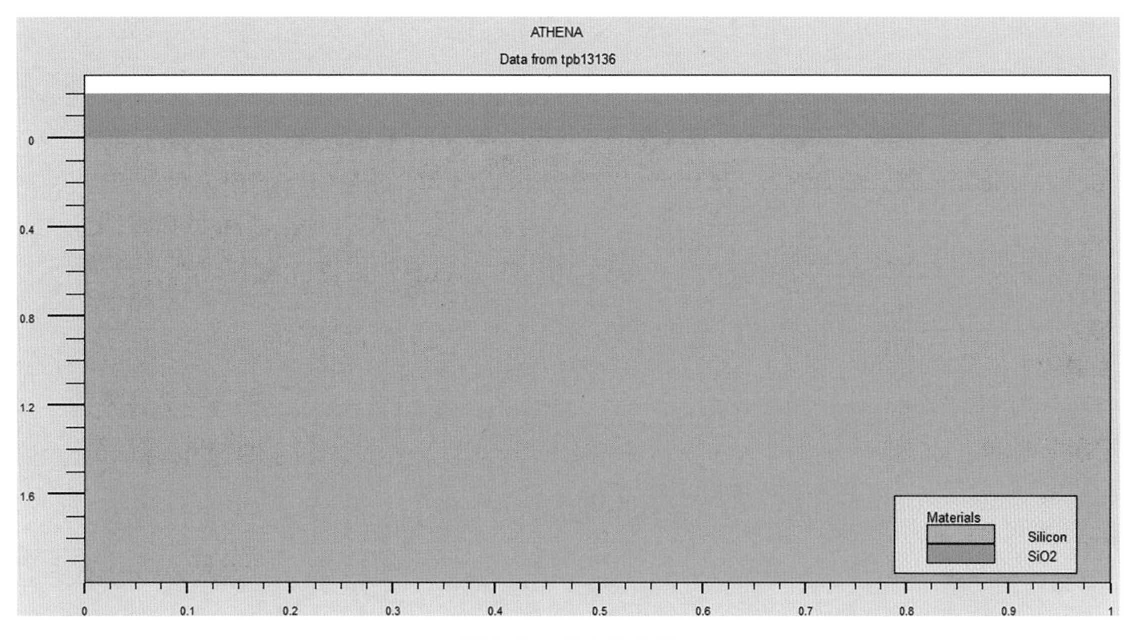

图6-17　淀积氧化层

【例6-2】淀积氧化层，淀积BPSG（图6-18）。

```
go athena
line x loc=0.0 spac=0.1
line x loc=0.6 spac=0.01
line x loc=1.0 spac=0.1
line y loc=0.0 spac=0.1
line y loc=1.0 spac=0.01
line y loc=2.0 spac=0.1
init silicon c.boron=1e16 two.d
deposit oxide thick=0.2 div=4
deposit material=BPSG thick=.1 c.boron=1e20 c.phos=1e20
tonyplot
```

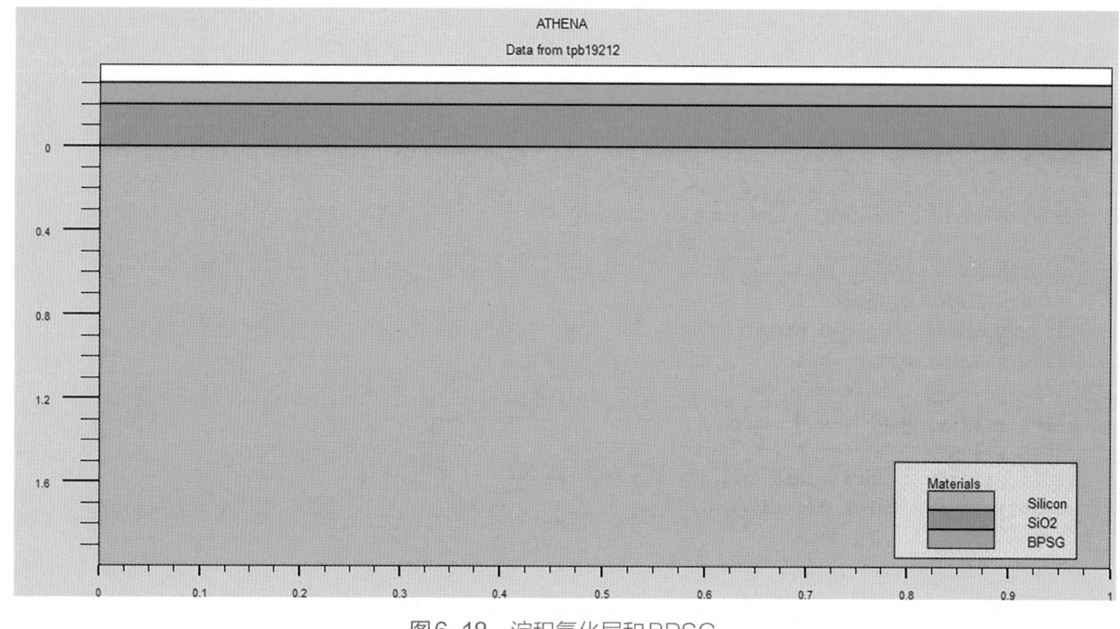

图6-18　淀积氧化层和BPSG

本章小结

本章首先介绍了薄膜淀积基本知识，包括金属层和介质层、关键层和非关键层的定义、薄膜的特性、薄膜淀积的三个生长阶段、主要的薄膜淀积技术。然后介绍了淀积工艺，包括化学气相淀积、原子层淀积以及外延工艺，重点介绍CVD的定义、CVD的特点及8个主要步骤。最后介绍了淀积的设备，包括APCVD、LPCVD以及等离子体辅助CVD等。

习题

1. 请解释关键层和非关键层定义。
2. 请解释金属层和介质层的定义。
3. 什么是薄膜？薄膜有哪些特性？
4. 简述薄膜生长的三个阶段。
5. 列举淀积的几种主要技术。
6. 什么是CVD？请简要描述CVD的5种基本反应。
7. 什么是同类反应？什么是异类反应？二者各自特点是什么？
8. CVD反应的8个步骤有哪些？
9. PSG、BPSG、FSG是什么的缩写？简述其优点。
10. 在IC制造中一般采用的三种外延方法是什么？
11. CVD系统有哪两种类型，其主要特点是什么？
12. 在CVD过程中使用等离子体的好处是什么？
13. 淀积工艺模拟的命令是什么？
14. 模拟淀积厚度为0.5μm的氧化层，采用干氧氧化的方式，时间为10min，温度为1000℃。

第7章

金属化工艺及模拟

思维导图

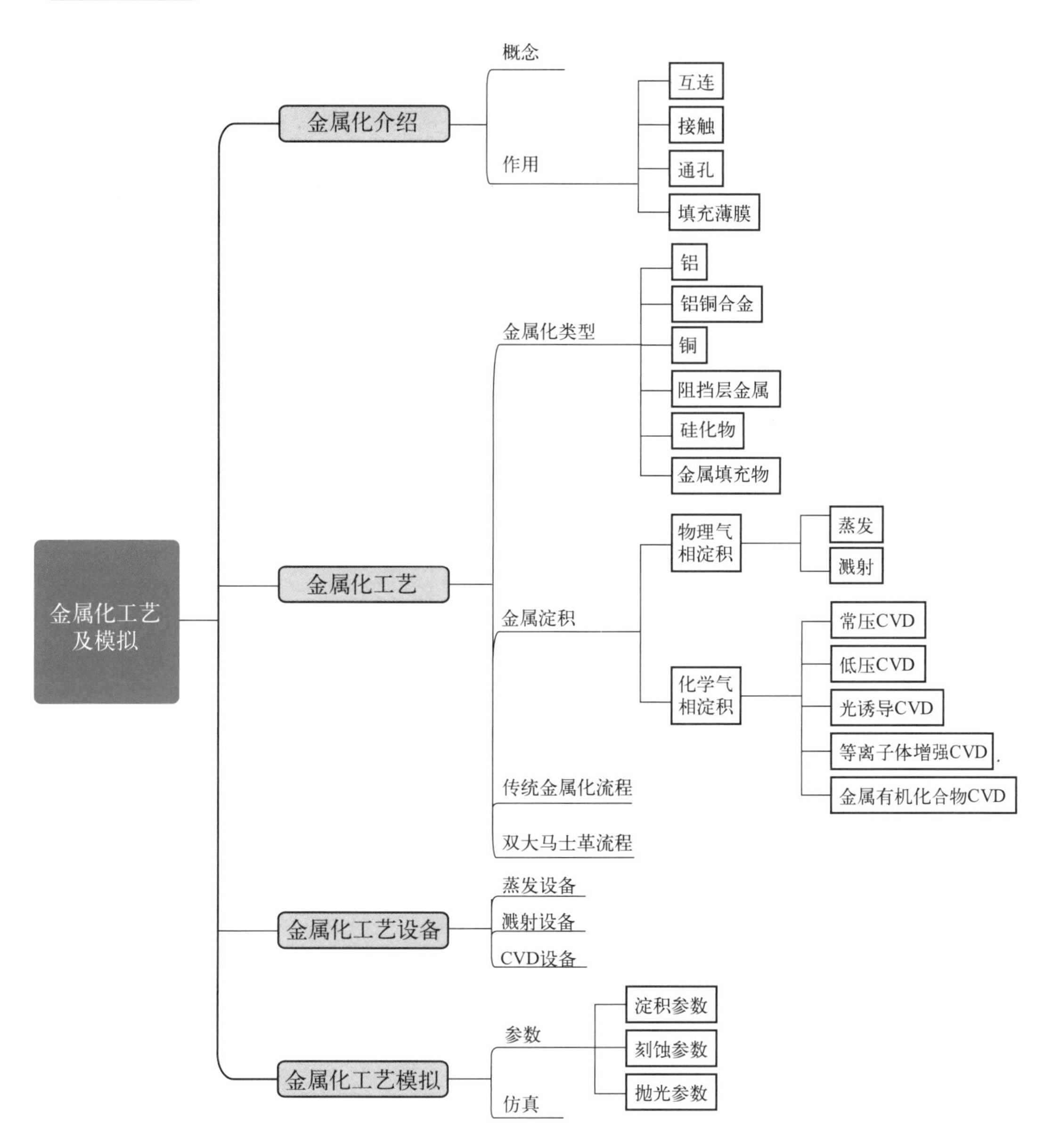

7.1 引言

7.1.1 金属化的概念

制造芯片的工艺分为两部分：第一，利用氧化、掺杂、淀积、光刻等工艺，在硅片的表面制备各种有源器件和无源器件；第二，利用金属互连线将这些元器件连接起来，形成完整的电路系统。金属化工艺（metallization）是指在芯片制造过程中，将金属薄膜淀积在元器件表面绝缘介质上，通过微细加工、刻印图形，刻出金属互连线，把硅片上的元器件连接起来形成完整的电路系统，并提供与外电路连接接点的工艺过程。

7.1.2 金属化的作用

针对不同金属连接而进行的金属化，按其不同的作用可以分为四种。第一种是互连（interconnect），指由导体材料，如铝、多晶硅或铜制成的连线将电信号传输到芯片的不同部分，互连也被用作芯片上器件和整个封装之间普通的金属连接。第二种是接触（contact），指硅芯片内的器件与第一层金属之间在硅表面的连接。第三种是通孔（via），指穿过介质层从某一金属层到相邻的另一金属层形成电通路连接。最后一种是填充薄膜，指用金属薄膜填充通孔，以便在两金属层之间形成电连接。

7.2 金属化工艺

7.2.1 金属化的类型

为了提高半导体芯片性能，用于芯片互连的金属类型一直在发展，一种好的金属材料需要满足以下要求：

① 具有高的电导率和纯度。

② 能很好地黏附下层衬底。

③ 与半导体或金属表面连接时接触电阻低。

④ 能够淀积出均匀的薄膜，易于填充通孔。

⑤ 易于光刻和刻蚀，容易制备出精细图形。

⑥ 有很好的抗腐蚀性。

⑦ 在处理和应用过程中具有长期的稳定性和可靠性。

在硅片制备中常用的主要金属和金属合金有：铝、铝铜合金、铜、阻挡层金属、硅化物、金属填充物。

■ (1) 铝

早期的集成电路工艺中，铝是最早的金属化工艺材料。它有足够低的电阻率，导电性能良好，且有很高的纯度。它和二氧化硅有很好的黏附性，有很低的接触电阻，并且用传统的光刻工艺易于光刻和刻蚀进行图形化。此外，它的成本较低。铝的缺点是容易腐蚀且熔点较低。铝互连工艺流程如图7-1所示。

选择铝作为金属互连线主要因为铝有如下优点：

① 较低的电阻率。

② 价格低廉。

③ 良好的工艺兼容性。

④ 铝膜与下层衬底具有良好的黏附性。

图7-1 铝互连

(2) 铝铜合金

虽然铝是最早进行集成电路工艺互连的材料，但是它的电迁移会引起可靠性问题。因此后期经常采用由铜和铝形成的合金，铜的含量控制在0.5%～4%，这样可以很好地控制互连线中的电迁移。铝铜合金的优点是比较坚硬，熔点为640℃，重量轻，抗拉性强，价格较低。

(3) 铜

随着半导体工艺集成度的提高和器件尺寸的进一步缩小，铝进行互连的速度和电气特性无法满足需要。铜的电阻比铝低，能实现更快的器件连接速度。另外，铜的电迁移抵抗能力高，其可靠性更高。因此在0.18μm技术节点后，铜逐渐取代铝和铝铜合金。在动态随机存储器（DRAM）和闪速存储器（闪存）的金属互连方面，铜也正在取代铝铜合金。

但是，铜的缺点是不容易形成化合物，很难将其气化并从晶圆表面去除。因此在进行铜互连的时候，不再刻蚀铜，而是采取淀积和刻蚀介质材料的方法，首先在需要的地方形成沟道或通孔，然后再将铜填入其中以实现互连，这个填入的过程称为“镶嵌工艺”，如图7-2所示。

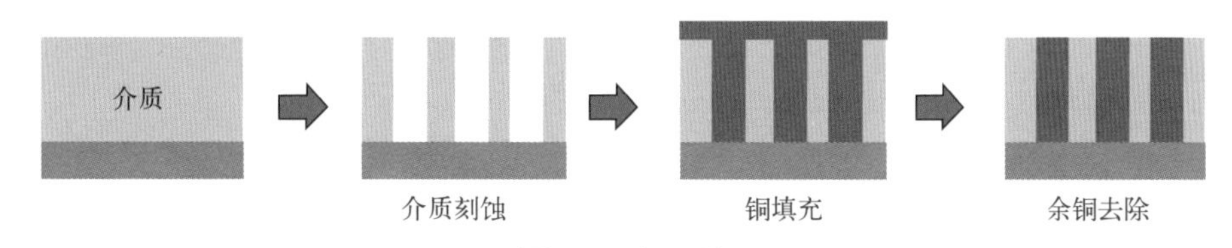

图7-2 铜互连

铜的主要优点如下：

① 更低的电阻率。

② 减少功耗。

③ 更高的互连线集成密度。

④ 良好的抗电迁移性能。

⑤ 更少的工艺步骤。

■ （4）阻挡层金属

阻挡层金属顾名思义就是为了起阻挡作用的，很多金属与半导体接触，在进行高温处理的时候很容易发生相互扩散，为了防止这种扩散，在它们中间引入阻挡层金属。阻挡层金属必须足够厚，如图7-3所示。

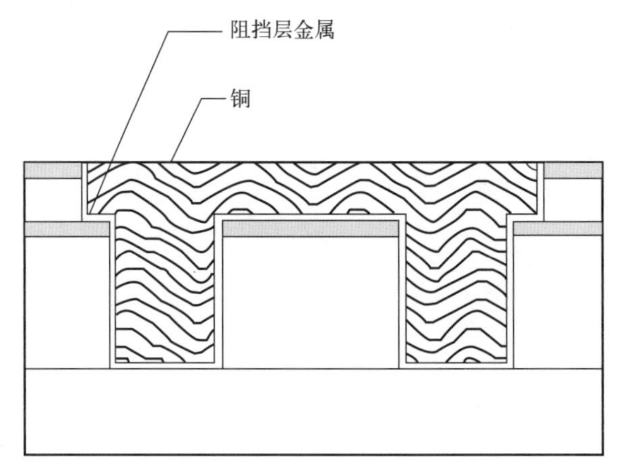

图7-3　铜互连结构中的阻挡层

阻挡层金属需要具备如下特性：

① 能很好地阻挡材料的扩散。

② 高电导率和低的欧姆接触电阻。

③ 在半导体和金属之间有很好的附着能力。

④ 抗电迁移能力强。

⑤ 保证在很薄和高温下具有很好的稳定性。

⑥ 抗侵蚀和抗氧化性能好。

■ （5）硅化物

硅化物是难熔的金属与硅在一起发生反应形成的金属化合物，具有热稳定性和低的电阻率。为了提高芯片的性能，需要减小源漏和栅区硅接触的电阻，此时使用硅化物可起到降低接触电阻的作用。当难熔金属和多晶硅发生反应，就形成多晶硅化物。栅电极一般采用掺杂的多晶硅，相对而言它的电阻率较高，会导致RC信号延迟。而多晶硅化物可降低电阻率，同时保持多晶硅和氧化硅好的界面特性，如图7-4所示。

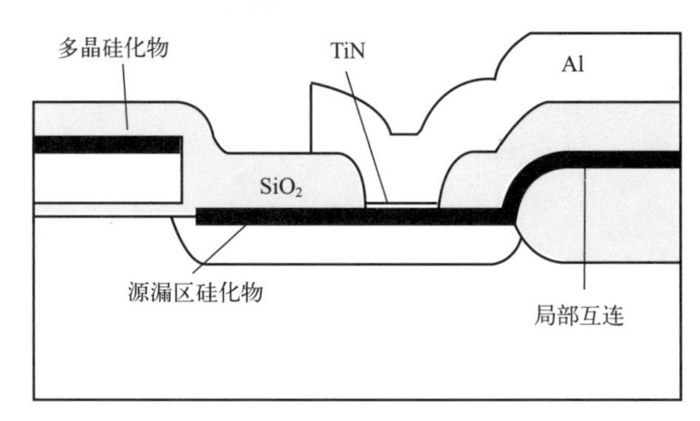

图7-4　硅化物在半导体器件中的用途

■ （6）金属填充物

为了减小芯片的面积，半导体工艺采用多层金属布线，这样就产生了数以十亿计的通孔，这些通孔需要用金属填充物进行填充，以便在两层金属之间形成电通路。接触填充薄膜也被用于连接硅片中的硅器件和第一层金属化。目前进行金属填充的材料是钨，图7-5是多层金属中钨的填充。

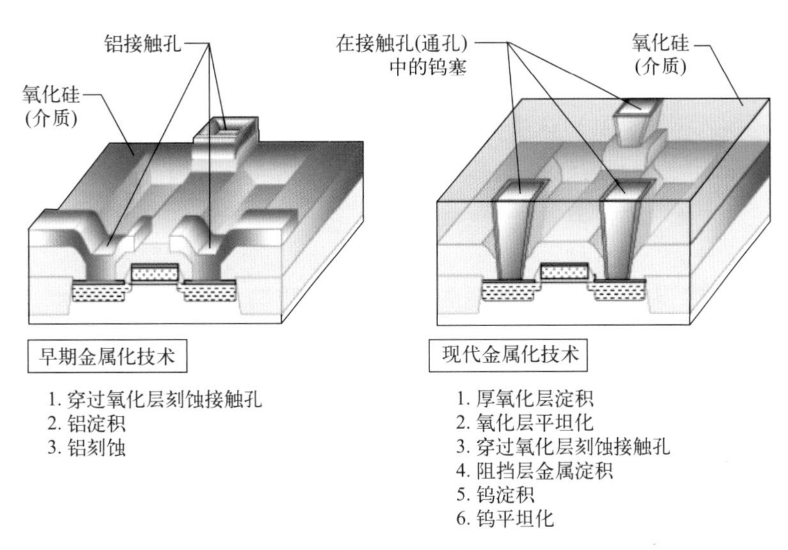

图7-5　多层金属中钨的填充

7.2.2　金属淀积

金属淀积需要考虑如何将金属材料转移到硅片表面，并在硅片表面上形成具有良好台阶覆盖能力、均匀的高质量薄膜。金属淀积分为物理气相淀积（PVD）和化学气相淀积（CVD），其中物理气相淀积一般采用蒸发和溅射。

■ （1）蒸发

利用物质在高温下的热蒸发现象，可以制备各种薄膜材料。真空蒸镀法薄膜淀积设备的主要组成部分包括真空室、真空系统、蒸发源、样品台等。真空蒸发法的一个显著特点是其一般要在较高的背底真空度下进行薄膜的淀积。在真空度较高的情况下，热蒸发出来的物质原子或分子具有较长的平均自由程，因而可以从源物质表面呈直线状地转移、淀积到衬底的表面，在此过程中不会与杂质气体或其他气体的分子发生碰撞和化学反应。因此，利用蒸发法可以制备纯度较高的薄膜材料。但是利用这种方法形成的薄膜台阶覆盖能力和黏附力都较差，蒸发法适用于早期的中小规模半导体集成电路制造中。在封装工艺中，蒸发被用来在晶圆的背面淀积金，以提高芯片和封装材料的黏合力。

■ （2）溅射

溅射是物理气相淀积，是指在真空室中，利用高能粒子轰击靶材表面，通过粒子动量传递打出靶材中的原子及其他粒子，并使其淀积在硅体上形成薄膜的技术。

溅射的优点：

① 可实现大面积快速淀积。

② 薄膜与基体结合力好。

③ 溅射密度高、针孔少。

④ 膜层可控性和重复性好。

⑤ 有良好的台阶覆盖性。

■ （3）化学气相淀积

化学气相淀积方法是以气相原材料经化学反应而淀积固体薄膜的方法。由于制备的薄膜能与基体紧密附着，且几乎对基体的几何形状没有依赖关系，改变气体成分或淀积条件（如温度、气压等），即可改变成膜的化学或物理性质，对厚度又易于实施控制，因而CVD方法在金属淀积中得到广泛应用。

CVD可主要区分为下列5种：

① 常压CVD，即反应气体压力为1atm左右，反应装置无需减压或加压设备，简便易行，通常通过温度来调节反应速率。

② 低压CVD（LPCVD），反应压力通常为数百帕，调节压强也能改变成膜速度。

③ 光诱导CVD（PICVD），通过入射光的作用而诱导化学反应成膜。

④ 等离子体增强CVD（PECVD），通过施加电磁场（直流、交流、射频等）促使反应气体电离从而高速成膜，或通过其他手段直接通入等离子体成膜的方法。

⑤ 金属有机化合物气相淀积（MOCVD），采用金属有机化合物气相源的CVD方法。该法可制备结构精细的多层金属或半导体膜，是当代微电子技术的一种重要手段。

7.2.3 传统金属化流程

传统的金属化流程如图7-6所示，先在硅片表面淀积一层氧化物作为层间介质（ILD），然后进行化学机械抛光（CMP），接下来进行氧化硅通孔2刻蚀，在硅片上淀积钨，化学机械抛光被钨覆盖的硅片直到第一层ILD的上表面。然后进行金属2的淀积与刻蚀。

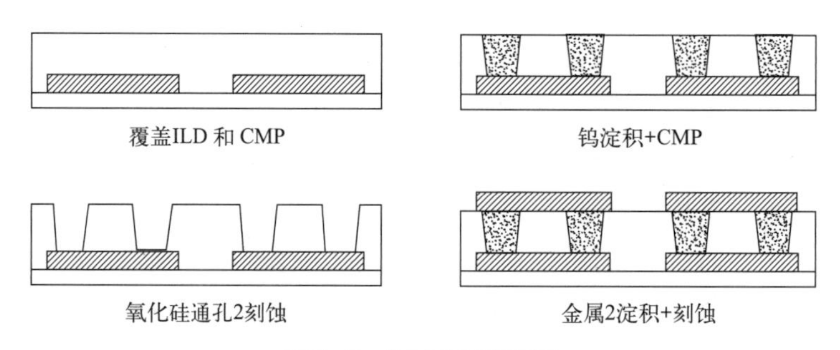

图7-6 传统金属化流程

7.2.4 双大马士革流程

铜作为主要的互连材料在半导体工艺中被使用。因为铜不适用于干法刻蚀，传统工艺不采用铜金属化。现代工艺使用双大马士革方法避免铜的刻蚀，进而形成铜互连金属线，实现铜的金属化。双大马士革方法是通过在层间介质刻蚀孔和槽，为每一金属层产生通孔又产生引线，然后淀积铜进入刻蚀好的图形，再通过CMP去掉额外的铜。在这个过程中，不需要刻蚀金属来确定线宽和间距，而是通过介质刻蚀来实现。

双大马士革工艺的流程如图7-7所示，首先在硅片表面淀积一层氧化物，作为层间介质（ILD），淀积氮化硅作为刻蚀终止层，进一步进行二氧化硅淀积，刻蚀互连槽和通孔，进行铜填充，最后用CMP清除额外的铜。

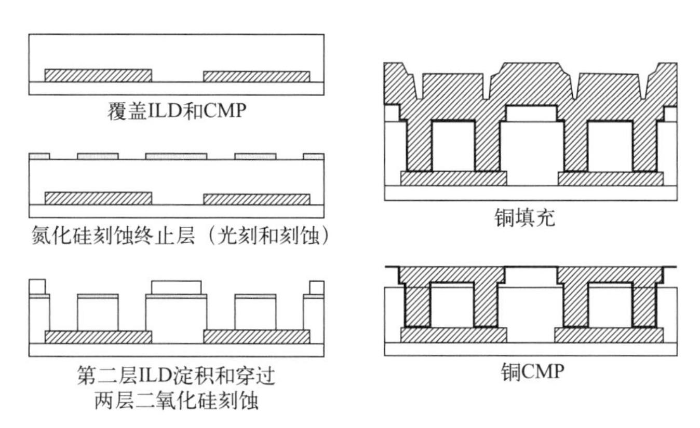

图7-7　双大马士革工艺流程

在硅片制造业中，与传统的铝互连工艺比较，双大马士革工艺法可以减少工艺步骤20%～30%，简化了工艺流程，提高了工艺质量。

7.3 金属化工艺设备

在金属的淀积中，提到了蒸发、溅射和化学气相淀积三种工艺方法，下面介绍相关的工艺设备。

7.3.1 蒸发设备

真空蒸发镀膜是在真空室中进行的，一般气压低于1.3×10^{-2}Pa，将需要蒸发的材料金属进行加热。随着加热的进行，材料中的分子或原子热振动能量逐渐增大，当加热到一定温度时，材料中分子或原子的热振动能量增大到足以克服表面的束缚能，大量分子或原子会从液态蒸发，或直接从固态升华成气态。当蒸汽粒子遇到温度较低的基材表面时，就会在被镀基材表面凝结形成一层薄膜。

简单的热蒸发设备结构如图7-8所示，蒸发设备主要由真空系统（包括高真空泵、高真空阀、机械泵）、工艺腔、坩埚和载片盘组成。图7-9为一款高真空热蒸发薄膜淀积系统。

7.3.2 溅射设备

溅射也是在真空下进行的，压强0.01～10Pa，溅射镀膜中的入射离子，一般采用辉光放电获得，溅射出来的粒子在飞向基体过程中，容易和真空室中的气体分子发生碰撞，使运动方向随机，淀积的膜比较均匀。

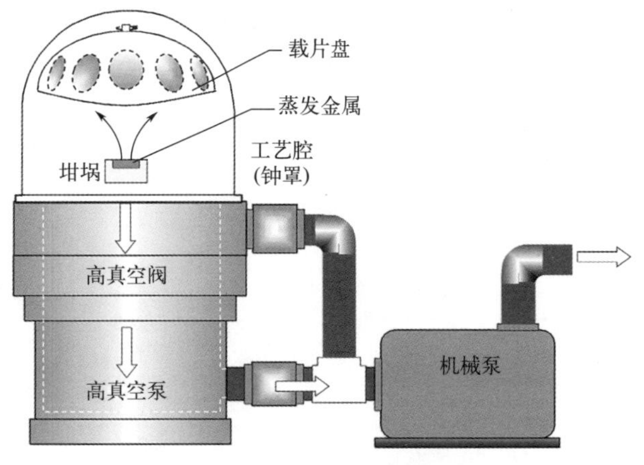

图7-8 简单的蒸发装置

图7-9 高真空热蒸发薄膜淀积系统

溅射系统有三种，分别是RF（射频）溅射、磁控溅射和IMP（离子化的金属等离子体）溅射。其中，RF溅射系统的淀积效率低，一般采用磁控溅射系统。磁控溅射原理如图7-10所示，在直流溅射的靶材表面附近增加一个磁场，通过磁场的作用增加离子在靶上的轰击

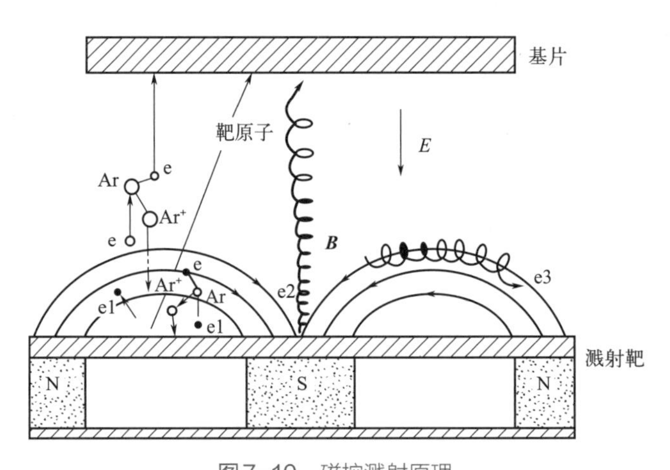

图7-10 磁控溅射原理

e—电子；e1—二次电子；e2—磁场轴线处电子；e3—沿磁力线回转运动的电子

率，产生更多的二次电子，进而增加等离子体中电离的速率。磁控溅射系统可提高淀积速率和溅射效果，在溅射设备中占有主导地位。

图7-11为一款高真空三靶磁控溅射镀膜系统，该设备主要由真空溅射室、电气控制柜和循环水冷系统组成。真空溅射室采用卧式圆筒形前开门结构。溅射室内安装有永磁靶三套，其中有一个射频磁控溅射靶和两个直流磁控溅射靶，三个靶互呈120°角分布。靶在下，基片台在上，基片台下方有挡板，可方便地实现预溅射。基片台可加热。为了实现更加均匀的溅射，基片台可旋转。图7-12为该系统真空腔室和靶材启辉的图片。

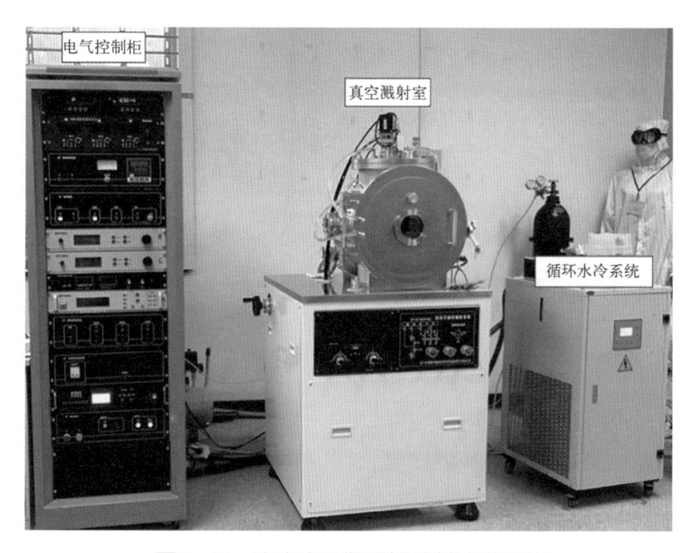

图7-11　高真空三靶磁控溅射镀膜系统

图7-12　磁控溅射系统真空腔室及靶材启辉

7.3.3　CVD设备

化学气相淀积是通过化学反应的方式，利用加热、等离子激励或光辐射等各种能源，在反应器内使气态或蒸气状态的化学物质在气相或气-固界面上经化学反应形成固态淀积物的技术。图7-13是一款CVD设备系统。

CVD可以分为常压CVD（APCVD）、低压CVD（LPCVD）、等离子体增强CVD（PECVD）

和金属有机CVD（MOCVD）等多种。

APCVD是指在压力接近常压下进行CVD反应的一种淀积方式。其压力接近1atm，气体分子间碰撞频率很高，均匀成核的“气相反应”很容易发生。在工业界在对微粒的忍受能力较大的工艺上使用该方法，例如钝化保护处理。

LPCVD的压力一般在133. 332Pa以下，图7-14是一款LPCVD设备。由于低压下分子平均自由程增加，气态反应剂与副产物的质量传输速度加快，从而使形成淀积薄膜材料的反应速度加快，同时气体分布的不均匀性在很短时间内可以消除，所以能生长出厚度均匀的薄膜。一般使用该方法淀积钨填充薄膜。

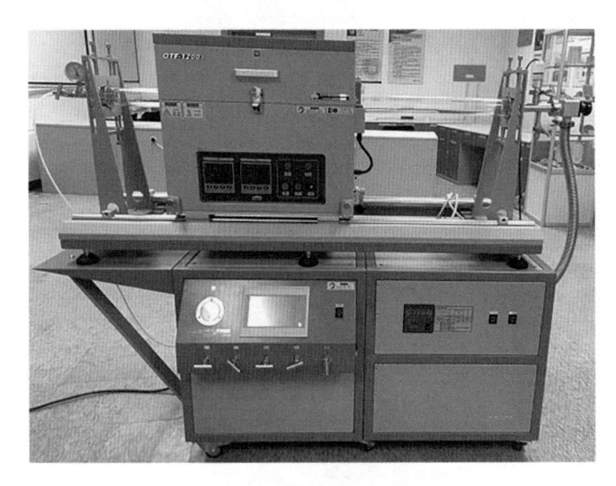

图7-13　CVD设备

图7-14　LPCVD设备

PECVD是在低真空的条件下，利用硅烷气体、氮气（或氨气）和氧化亚氮，通过射频电场而产生辉光放电形成等离子体，以增强化学反应，从而降低淀积温度，可以在常温至350℃的条件下淀积，主要淀积氮化硅膜、二氧化硅膜、氮氧化硅及非晶硅膜等。

MOCVD，一种新的表面技术，是利用低温下易分解和挥发的金属有机化合物作为源物质进行化学气相淀积的方法，主要用于化合物半导体气相生长。在MOCVD过程中，金属有机源（MO源）可以在热解或光解作用下，在较低温度淀积出相应的各种无机材料，如金属、氧化物、氮化物、氟化物、碳化物和化合物半导体材料等的薄膜。

7.4 金属化工艺模拟

7.4.1 参数介绍

金属化工艺主要是由淀积、刻蚀和抛光等单步工艺组合而成，因此具体参数参见相关单步工艺即可。

7.4.2 仿真运行

【例7-1】淀积铝，在器件表面淀积一层金属铝厚度为0.03μm，分2层格点，仿真结果如图7-15所示。

```
deposit aluminum thick=0.03 divisions=2
```

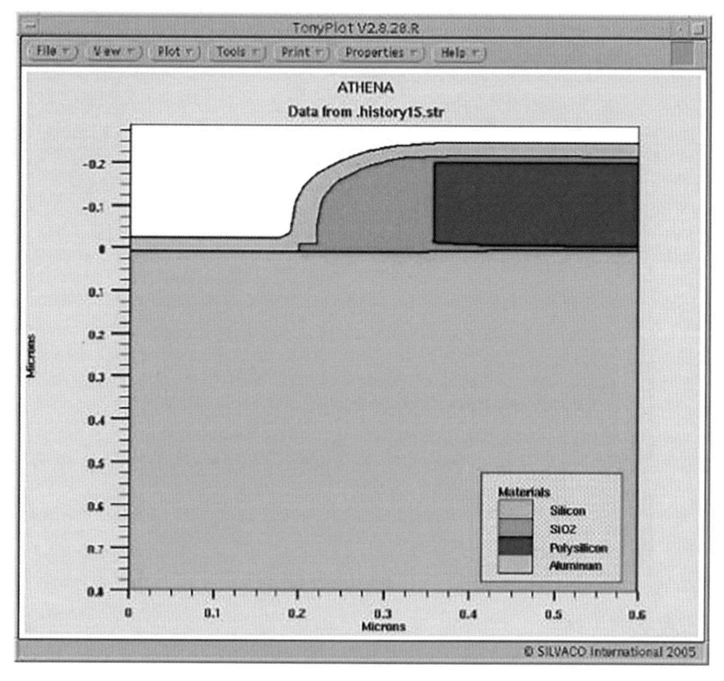

图7-15　金属铝的淀积

【例7-2】刻蚀金属铝，将x坐标0.18μm右侧的所有金属铝都刻蚀掉，仿真结果如图7-16所示。

```
etch aluminum right p1.x=0.18
```

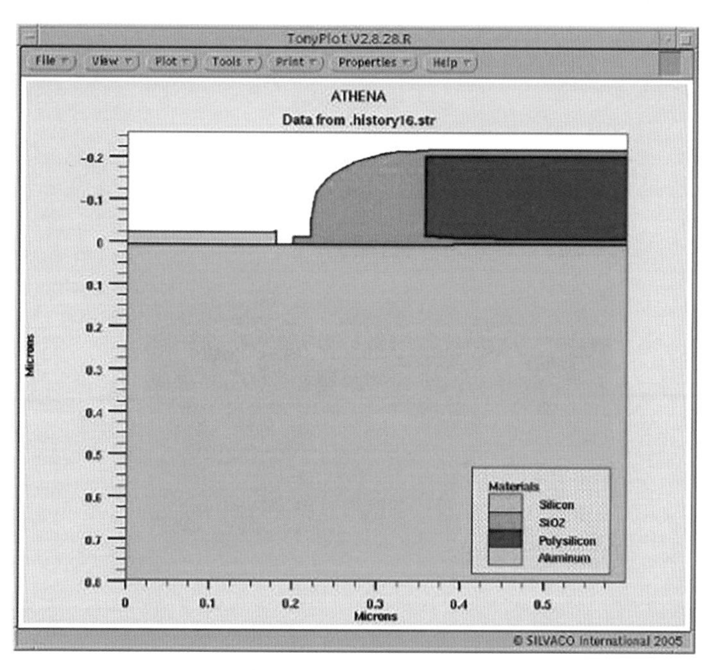

图7-16　金属铝的刻蚀

本章小结

金属化是通过淀积金属薄膜，在芯片上形成互连金属线、接触孔或者通孔。金属淀积主要有物理淀积和化学气相淀积，其中，物理淀积主要是蒸发和溅射。传统的互连金属线材料是铝，在使用铜材料的时候运用双大马士革工艺方法可以有效避免铜刻蚀带来的问题。真空蒸发设备、磁控溅射设备、CVD设备均可用来进行金属薄膜淀积。金属化的工艺仿真主要是淀积、刻蚀，以及化学机械抛光（详见第11章）。

习题

1. 金属化的作用有哪些？
2. 传统金属互连材料是什么？现在使用较多的材料又是什么？
3. 列出金属淀积的主要方式。
4. 蒸发源的方式有哪些？
5. 溅射的原理是什么？
6. 金属化会涉及哪些单步仿真工艺？
7. 什么是CVD？
8. 简述双大马士革工艺方法的步骤。

第8章

光刻工艺及模拟

思维导图

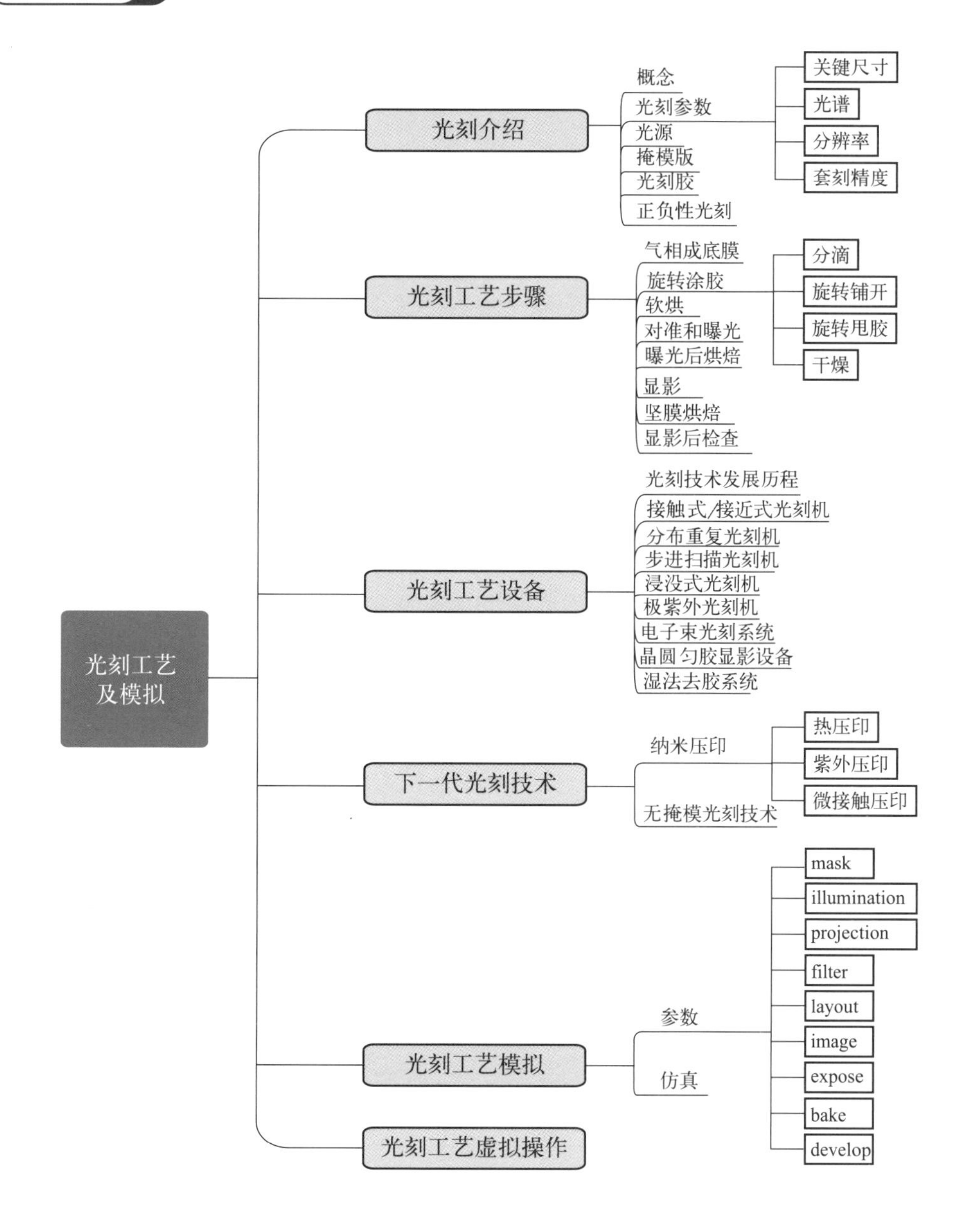

8.1 引言

8.1.1 光刻的概念及目的

随着半导体行业的快速发展，半导体器件尺寸越来越小，性能越来越高，这对半导体制造工艺要求就越来越高。而光刻技术直接决定着半导体器件的最小物理尺寸，它对器件性能参数的影响至关重要。

光刻是指将图形转移到一个平面的复制过程，它是一种图形复印和化学腐蚀相结合的精密表面加工技术。它是用照相复印的方法将掩模版上的图案转移到硅片表面的光刻胶上，以实现后续的有选择地刻蚀或注入掺杂。光刻工艺首先要将图形制作在掩模版上，使紫外光通过掩模版把图形转移到覆盖光敏材料的基片上，最终经过曝光和显影在基片上得到所需要的图形。

光刻与芯片的价格和性能密切相关。光刻技术越好，就可以获得更小的关键尺寸的图形线条，这样能在同样尺寸的硅片上得到更多的芯片，这就意味着每个芯片的总成本就更低。

8.1.2 光刻的主要参数

光刻过程中主要的参数如下。

■ （1）关键尺寸（critical dimension，CD）

半导体制造工艺中的芯片上的最小尺寸就是关键尺寸，也是最难控制的尺寸。行业中使用光刻中的关键尺寸来描述器件工艺技术的节点或称为某一代。比如关键尺寸是0.25μm，其工艺技术的节点就是0.25μm。减小关键尺寸可以在单个硅片上布局更多芯片，可以大大降低制造成本，提高利润。

■ （2）光谱

光刻的时候需要使用光谱，其能量需要可以激活光刻胶并将图形从投影掩模版中转移过来。能量源以辐射的形式存在，紫外（UV）光源是典型的光谱。紫外光是形成光刻图形常用的能量源，将光刻胶制成与特定的紫外光波长有化学响应，在光刻中常用的紫外光波长如表8-1所示。

表8-1　常用的紫外曝光波长

UV波长/nm	波长名	UV发射源
436	g线	汞灯
405	h线	汞灯
365	i线	汞灯
248	深紫外（DUV）	汞灯或KrF准分子激光器
193	深紫外（DUV）	ArF准分子激光器
13.5	极紫外（EUV）	高能CO_2激光器激发锡（Sn）金属微滴

■ （3）分辨率

分辨率是指将硅片上两个相邻的图形区分开来的参数，它是对光刻工艺中可以达到的最小光刻尺寸的一种描述，是光刻精度和清晰度的标志，如图8-1所示。特征尺寸（characteristic dimension）是指在硅片上最终出现的图形的实际尺寸，它标志着器件工艺的总体水平，也是设计规则的主要部分。最小的特征尺寸就是关键尺寸，对于特征尺寸来说，分辨率很重要。随着集成电路的集成度提高，加工的线条越来越细，对分辨率的要求也越来越高。

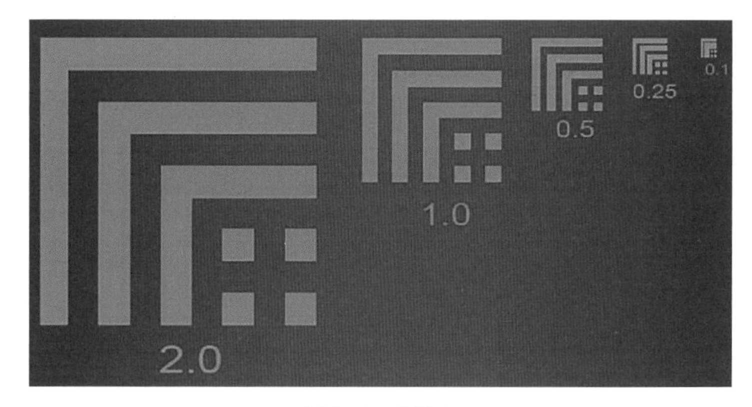

图8-1　分辨率

■ （4）套刻精度

硅片表面上存在的图案与掩模版上的图形准确对准。芯片的制造过程可以参考盖房子，一层一层往上叠，这样可以利用纵向空间。房子在往上盖的时候，需要上一层与下一层对齐，墙壁在一个方向上，如果偏了、歪了，都会给房子带来潜在危险。集成电路制作需要几十次光刻，每次光刻都需要互相套准。掩模版上的图形需要层对层准确地转移到硅片上，因此任何套刻误差都会影响硅片表面上不同图案间总的布局。光刻时需要当前层与前一层对好，但实际情况不可能当前层和前一层完美对齐，因此引入套刻误差来描述芯片生产时当前层与前一层的套刻误差，如图8-2所示，并设置一定的误差范围，对于超出范围制品，进行返工处理。由于图形的特征尺寸在亚微米数量级，对套刻精度要求很高，套刻误差需要保持在特征尺寸的10%左右。

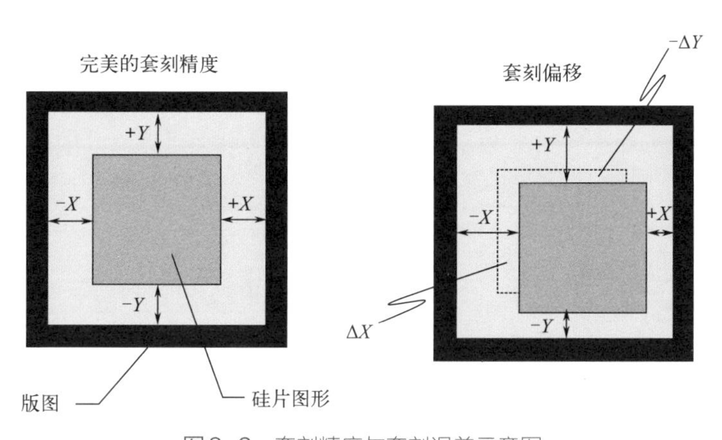

图8-2　套刻精度与套刻误差示意图

8.1.3　光源

曝光是光刻过程中非常关键的一步，曝光使光刻胶材料发生光化学转变，进而来转印投影掩模版的图形。

当前光刻胶的曝光主要使用紫外光，第一是因为光刻胶材料与这个特定波长的光反应，第二是因为紫外光较短的波长可以获得光刻胶上较小的尺寸分辨率。现今最常用的紫外光源是汞灯和准分子激光器。表8-2为光刻技术特征线宽的发展历程。

在曝光过程中剂量均匀的紫外光对于光刻胶的曝光也是非常重要的。对于任何基片上的任何一次曝光剂量都必须是重复的。深紫外光刻胶的曝光宽容度是剂量变化范围在1%左右。光刻工艺设备和材料的变化需要严格的曝光控制。

表8-2　光刻特征线宽

年份	波长/nm	线宽/nm	年份	波长/nm	线宽/nm
1986	436	1200	2003	248,193	90
1988	436, 365	800	2005	193	65
1991	365	500	2007	193	45
1994	365, 248	350	2009	193（湿法）	32
1997	248	250	2011	193（湿法）	22
1999	248	180	2014	193	14
2001	248	130	2019	193（双工作台）	10

8.1.4　掩模版

掩模版（photomask）又称光罩、光掩模、光刻掩模版等，简称掩模，是光刻过程中的图形转移工具或母版。掩模版的功能类似于传统照相机的“底片”，生产流程为：首先由石英玻璃作为基底，在其上镀上一层金属铬和感光胶，成为一种感光材料，也就是空白掩模版；再根据上游客户的需要，把已设计好的电路图形通过电子激光设备曝光于感光胶上，被曝光的区域会被显影出来，在金属铬上形成电路图形，再将不需要的金属层和胶层洗去，即得到掩模版产成品。下游厂商再通过光刻机将掩模版上精细的电路图像印制在衬底上，进而得到芯片。

掩模版主要生产工艺流程如图8-3所示。

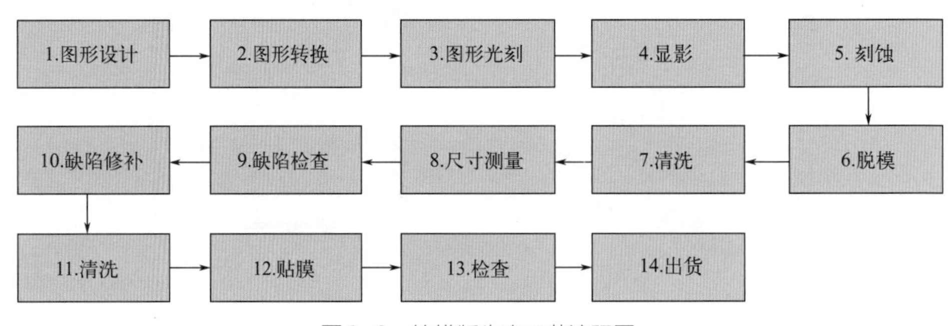

图8-3　掩模版生产工艺流程图

掩模版的复杂度和数量的增加也使其制造、维护的成本增高。进入纳米尺度之后，掩模版的成本和制作周期也大幅增加，光刻中掩模版制作需要很大一部分的成本支出。表8-3比较了不同线宽对应的掩模版成本。

表8-3 掩模版线宽及其对应的成本

掩模版线宽/nm	180	130	90	65	45	22
成本/万美元	26	87	150	300	600	900 ~ 1440

8.1.5 光刻胶

光刻胶（photoresist）是光刻工艺中所需要的重要材料之一，它是一种有机化合物，在经过紫外曝光后，其在显影溶液中的溶解度会发生变化，进而得到所需要的图形。除此之外，光刻胶可以起到保护下面材料的作用，例如作为刻蚀或离子注入阻挡层。

光刻胶的主要成分有三种：树脂、感光剂、溶剂。其中，树脂是一种惰性的聚合物（包括碳、氢、氧的有机高分子），是用于把光刻胶中的不同材料聚在一起的黏合剂。树脂给予了光刻胶的物理和化学性质，通常对光不敏感，紫外曝光后不会发生化学变化。感光剂是光刻胶材料中的光敏成分，在紫外区域发生化学反应。溶剂使光刻胶保持液体状态，直到它被涂在基片上，绝大多数的溶剂在曝光前挥发，对于光刻胶的化学性质几乎没有影响。光刻胶还有第四种成分：添加剂。添加剂用来控制和改变光刻胶材料的特定化学性质或光刻胶材料的光响应特性，添加剂一般由制造商开发，由于竞争原因不对外公开。

目前光刻胶分为负性光刻胶（负胶）和正性光刻胶（正胶）两类。这种分类方法是基于光刻胶中的感光剂对于紫外曝光的反应。对于负胶，紫外曝光区域发生交联硬化反应，曝光区域难溶于显影液；对于正胶，紫外曝光后发生分解反应，曝光区域易在显影液中被洗去，如图8-4所示。

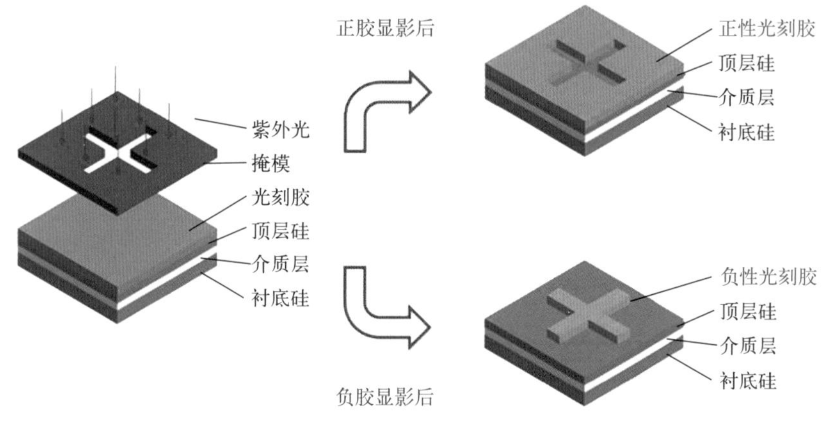

图8-4 正负胶显影后效果图

8.1.6 正性光刻和负性光刻

正性光刻是指把与掩模版上相同的图形复制到硅片上。在正性光刻工艺中，被照明光源曝光后的区域经历了一种光化学反应，曝光的正性光刻胶区域在显影液中软化并溶解在显影液中，被除去。而没有被曝光的光刻胶仍然保留在硅片上，从而实现了将掩模版上相同的图形复制并转移到硅片上。

负性光刻是指把与掩模版上图形相反的图形复制到硅片表面上。在负性光刻工艺中，曝光后，负性光刻胶会因交联而变得不可溶解，并会硬化，这样这部分光刻胶就不能在溶剂中被清洗掉。而没有曝光的区域则会被清洗掉，因此与掩模版相反的图形会复制到硅片上，从而实现图形的复制与转移。

8.2 光刻工艺步骤

光刻工艺十分复杂，涉及很多工艺和流程，一般将其光刻图形形成的过程分为8大步骤。分别是：气相成底膜（表面处理）、旋转涂胶、软烘（前烘）、对准和曝光、曝光后烘焙（后烘）、显影、坚膜烘焙、显影检查，如图8-5所示。在硅片制造厂中，这些步骤通常也被称为操作。

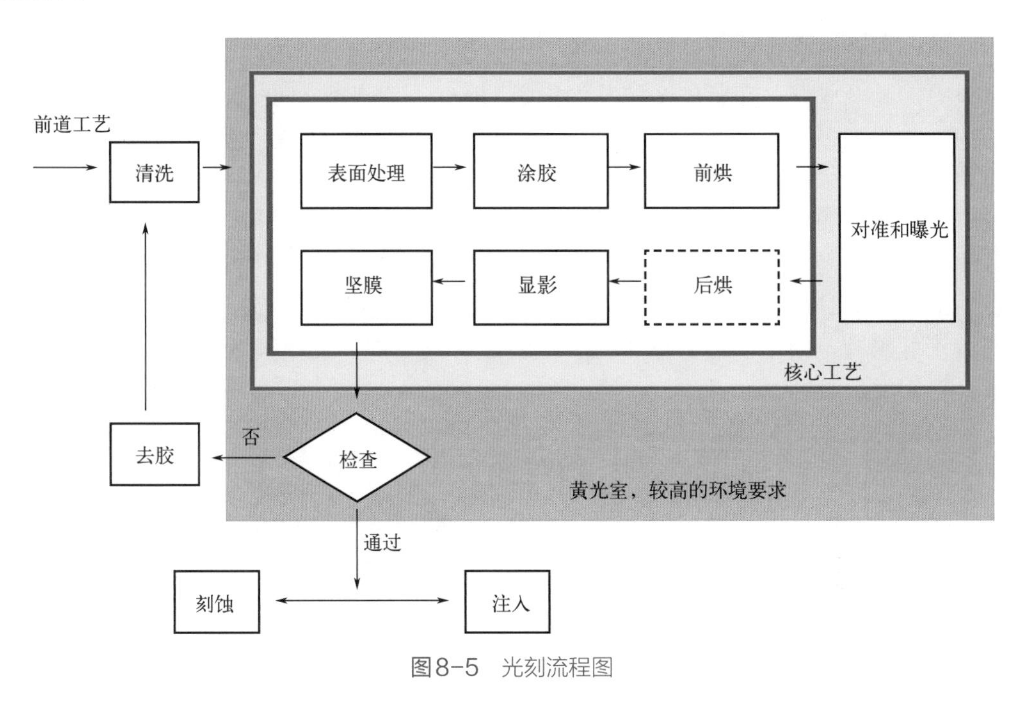

图8-5　光刻流程图

8.2.1　气相成底膜

光刻的第一步是清洗和准备基片表面，对基片进行表面处理，这样可以增强硅片和光刻胶之间的黏附性。如果基片表面有沾污物，在后续的显影和刻蚀中会引起光刻胶图形的偏移，从而导致底层薄膜的钻蚀。颗粒沾污还会导致光刻胶涂布不平坦，在光刻胶中产生针孔。

工厂中通常在表面清洗处理之后进行气相成底膜，气相成底膜使用六甲基二硅胺烷（HMDS），HMDS可以使硅片表面疏离水分子，同时形成对光刻胶材料的结合力。气相成底膜操作后应尽快涂光刻胶，使潮气问题最小化，一般在气相成底膜后60min内进行涂胶。

8.2.2　旋转涂胶

第二步进行旋转涂胶。旋转涂胶可以在基片表面得到一层均匀覆盖的光刻胶。图8-6为旋转涂胶的4个基本步骤：

① 分滴。在基片静止或旋转非常缓慢的时候，将光刻胶分滴在基片上。

② 旋转铺开。加速基片的转速，使其达到较高的速度，使光刻胶覆盖到整个基片的表面。

③ 旋转甩胶。甩去多余的光刻胶，在基片上得到均匀的光刻胶胶膜覆盖层。

④ 以固定转速继续旋转已涂胶的硅片，直到溶剂挥发，光刻胶几乎干燥。

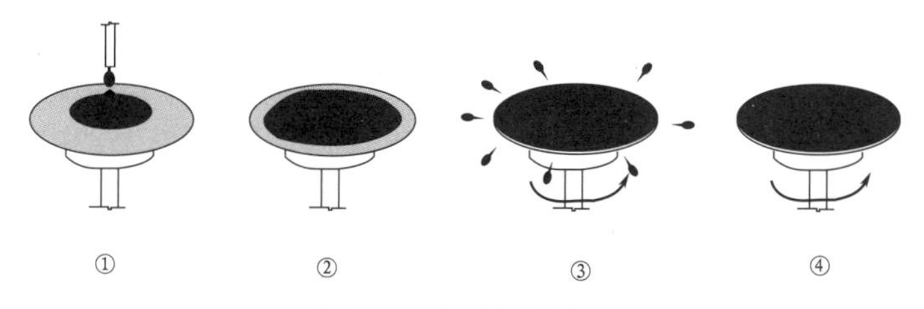

图8-6　旋转涂胶步骤

旋转涂胶有两个目的，第一是为了在基片表面获得均匀的光刻胶胶膜，第二是为了获得硅片间可重复的胶厚。光刻胶的厚度由特殊工艺规范来规定，通常在1μm数量级。整个硅片上的光刻胶厚度变化应小于20～50Å，大批量生产的片间厚度控制在30Å。

8.2.3　软烘

旋转涂胶后，进行软烘，也称为前烘。软烘的目的是蒸发掉光刻胶中的有机溶剂，使晶圆表面的光刻胶固化，缓和在旋转过程中光刻胶膜内产生的应力，并防止沾污设备，增强光刻胶的黏附性，以便在显影时光刻胶可以很好地黏附在基片表面。

软烘的温度和时间视具体的光刻胶和工艺条件而定。软烘温度通常为85～120℃，软烘的过程根据不同的光刻胶而变化。

8.2.4　对准和曝光

软烘过后，就可以进行对准和曝光。把基片放到光刻机的承片台上，通过提升或降低基片位置，使它置于光刻机光学系统的聚焦范围内。硅片与投影掩模版对准以保证图形能够传送到硅片表面合适的位置。当达到最佳的聚焦和对准效果后，开启曝光，UV光通过照明系统就会到投影掩模版上，再通过投影掩模版到达带有光刻胶的基片上。

8.2.5　曝光后烘焙

曝光后也需要进行烘焙，也叫后烘。后烘的目的是促进光刻胶的化学反应。后烘可以提高光刻胶的黏附性并减少驻波。光线照射到光刻胶与基片的界面上会产生部分的反射，反射光与入射光会叠加形成驻波，驻波对于图形的线宽分辨率产生影响，后烘会部分消除驻波效应。

8.2.6 显影

后烘之后是显影，用化学显影液溶解需要溶解的光刻胶就是显影。通过显影可以得到所需要的掩模版上的图形。显影的重点是关键尺寸（CD）达到规格要求，因为CD是显影中最困难的结构，如果CD达到了规格要求，那么所有的特征尺寸都认为达到了要求。

在早期的硅片制造中，显影是一个独立的工艺步骤，有显影的设备和工作站，手动将硅片从曝光设备拿到显影设备中。手动操作和设备缺乏控制能引起大量的不确定性，在亚微米光刻中是不可接受的。现在的硅片制造中，自动的硅片轨道系统将显影工艺集成到了复杂的光学光刻中。

显影遇到的主要问题有：显影时间太短、不充分显影、过显影。显影时间太短的图形线条比正常线条要宽，并且在侧面产生不需要的斜坡；不充分显影会有多余的光刻胶被留下；过显影则是去除了过量的光刻胶，引起显影图形变形；这些都不符合要求。

8.2.7 坚膜烘焙

显影之后进行坚膜烘焙，通过加热蒸发掉多余的光刻胶溶剂，使图形变硬。坚膜烘焙的目的是提高图形和衬底的黏附性，增加光刻胶层的抗刻蚀能力。坚膜也除去了剩余的显影液和水。坚膜的缺点是可能导致光刻胶流动，使图形精度降低，还有可能增加后续去胶的难度。

坚膜烘焙起始温度由光刻胶生产商的推荐设置决定，然后根据产品要求的黏附性和尺寸控制需求对工艺进行调整，通常正胶是130℃，负胶是150℃。坚膜烘焙通常在自动轨道系统的热板上进行。充分加热后，光刻胶变软并发生流动。较高的坚膜温度会引起光刻胶的轻微流动，从而造成光刻图形的变形。

8.2.8 显影后检查

显影后检查是为了查找成形图形的缺陷，用来检查光刻工艺的好坏。如果光刻胶图形有缺陷，对这样的硅片进行后续刻蚀或离子注入会使硅片报废。

大部分的显影后缺陷数量非常多，并且属于多种不同类型的缺陷。早期的显影后检查是由一名熟练的工艺工程师借助于显微镜等仪器人工完成。在现在的硅片制造中，使用自动检查仪器设备进行检查，因为深亚微米中的缺陷用光学显微镜已经很难发现。

显影检查出有问题的硅片，有两种处理办法。如果因为先前操作造成的硅片问题无法接受，那么硅片就报废；如果检查出的问题与光刻胶图形的质量有关，那么硅片可以进行返工。把硅片表面的光刻胶全部去除，然后重新进行光学光刻。

8.3 光刻工艺设备

8.3.1 光刻技术的发展历程

光刻技术的发展开始于1947年，贝尔实验室发明了第一只点接触晶体管。1959年，世界上第一台晶体管计算机诞生，提出了光刻工艺。20世纪60年代，仙童半导体公司建立了世界上第一条2英寸集成电路生产线,美国GCA公司开发出光学图形发生器和分步重复精缩机。20世纪70年代，GCA开发出第一台分步重复投影曝光机，集成电路图形线宽从15μm缩小到0.5μm节点。20世纪80年代，美国SVGL公司研发出第一代步进扫描投影曝光机，集成电路图形线宽从0.5μm缩小到0.35μm节点。1995年，Canon着手300mm晶圆曝光机；ASML推出193nm波长步进扫描曝光机，光学光刻分辨率到达70nm的“极限”。2000年以来,在光学光刻技术努力突破分辨率“极限”的同时，各大光刻设备公司正在研究极紫外光刻技术、电子束光刻技术、X射线光刻技术、纳米压印技术等。

8.3.2 接触式/接近式光刻机

接触式光刻机是20世纪70年代的主要光刻手段，是最早期的光刻机，如图8-7（a）所示。由于掩模版和光刻胶是直接接触的，所以极其容易被沾污。颗粒沾污会损坏光刻胶和掩模版，每操作5～25次就需要更换掩模版。同时沾污区域的分辨率也会存在偏差。

接近式光刻机是在接触式光刻机基础上发展而来的，接近式光刻机在复制图形的过程中，光刻胶与掩模版不直接接触，它们之间大约有2.5～25μm的距离，如图8-7（b）所示。接近式光刻机缓解了颗粒沾污的问题。但是由于光刻胶与掩模版之间的空隙，导致紫外光通过透明区域的时候会产生发散，接近式光刻机的工作能力被减弱。

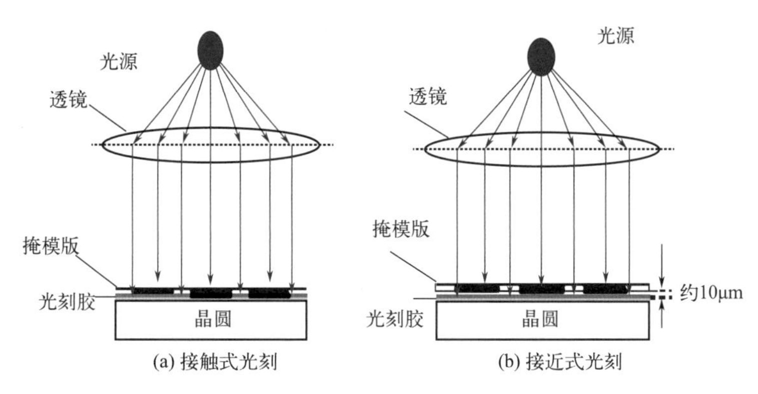

图8-7 接触式/接近式光刻

8.3.3 分步重复光刻机

分步重复光刻机也叫步进式光刻机，它只有一个曝光场，然后步进到硅片上的其他位置重复曝光。这种光刻机使用投影掩模版，上面包含了一个曝光场内对应有一个或多个芯片的图形，然后使用光学投影曝光系统把版图投影到基片上。步进式光刻的优势在于具有使用缩小透镜的能力，使所需图形的掩模版更容易制造，曝光后可以得到更小尺寸的图形，如图8-8所示。

8.3.4 步进扫描光刻机

扫描投影光刻是利用反射透镜系统将1∶1图像的掩模版图形投影到基片表面，如图

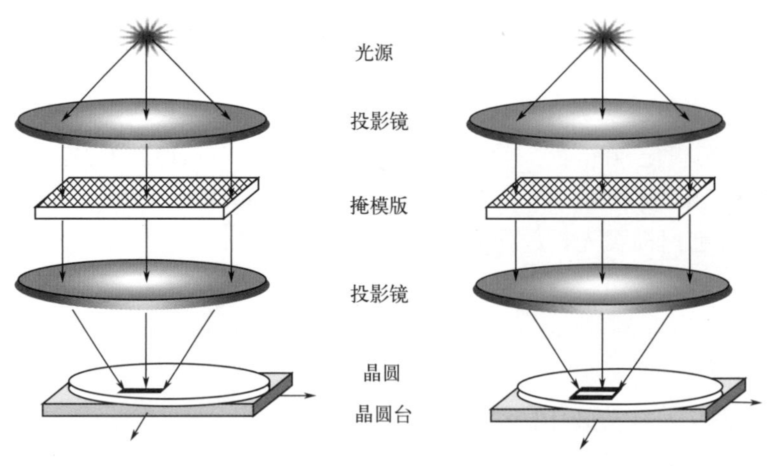

图8-8　步进式光刻

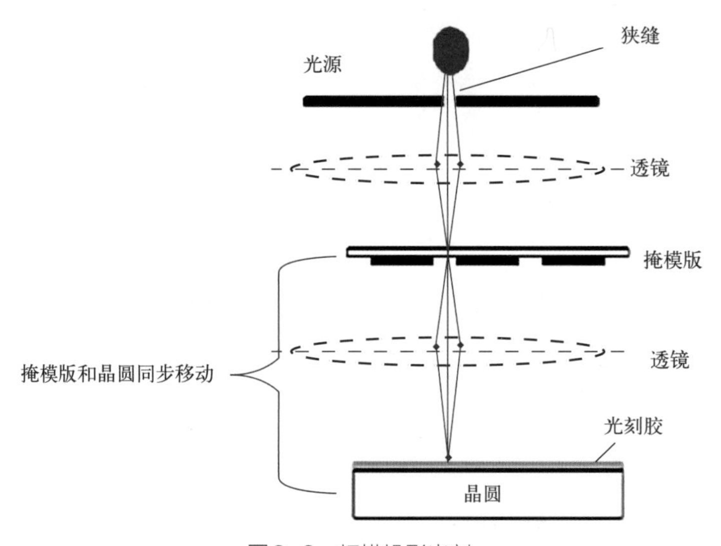

图8-9　扫描投影光刻

8-9所示。步进扫描光刻机结合了扫描投影光刻和分步重复光刻技术，通过使用缩小透镜扫描一个大曝光场图像到硅片上。步进扫描光刻机的优点是增大了曝光场，可以获得较大尺寸的芯片。大的曝光场可以在投影掩模版上多放几个图形，一次可以多曝光一些芯片。步进扫描光刻机具有在整个扫描过程中调节聚焦的能力，使透镜缺陷和硅片平整度能够得到补偿。

8.3.5　浸没式光刻机

浸没式光刻机工作时并不是把晶圆完全浸没在水中，而只是在曝光区域与光刻机透镜之间充满水。浸没式光刻机是采用折射和反射相结合的光路设计，可以减少投影系统光学元件的数目，控制像差和热效应。光刻机的曝光镜头需要特殊设计，以保证水随着光刻机在晶圆表面做步进扫描运动，没有泄漏，水中没有气泡和颗粒。

8.3.6　极紫外光刻机

极紫外光刻（EUVL）是一种使用极紫外（EUV）波长的光刻技术，其波长为13.5nm，它能够把光刻技术扩展到32nm以下的特征尺寸，EUV光刻能提供高分辨率，是目前最先进的光刻机。几乎所有的光学材料对13.5nm波长的极紫外光都有很强的吸收，因此，EUV光刻机的光学系统只有使用反射镜。

8.3.7　电子束光刻系统

电子束光刻（EBL）是使用扫描电子聚焦束，使其在覆盖有电子敏感膜（抗蚀剂）的表面上绘制图形的过程。电子束改变了抗蚀剂的溶解性，通过将其浸入溶剂中（显影），可以选择性地除去抗蚀剂的已曝光或未曝光区域。与光学光刻一样，其目的是在抗蚀剂中形成非常小的结构，然后通过刻蚀将其转移到衬底材料上面，如图8-10所示。电子束光刻的主要优点是可以绘制低于10nm分辨率的定制图案。这种形式的无掩模光刻技术具有高分辨率，但是产量较低，主要应用在半导体器件的小批量生产、研究和开发中。

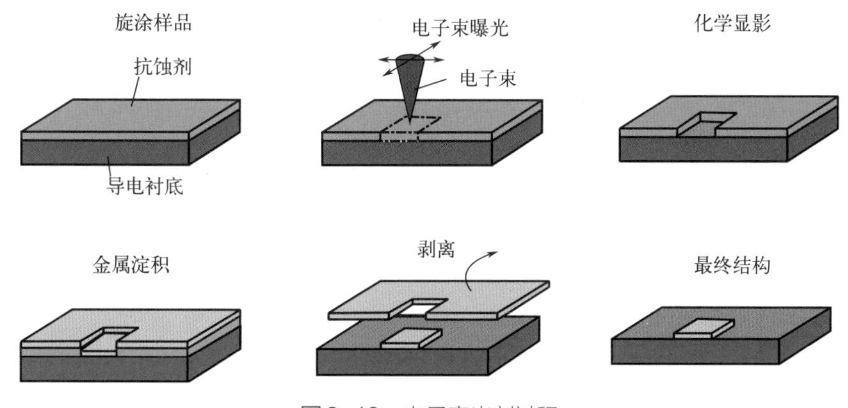

图8-10　电子束光刻过程

电子束光刻系统是专用的电子束写入系统，它采用电子束直写方式曝光，用直径几纳米的电子束逐点描绘光刻图形。这种光刻机具有极高的分辨率，但是价格比较昂贵，高于100万美元，主要用于nm级及亚10nm结构的加工和科研工作。

8.3.8　晶圆匀胶显影设备

晶圆匀胶显影设备是完成除曝光以外的所有光刻工艺的设备，包括光刻材料的涂布、烘焙、显影、晶圆背面的清洗，以及用于浸没式工艺的晶圆表面的去离子水冲洗等。匀胶显影机主要由四部分组成。第一部分是晶圆盒工作站（wafer cassette station），晶圆盒在这里装载到机器上。机械手（robot arm）从晶圆盒中把晶圆抽出来，传送到工艺处理部分（process block），即第二部分。工艺处理部分是匀胶显影机的主体，增黏（adhesion enhancement）模块、热盘（hot plate）、冷盘（chill plate）、旋涂、显影等主要工艺单元都安装在这里，一个或两个机械手在各单元之间传递晶圆。第三部分是为浸没式光刻工艺配套的单元，包括晶圆表面水冲洗单元、背面清洗单元等。第四部分是和光刻机联机的接口界面（interface），包括暂时储存晶圆的缓冲盒（buffer）、晶圆边缘曝光（wafer edge exposure，WEE）和光刻机交换晶圆的接口等。

8.3.9 湿法去胶系统

湿法去胶系统是将带有光刻胶的晶圆浸泡在适当的有机溶剂中溶解或者分解光刻胶，将晶圆表面的光刻胶去除。在湿法刻蚀前，光刻胶的表面都经过了表面加固处理，这使得光刻胶在大部分去胶液中都很难完全溶解。因此在进行湿法去胶前需要用等离子体去掉最上面的一层胶。湿法去胶的主要缺点是去胶周期长，容易引进无机杂质，操作比较麻烦。

8.4 下一代光刻技术

下一代光刻技术主要有纳米压印和无掩模光刻技术。

（1）纳米压印

首先采用高分辨率电子束等方法将纳米尺寸的图形制作在“印章”上，然后在硅片上涂上一层聚合物，如聚甲基丙烯酸甲酯（PMMA），在一定的温度和压力下，用已刻有纳米图形的硬“印章”压印PMMA涂层使其发生变形，从而实现图形的复制。

纳米压印光刻技术主要包括热压印、紫外压印和微接触压印三种技术。该技术的优点是分辨率高、成本低、工艺环节少、速度快，是下一代光刻技术中的有力竞争者。基于紫外压印技术新发展的步进闪光压印技术（SFIL，step and flash imprint lithography），分辨率可达10nm，最有可能达到集成电路量产的要求。

（2）无掩模光刻技术

随着光刻分辨率的不断提高，掩模的成本呈直线上升的态势，因此无掩模光刻技术被广泛研究。无掩模光刻技术的种类较多，主要分为基于光学的无掩模光刻技术和非光学无掩模光刻技术两大类，如电子束无掩模光刻技术和离子束无掩模光刻技术。

8.5 光刻工艺模拟

8.5.1 参数介绍

OPTOLITH模块可对成像（imaging）、曝光（exposure）、烘焙（bake）和显影（development）等工艺进行精确定义。OPTOLITH模块有mask、illumination、projection、filter、layout、image、expose、bake和develop等工艺。

（1）mask

mask命令可淀积和形成光刻胶图形。

mask参数如图8-11所示。

Name：导入掩模的文件名，需加双引号。

Reverse Mask：负性光刻胶。

Dela CD：掩模尺寸的偏移，相应会改变掩模的CD（关键尺寸）。

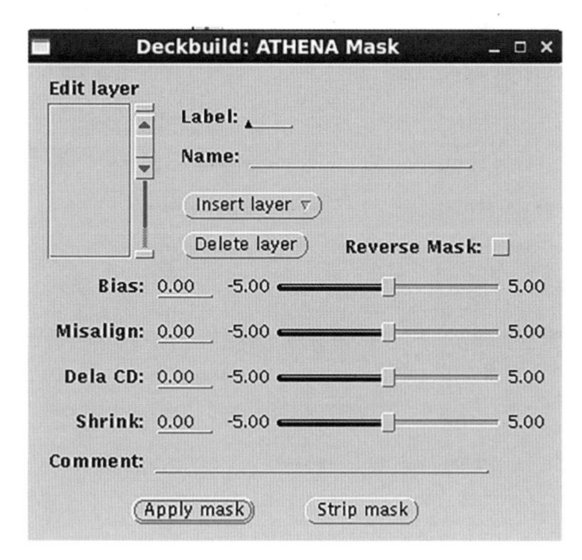

图8-11　mask的参数选择窗口

（2）illumination

设置照明参数。其参数选择窗口如图8-12所示。

Wavelength中的I-Line、G-Line等：照明系统采用的波长，这些波长是0.365μm、0.436μm等。

Lambda：定义和改变光源的波长（μm），以单色光源对待。

X tilt、Z tilt：照明系统和光轴的角度。

Intensity：定义和改变振幅的绝对值，即掩模或网线面的强度。

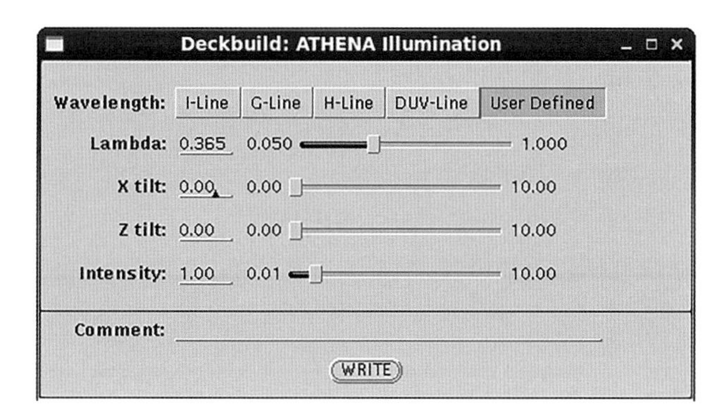

图8-12　illumination的参数选择窗口

（3）projection

参数只有两个，na参数设置光学投影系统的孔隙数；flare设定成像时出现的耀斑数，以百分比描述。

(4) filter

设定发射孔（pupil）类型和光源形状及其滤波特性。有四种不同的发射孔类型并允许傅里叶转换平面空间滤波。filter的参数选择窗口如图8-13所示。

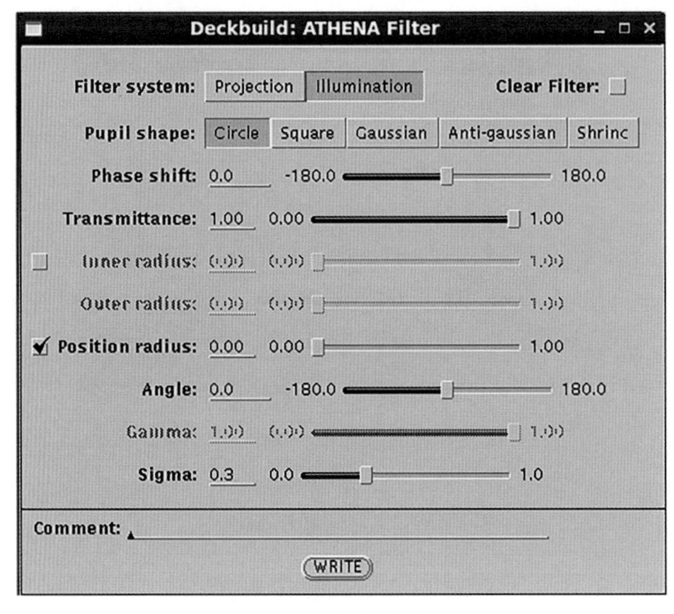

图8-13　filter的参数选择窗口

Pupil shape：发射孔形状。

Phase shift：相变，−180°～ 180°。

Transmittance：透射率。

Radius：发射孔或照明系统等环状区域的强度透射率和相透射率。

Clear Filter：重置滤波列表。

(5) layout

描述光刻时输入掩模的特征。

Mask X.low、Mask X.high：*X*边界值。

Mask Z.low、Mask Z.high：*Z*边界值。*X*和*Z*的边界组成一个矩形区域。

Phase shift：相变，−180°～ 180°，默认为0°。

Transmittance：光强透射率，0 ～ 1，默认为整体透过。

Clear Layout：清除以前的版图。

(6) image

计算一维或二维成像的光强分布。其参数选择窗口如图8-14所示。

Mask type：掩模类型，Opaque为不透明，Clear为清除掩模。

Window X low、Window X high：*X*成像窗口的最大和最小值。

Window Z low、Window Z high：*Z*成像窗口的最大和最小值。

Defocus：散焦参数，如小于0，在光刻胶上部；如果大于0，则在光刻胶下部。

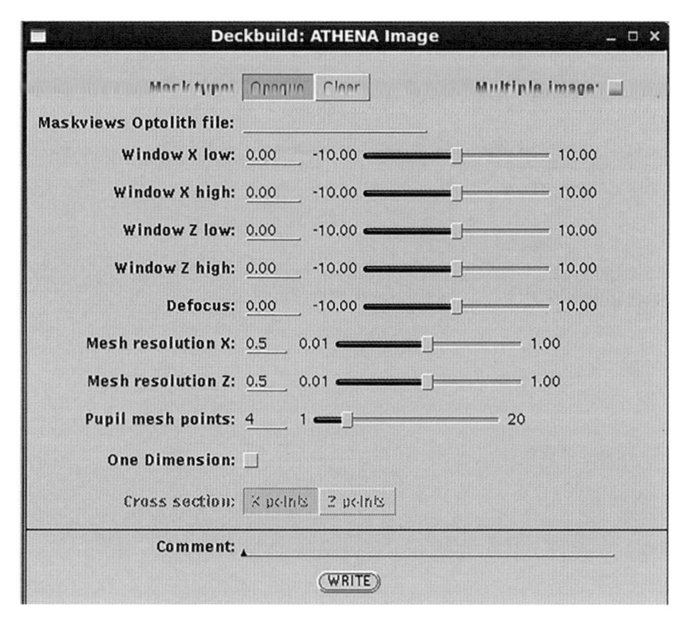

图8-14 image的参数选择窗口

Pupil mesh points：定义和改变成像仿真时出发射孔projector的网格点数。

One Dimension：使用一维成像模型。

Multiple image：勾选后，之前和当前的像将会添加进来。

(7) expose

OPTOLITH的曝光模块。其参数选择窗口如图8-15所示。

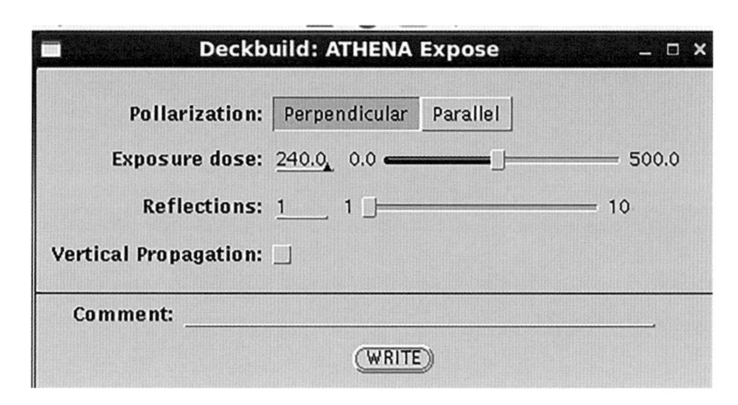

图8-15 expose的参数选择窗口

Pollarization：TE波或TM波，默认为Perpendicular（即TE）。

Exposure dose：曝光剂量（mJ/cm^2）。

Reflections：光反射的次数。

(8) bake

光刻胶后曝光和坚膜时的烘焙。参数如图8-16所示。

Diffusion Length：后烘的扩散长度，默认值为0.05μm。

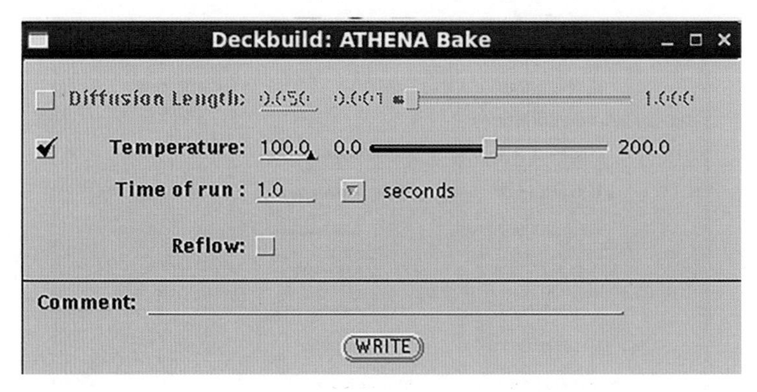

图8-16 bake的参数选择窗口

Temperture：烘焙温度。
Time of run：烘焙时间。
Reflow：烘焙时是否考虑回流，默认为false（不回流）。

(9) develop

显影。其参数如图8-17所示。

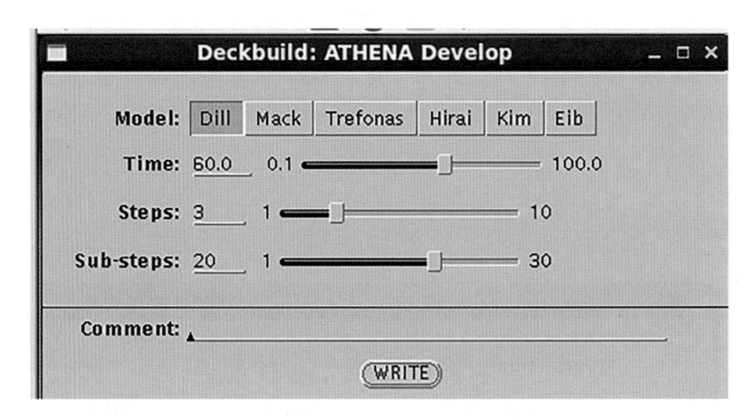

图8-17 develop的参数选择窗口

Model：显影采用的模型。
Time：显影总时间。
Steps：设定etch进行的次数。
Sub-steps：每一个子步的时间长度为time/(steps×substeps)。

8.5.2 仿真运行

【例8-1】定义矩形掩模，结果如图8-18所示。

```
layout lay.clear x.low=-2 x.high=2 z.low=-1 z.high=1
structure outfile=mask1.str mask
tonyplot mask1.str
```

定义掩模不需要从网格定义开始，因为掩模所在面是X轴和Z轴的水平面，并不是器件剖面。有lay.clear参数，则之前定义的掩模将清除，否则掩模在原掩模上叠加。

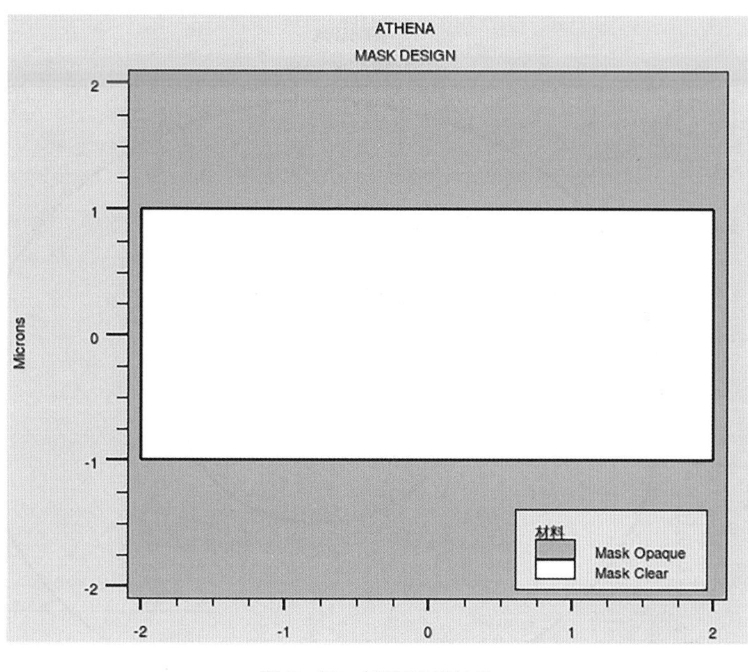

图8-18　矩形掩模结构

【例8-2】掩模结构旋转，结果如图8-19所示。

```
layout x.low=-1 x.high=1 z.low=-0.5 z.high=0.5 rot.angle=45 trasmit=1
```

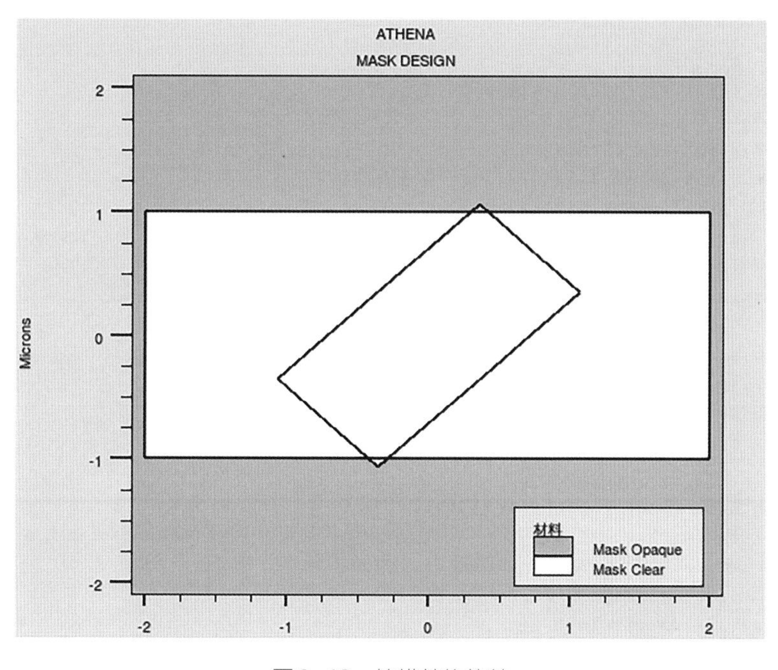

图8-19　掩模结构旋转

【例8-3】圆环形掩模，结果如图8-20所示。

```
layout lay.clear x.circle=0 z.circle=0 radius=0.5 ringwidth=0.3
```

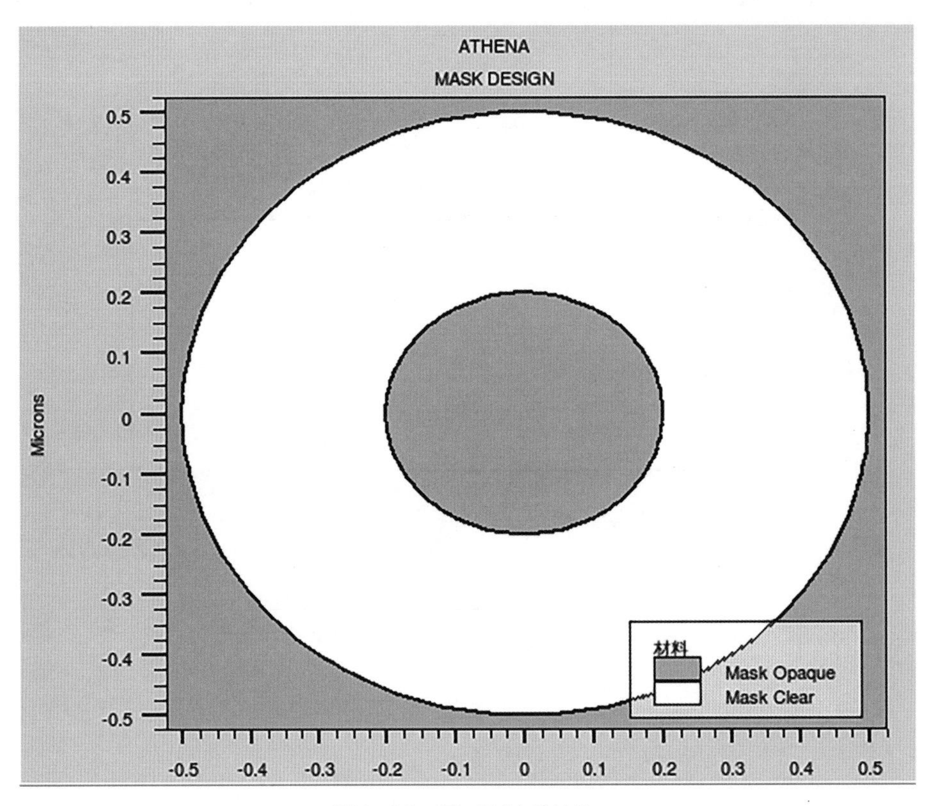

图8-20　圆环形掩模结构

【例 8-4】完整光刻流程。

```
illumination g.line
illum.filter clear.fil circle sigma=0.38
projection na=0.54
pupil.filter clear.fil circle
layout lay.clear x.lo=-2 z.lo=-3 x.hi=-0.5 z.hi=3
layout x.lo=0.5 z.lo=-3 x.hi=2 z.hi=3
image clear win.x.lo=-1 win.z.lo=-0.5 win.x.hi=1 win.z.hi=0.5 dx=0.05 one.d
structure outfile=mask.str intensity mask
tonyplot mask.str
line x loc=-2 spac=0.05
line x loc=0 spac=0.05
line x loc=2 spac=0.05
line y loc=0 spac=0.05
line y loc=2 spac=0.2
```

```
init silicon orient=100 c.boron=1e15 two.d
deposit nitride thick=0.035 div=5
deposit name.resist=AZ1350J thick=0.8 divisions=30
rate.dev name.resist=AZ1350J i.line c.dill=0.018
structure outfile=preoptolith.str
tonyplot preoptolith.str
expose dose=240.0 num.refl=10
bake time=30 temp=100
develop kim time=60 steps=6 substeps=24
structure outfile=optolith.str
tonyplot optolith.str
```

图8-21是仿真得到的掩模及光强分布，图8-22是光刻胶淀积后的图形，图8-23是光刻胶曝光及显影后的结果。

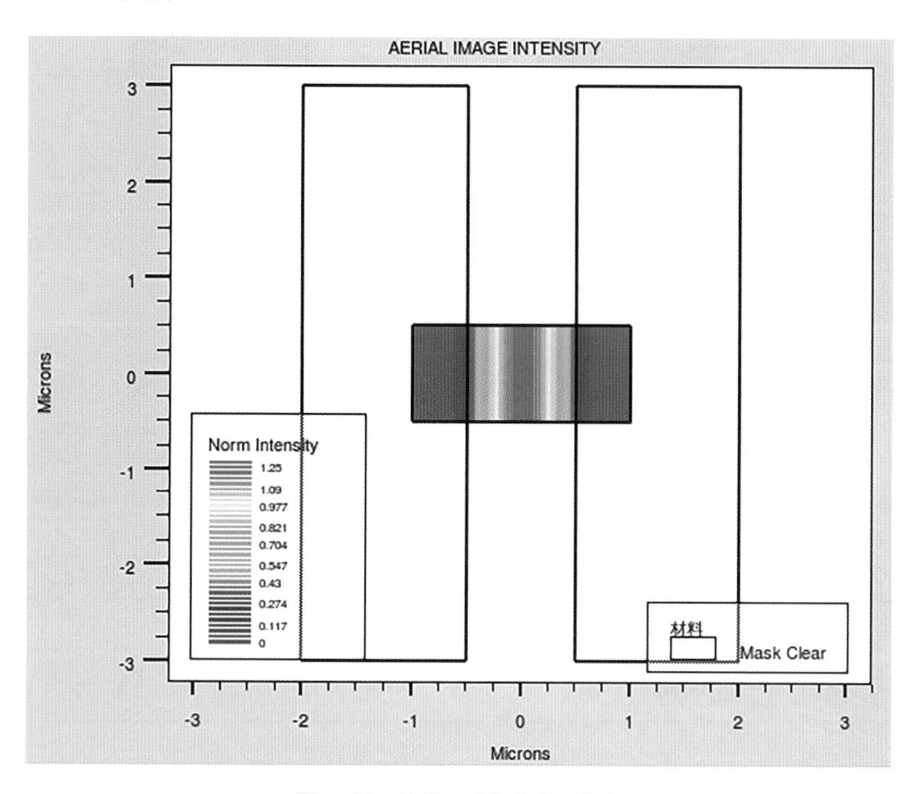

图8-21　掩模及成像的光强分布

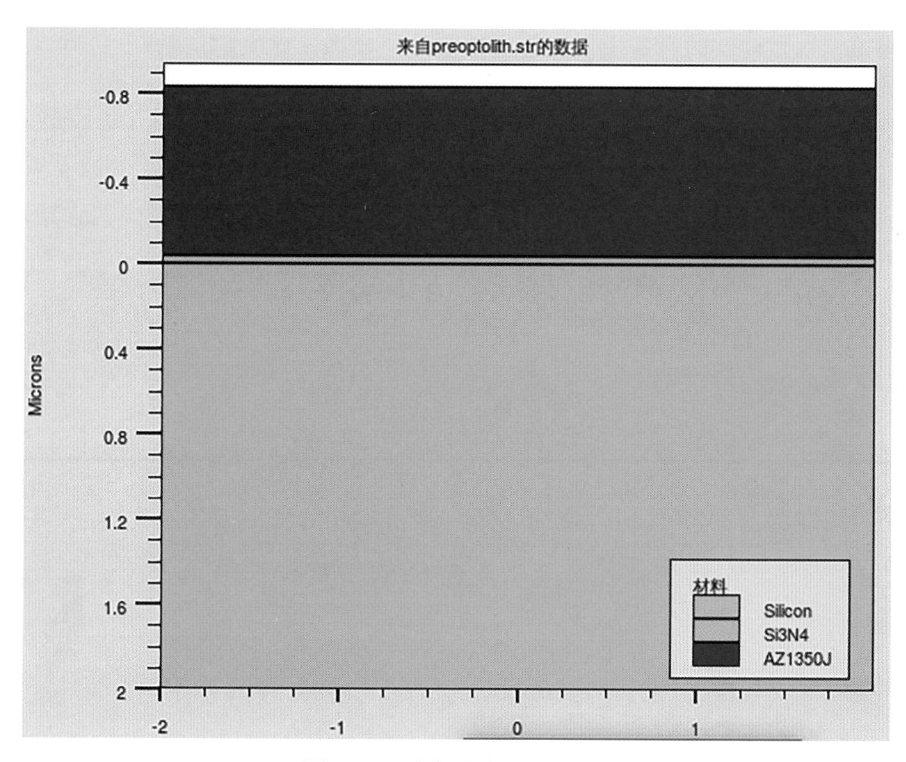

图8-22　光刻胶淀积后的图形

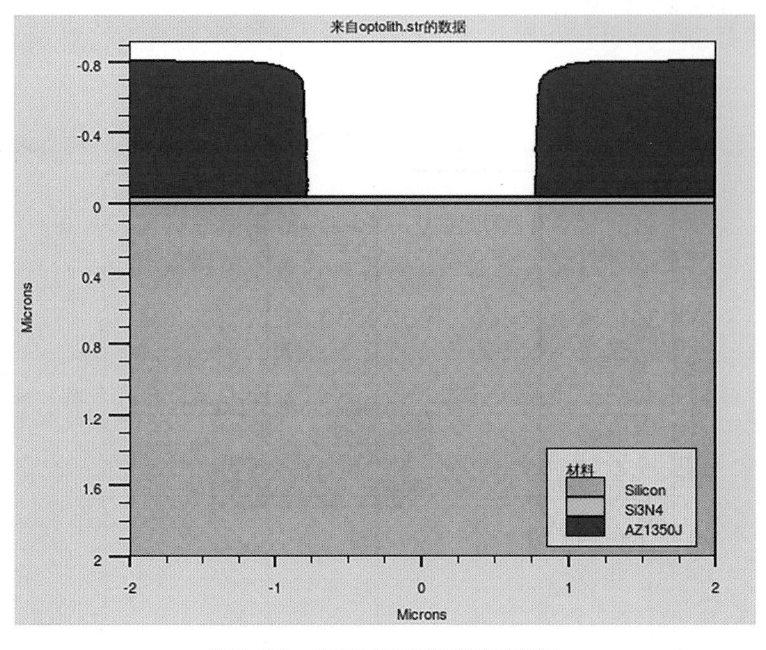

图8-23　光刻胶曝光和显影后图形

8.6 光刻工艺虚拟操作

半导体工艺仪器设备成本高，设备复杂多样，占用空间大，环境污染性高，操作起来具有一定的危险性，工艺实验通常也需要很长的时间，这使得人员和设备的安全性很难保障。因此需要虚拟仿真，对实验设备操作进行虚拟操作，实现“虚”拟仿真和“实”际生产制备的相互支撑，进而推动微电子专业向新知识、新应用、新技能方向创新发展。

下面介绍一种针对光刻工艺开发的虚拟操作模拟，光刻工艺按照8.2节介绍的8个步骤进行：气相成底膜（表面清洗）、旋转涂胶、软烘（前烘）、对准和曝光、曝光后烘焙、显影、坚膜烘焙、显影检查。如图8-24所示为虚拟操作的整体界面，界面中包含超声清洗机、

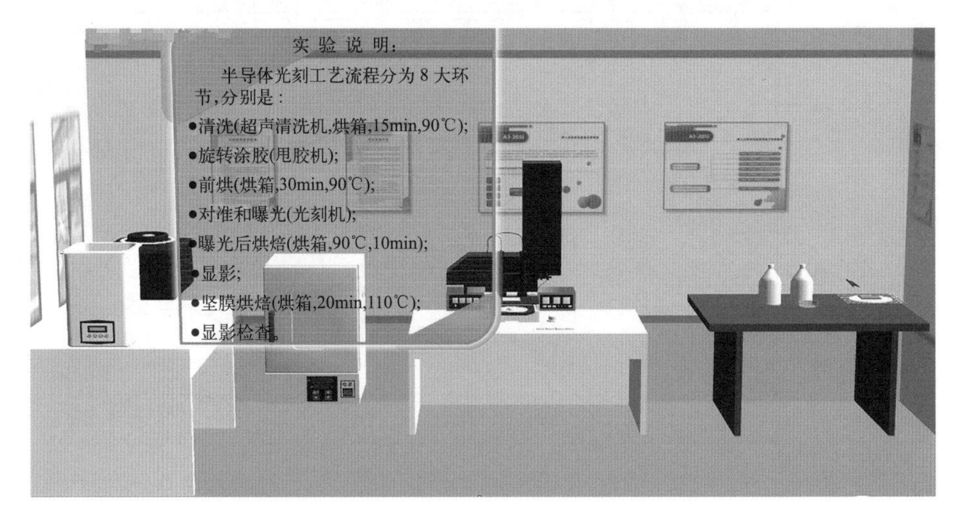

图8-24　虚拟操作整体界面

甩胶机、光刻机、显影等试剂等等。虚拟操作将按照光刻的8大环节分别进行介绍。

8.6.1 气相成底膜虚拟操作

这一步主要模拟硅基片的表面清洁处理，整个清洁过程如下。

① 用清洗剂按一个方向擦拭基片表面进行预清洁，目的是去除基片表面的大颗粒物。

② 将烧杯中倒入适量清水，再加入少量清洗剂，将完成预清洁的基片放入其中，使用超声波清洗机超声波清洗10min。

③ 取出烧杯，冲洗干净基片和烧杯，在烧杯内倒入去离子水，再次超声波清洗10min。

虚拟操作按照操作提示，分别点击基片将其放在烧杯中，打开超声波清洗机，按照上述实验过程的进行操作，当清洗完毕后，关闭设备，详细操作如图8-25所示。清洗过后，将基片放入烘箱中，在90℃环境下加热15min，进行干燥处理，干燥相关操作在软烘虚拟操作中进行介绍。

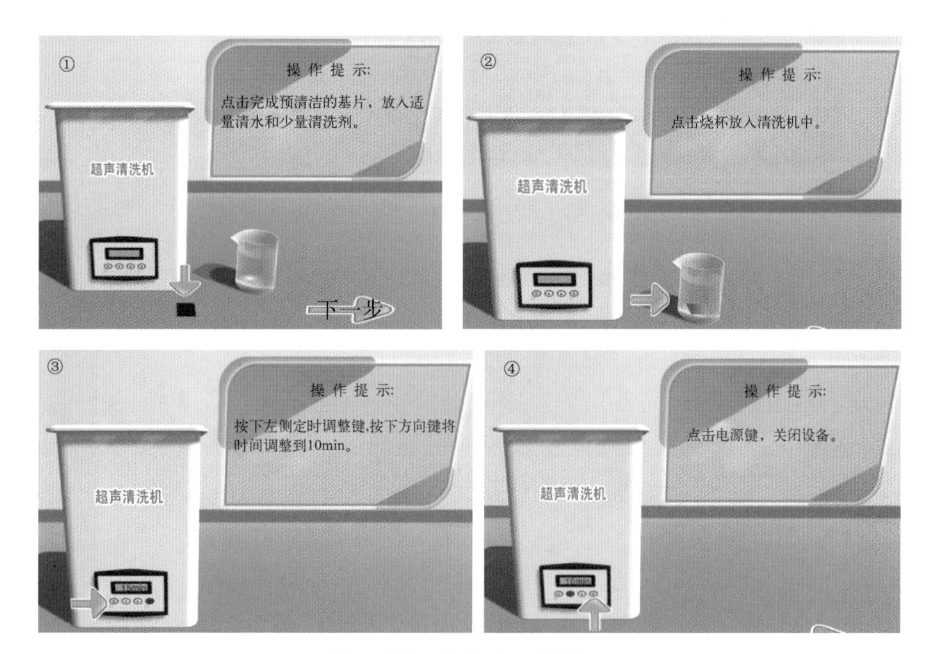

图8-25　基片清洗虚拟操作

8.6.2 旋转涂胶模拟操作

旋转涂胶的操作步骤如下。

① 取5mL光刻胶导入小烧杯中，此处光刻胶为紫外正性光刻胶。

② 启动甩胶机电源，检查甩胶机所连接的真空泵是否工作正常。

③ 将清洁处理好的基片放入甩胶机转盘正中心位置，不能偏离中心，否则会造成甩胶不均匀。

④ 设置甩胶机参数。Fun键为模式转换键，轻按Fun键，T1指示灯亮，这时按+键或−键对显示数值设定，如图8-26所示。T1的时间范围1～60s。再按Fun键，SPD1指示灯亮，这时按+键或−键对显示数值进行设定，SPD1的设定范围是500～8000rpm/min（即r/min）。

按照上述方法按Fun键对T2值进行设定，继续按Fun对SPD2进行设定。Curs键为光标移动键，当进行以上数值设定时可以使用此键，光标在哪个数值上面即可对该数值进行修改。本次实验设定参数以“T1 10s, SPD1 500rpm/min; T2 30s, SPD2 1000rpm/min”为例。

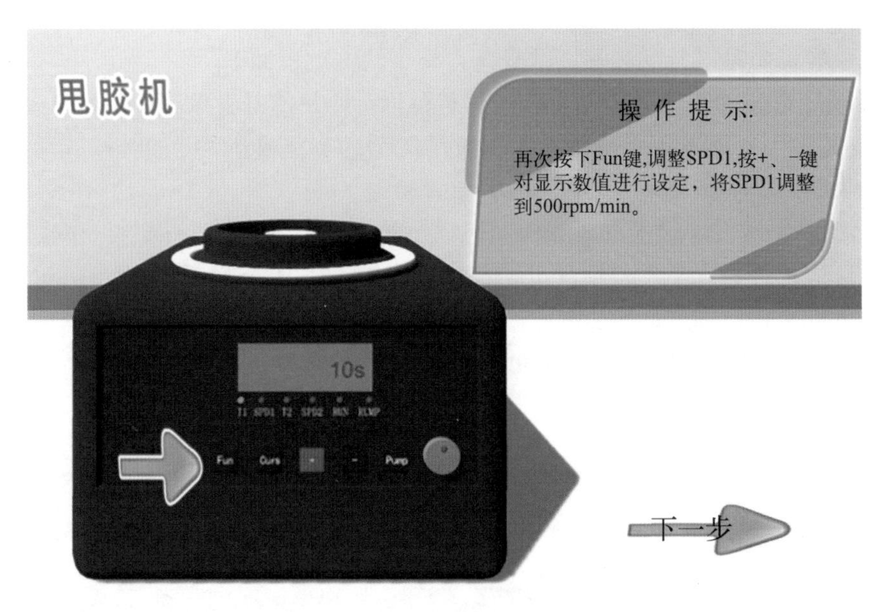

图8-26　甩胶机参数设置虚拟操作

⑤ 当参数设定完毕后，按Pump键，真空泵工作，Pump指示灯亮，人工确认基片已吸附在吸盘上。

⑥ 按Run键，Run指示灯亮。机器按已设定参数自动运行。

⑦ 在所有参数设定完成后，启动甩胶机，将烧杯中的光刻胶吸入胶头滴管，用胶头滴管进行滴胶，滴涂光刻胶速度要快，要在SPD1低转速时间内滴注完毕，然后甩胶机变为SPD2高转速，运行时间为T2时间，如图8-27所示。

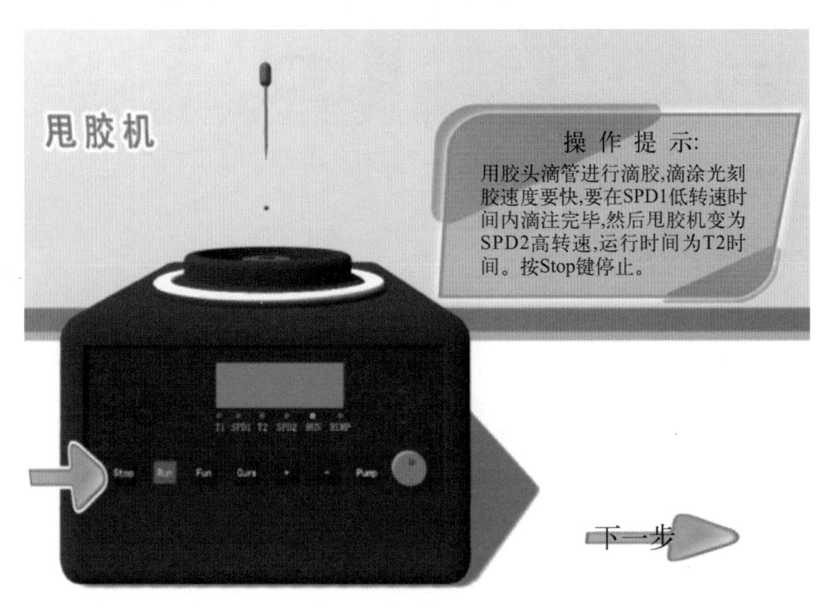

图8-27　甩胶机工作虚拟操作

⑧ 取片：首先真空吸盘停稳，真空泵自动停止，待真空吸盘停稳后手动关闭电源开关，取片。

8.6.3 软烘模拟操作

旋转涂胶完成，将涂胶后的铝基片放入烘箱内进行软烘处理。

① 首先是样品放置，把需干燥处理的物品放入烘箱，上下、四周应留存一定空间，保持箱内气流畅通，关闭箱门，如图8-28所示。

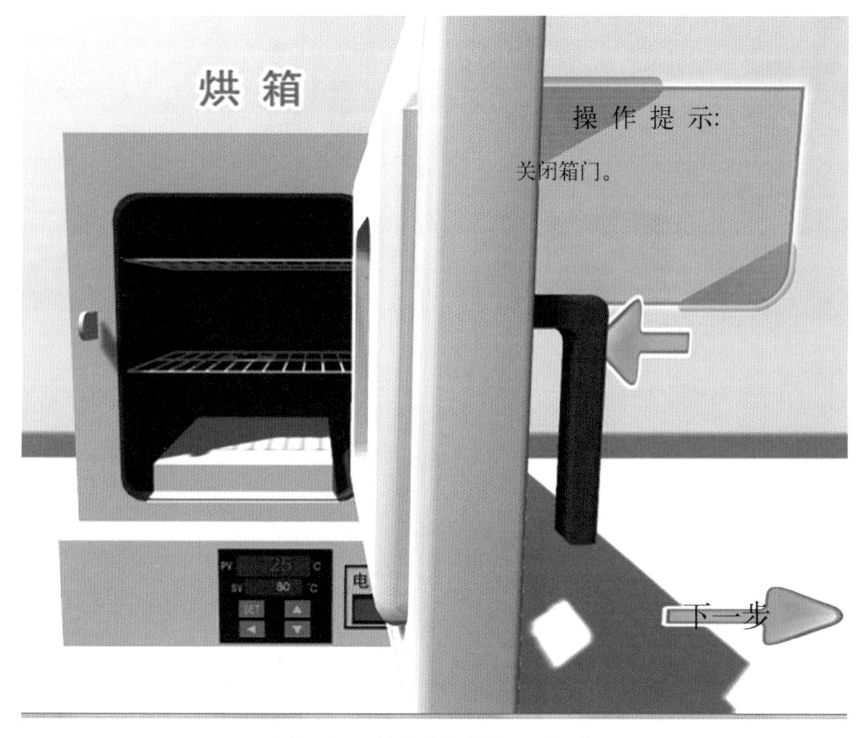

图8-28 样品放入烘箱虚拟操作

② 然后开机：打开电源及风机开关，此时电源指示灯亮，电机运转。PV屏显示的是工作室内温度。SV屏显示使用中需干燥的设定温度，此时干燥箱进入工作状态。设定所需温度，按一下SET键。此时PV屏显示“5P”，用↑或↓改变原SV屏显示的温度值，直至达到需要值为止。设置完毕后，按一下SET键，PV显示“5T”，进入定时功能。若不使用定时功能，则再按一下SET键，使PV屏显示测量温度、SV屏显示设定温度即可。定时的设定：若使用定时，则当PV屏显示“5T”时，SV屏显示“0”；用加键设定所需时间（min）；设置完毕，按一下SET键，使干燥箱进入工作状态即可。本次软烘设置如下：30min，90℃。

③ 干燥结束后，取出加热样品，如需更换干燥物品，则在开箱门更换前先将风机开关关掉，以防干燥物被吹掉；更换完干燥物品后，关好箱门，如图8-29所示。

8.6.4 对准和曝光模拟操作

接触式光刻机对准和曝光模拟操作顺序如下。

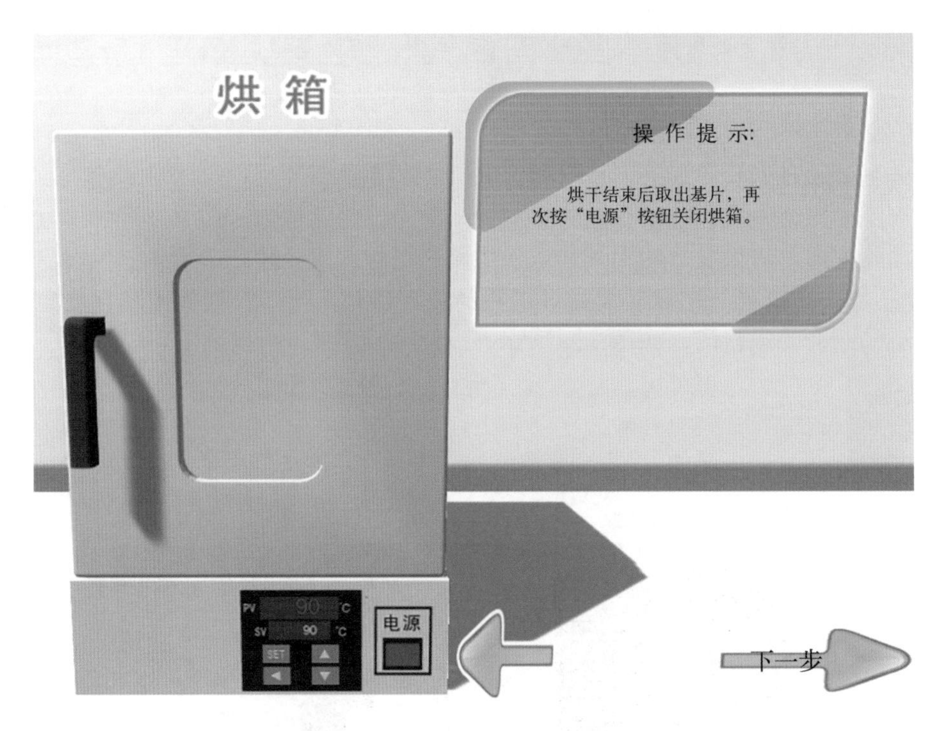

图8-29　烘箱设定及工作虚拟操作

① 开机→电源→汞灯→启辉，需等待10min汞灯才可稳定工作，如图8-30所示。

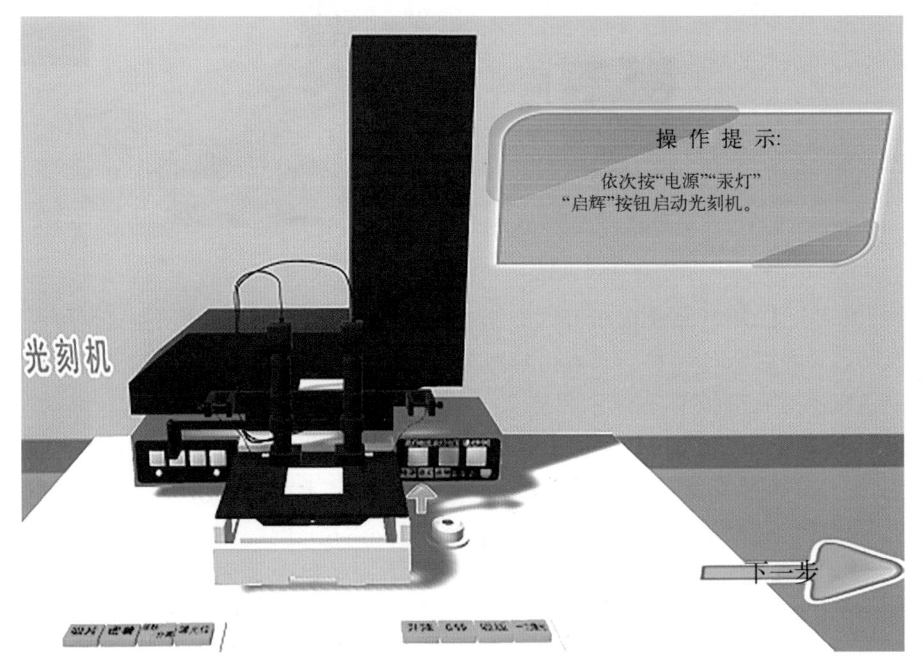

图8-30　光刻机开机虚拟操作

② 直接放上掩模版。

③ 曝光步骤：

a. 承载台放上基片并推入，如图8-31所示；

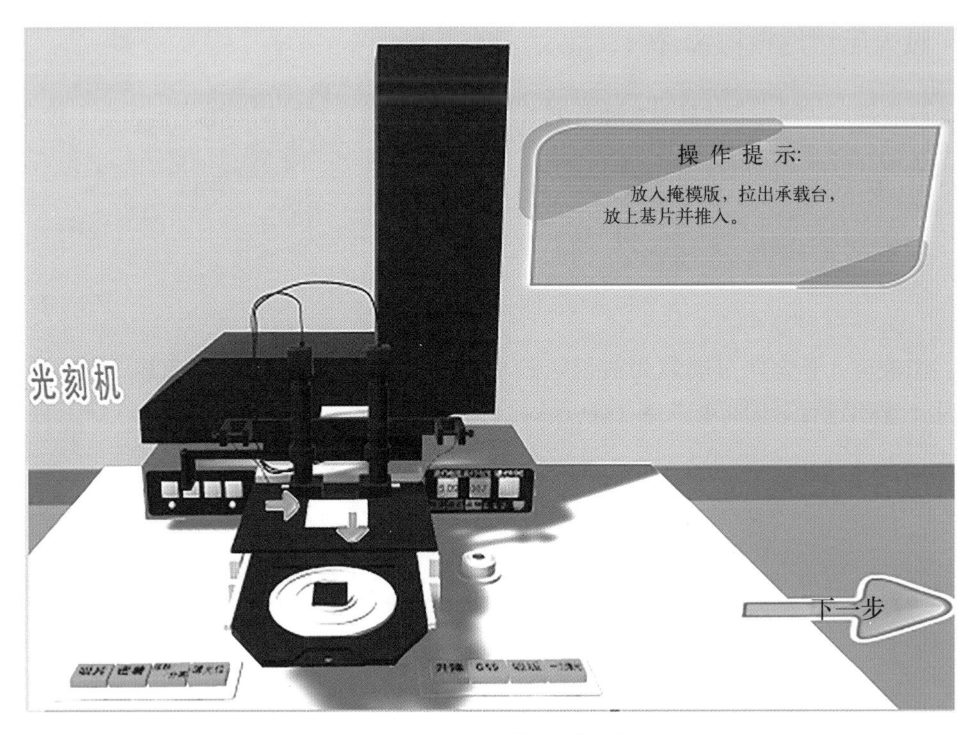

图8-31　放入基片虚拟操作

b. 手动按“吸片”键；

c. 密着、一次曝光，如图8-32所示，光刻机正在曝光。

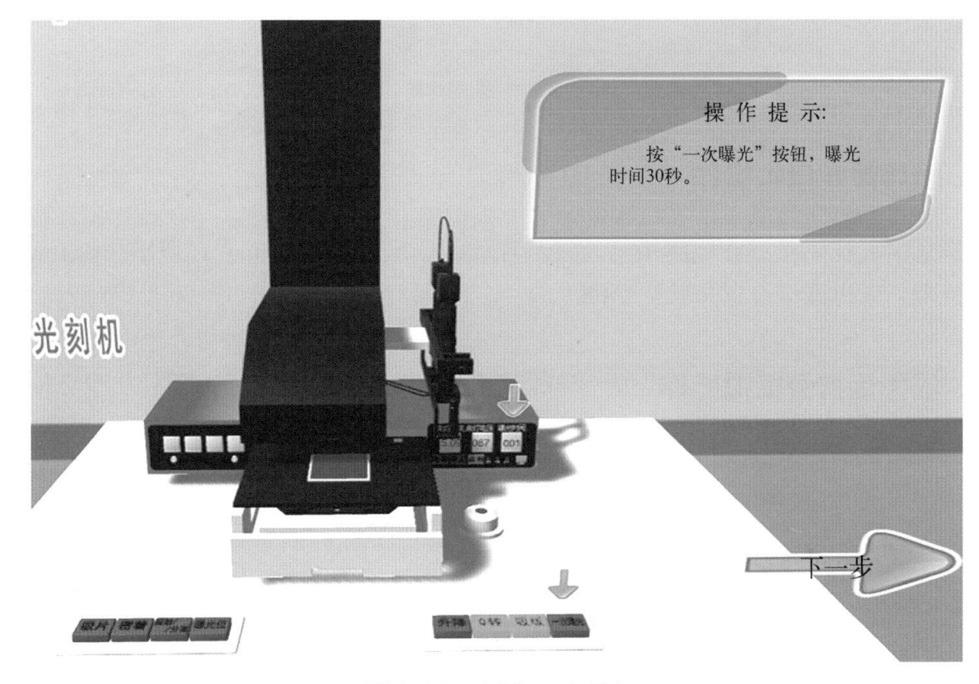

图8-32　光刻机正在曝光

光刻曝光结束后，从承载台取下样品，按照下列顺序关闭：汞灯→电源→真空泵。

8.6.5 曝光后烘焙模拟操作

曝光后的基片从曝光系统转移出来之后，需要在烘箱进行短时间的曝光后烘焙。将基片放入烘箱中，在90℃环境下加热10min，进行干燥处理。虚拟操作除了时间设置，其余和软烘一致。

8.6.6 显影模拟操作

后烘后进行显影操作。

将显影液倒入托盘，显影液为正胶显影液。将曝光好的基片放进托盘内，使显影液刚好浸没基片，开始进行显影，如图8-33所示。

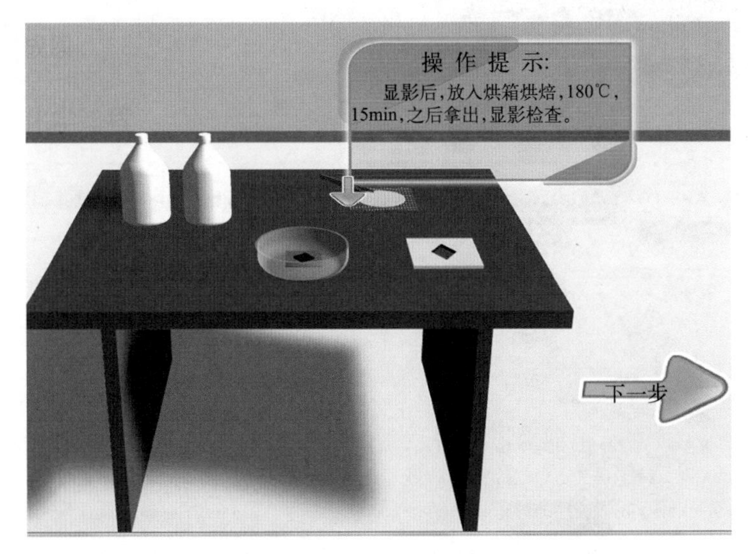

图8-33　显影模拟操作

8.6.7 坚膜烘焙模拟操作

显影后需要在烘箱进行坚膜烘焙。将基片放入热风箱中，在90℃环境下加热15min，进行干燥处理。虚拟操作设置和软烘一致。

8.6.8 显影后检查模拟操作

坚膜烘焙后，进行显影检查，此部分主要检查成型图形的缺陷。

本章小结

本章介绍了半导体工艺中非常重要的光刻工艺，光刻是将掩模版上的图形转移到硅片上。光刻工艺的主要分为8个步骤，分别是：气相成底膜、旋转涂胶、软烘（前烘）、对准和曝光、曝光后烘焙（后烘）、显影、坚膜烘焙和显影检查。光刻的工艺设备中，步进扫描光刻机是应用较多的光刻设备，纳米压印技术正成为下一代光刻技术。使用工艺仿真可以实现对光刻的工艺模拟，同时也可以模拟半导体设备对光刻工艺进行虚拟操作模拟。

习题

1. 什么是光刻？
2. 光刻主要的性能参数有哪些？
3. 解释正性光刻和负性光刻。
4. 目前光刻主要使用的光源是什么？波长是多少？
5. 光刻的8个步骤分别是什么？
6. 光刻胶有哪些种类？
7. 气相成底膜的作用是什么？
8. 软烘的作用是什么？
9. 接触式和接近式光刻机的区别是什么？
10. 描述步进扫描光刻机的工作原理。
11. 列举两个下一代光刻技术。
12. 说出三个光刻工艺的模拟参数命令。

第9章

刻蚀工艺及模拟

思维导图

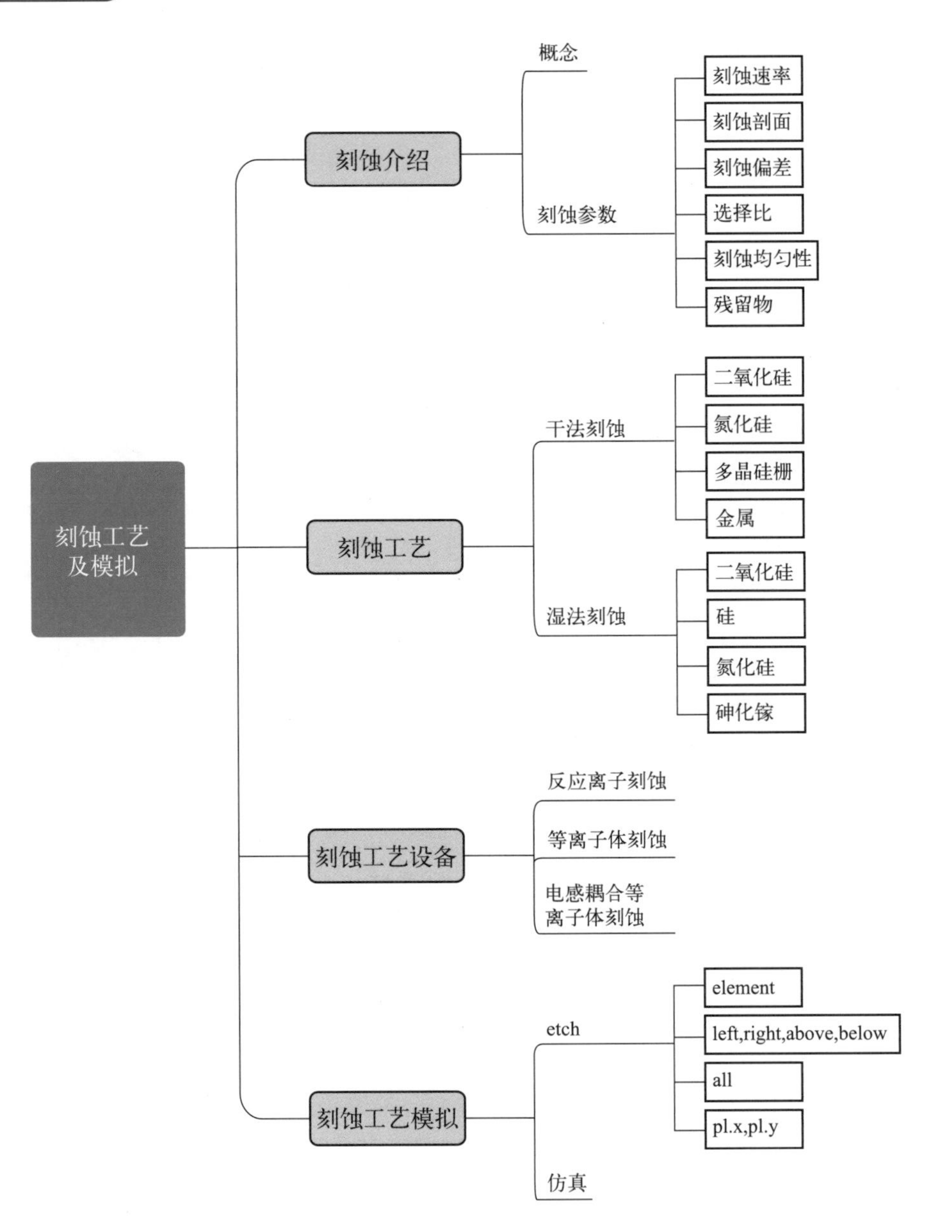

9.1 引言

刻蚀技术（etching technique）是半导体集成电路工艺中基本的工艺步骤，同时也是很重要的步骤。刻蚀技术指的是按照掩模图形或设计要求对半导体表面所覆盖的薄膜进行有选择性的腐蚀或剥离的技术。

9.1.1 刻蚀的概念

半导体刻蚀是指用化学或物理方法有选择地从硅片表面去除不需要的材料的过程，目标是在硅片上得到正确的掩模图形。刻蚀可以从狭义和广义两方面来理解，从狭义角度，刻蚀是指光刻腐蚀，即通过光刻工艺对光刻胶进行曝光处理，然后通过其他方式处理掉不需要的部分。从广义上来讲，刻蚀是指通过溶液、反应离子或机械方式来去除材料的方法的统称，适用于微加工制造。

9.1.2 刻蚀的参数

（1）刻蚀速率

刻蚀速率指的是刻蚀过程中去除待刻蚀材料的速度，通常单位用Å/min。如图9-1所示，刻蚀速率等于刻蚀的厚度除以刻蚀时间，即刻蚀速率为 $\Delta T/t$，t是刻蚀时间。高的刻蚀速率可以提升产量，因此刻蚀工艺追求高的刻蚀速率。

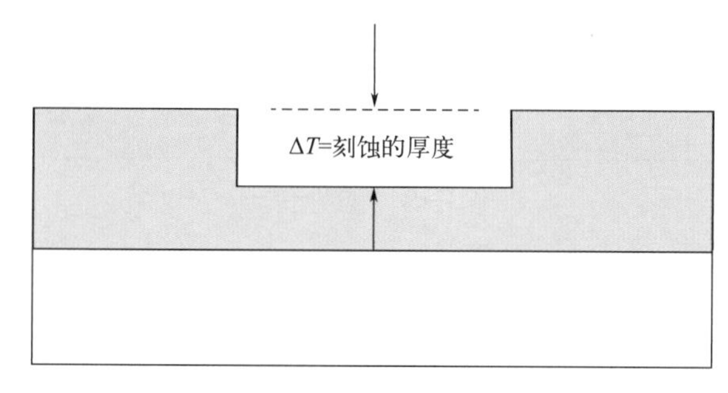

图9-1　刻蚀速率示意图

（2）刻蚀剖面

刻蚀剖面是指被刻蚀图形侧壁的形状。不同的刻蚀机制会对刻蚀剖面产生不同的影响。刻蚀可以分为各向同性刻蚀和各向异性刻蚀。各向同性刻蚀指的是，刻蚀的时候没有方向的选择，各个方向刻蚀的速度都是相同的，这种刻蚀一般剖面是呈圆弧形的，如图9-2中左框所示；纯粹的化学蚀刻一般是湿法刻蚀，属于各向同性刻蚀；这种刻蚀方法对下层物质具有很好的选择比，但是不容易控制线宽。各向异性刻蚀指的是刻蚀的时候不同方向速度是不一致的，这种刻蚀一般是借助具有方向性的离子撞击，进行特定方向的刻蚀，进而形成垂直的轮廓，如图9-2右框所示；干法刻蚀一般属于各向异性刻蚀，采用这种刻蚀方式，可以刻蚀出较细微的线宽。

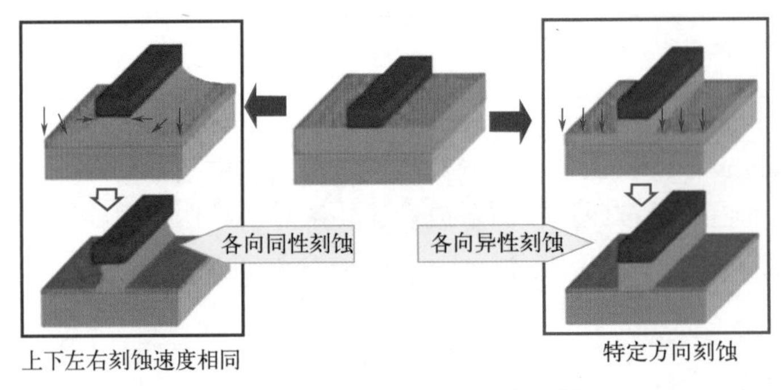

图9-2　各向同性与各向异性刻蚀

（3）刻蚀偏差

刻蚀偏差是指刻蚀以后线宽或关键尺寸间距的变化，刻蚀偏差 = $W_b - W_a$，如图9-3所示。不同的刻蚀方法造成的刻蚀偏差的原因是不同的，在湿法刻蚀中刻蚀偏差的主要原因是横向钻蚀；在干法刻蚀中，由于光刻胶被刻蚀，使得线宽变窄，会导致刻蚀偏差。但是刻蚀偏差也不完全是缺陷，比如在TFT-LCD（薄膜晶体管液晶显示器）工艺中，由于TFT-LCD的线宽比较宽，一般在3～5μm，刻蚀偏差所带来的对TFT器件性能带来的影响并不是很大。在光刻胶的刻蚀中，刻蚀偏差可以被用来形成锥角（taper angle），而好的锥角是工艺工程师所期望的。

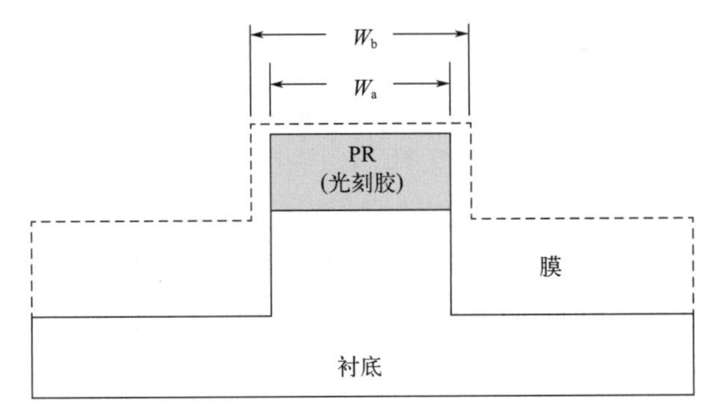

图9-3　刻蚀偏差

（4）选择比

选择比指的是在相同刻蚀条件下一种材料与另一种材料刻蚀速率的比值。体现为被刻蚀材料的刻蚀速度与另一种材料的刻蚀速度的比。选择比有高低之分，高选择比意味着可以刻蚀掉想要除去的那一层材料。在先进的工艺中，为了确保关键尺寸和剖面控制，需要高选择比。关键尺寸越小，选择比要求越高。湿法刻蚀的选择比相对干法刻蚀的高，是因为在干法刻蚀中存在强烈的物理刻蚀。

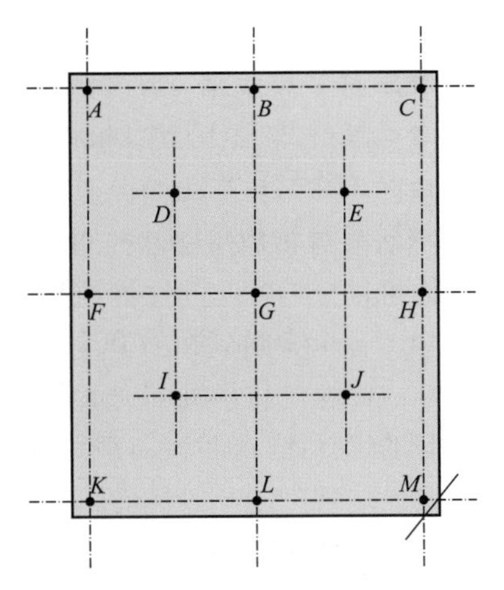

图9-4　均匀性测量点选取的位置

（5）刻蚀均匀性

均匀性这个参数用来衡量刻蚀工艺在整个硅片的整个批次或者不同批次之间的刻蚀能力。一般在玻璃基板上选取13个测量点（如图9-4所示）来测量基板，由公式

“（最大值－最小值）/（最大值＋最小值）×100”得到均匀性（单位：%）。为了保证制造工艺的一致性，需要保持硅片的均匀性，否则容易产生过刻蚀。

（6）残留物

刻蚀后没有被刻蚀掉的、留在基板表面上不需要的材料被称为刻蚀残留物，刻蚀残留物一般覆盖在工艺腔体内壁或被刻蚀图形的底部。产生的原因很多，例如被刻蚀材料中的沾污、使用不合适的化学刻蚀剂等。在实际生产中需要定期对机台腔体进行预防性维护，其目的就是为了去除腔体内的残留物。

9.2 刻蚀工艺

刻蚀可以分为干法刻蚀和湿法刻蚀，主要区别在于湿法刻蚀需要使用溶剂或溶液来进行。

9.2.1 干法刻蚀

干法刻蚀可采用利用光挥发、气相腐蚀、等离子体腐蚀等，可以对金属、介质材料和硅进行刻蚀。干法刻蚀优点是：

① 各向异性，高的选择比。

② 可控性好，具有灵活性，易控制细线条。

③ 重复性好，易实现自动化。

④ 无化学废液，高的洁净度。

缺点是：成本高，设备复杂。

干法刻蚀的形式可以分为：纯化学过程，如屏蔽式、下游式等；纯物理过程，如离子铣；物理化学过程，如反应离子刻蚀（RIE）和电感耦合等离子体（ICP）刻蚀等。

下面介绍几种典型材料的干法刻蚀。

（1）二氧化硅的干法刻蚀

SiO_2在MOS器件中被广泛应用，主要用来作场氧化层（起隔离作用）、栅电极的氧化层、金属的介质层、钝化层等。SiO_2干法刻蚀一般采用氟碳化合物气体，如CF_4、CHF_3和C_3F_8等。常用的是CF_4，首先在一个容器内充CF_4，当压强与所提供的电压匹配后，产生等离子体辉光放电，CF_4被等离子体内高能量电子轰击，进而分解而产生各种离子原子等，生成的F和CF_2会和SiO_2发生反应生成具有挥发性的SiF_4。

（2）氮化硅的干法刻蚀

氮化硅（Si_3N_4）一般淀积作为元器件的保护膜层，其刻蚀方法和SiO_2基本一样，可采用CF_4或其他含氟的气体来进行刻蚀，近年来也常使用NF_3的等离子体进行刻蚀。

（3）多晶硅栅的干法刻蚀

多晶硅栅的长度决定了MOS器件的栅长，影响晶体管的开关速度，因此对多晶硅栅的刻蚀要求较高，需要很好地控制关键尺寸。多晶硅栅的刻蚀一般按照三步来进行：首先要预刻蚀，去除一些表面沾污；然后进行主刻蚀，刻蚀掉不需要的多晶硅；最后是过刻蚀，去除残留物和剩余的多晶硅。

■ （4）金属的干法刻蚀

主要针对用于金属互连线的刻蚀，比如铝合金、铜合金等，金属的干法刻蚀一般采用氯基气体来进行。但是有一点需要注意的是，当铝-硅-铜合金被氯离子刻蚀后，如果合金表面的残留物未被及时清除，如氯或者氯化物，空气中的水分会与之反应生成HCl，能够腐蚀Al。因此当金属被氯化物等离子体刻蚀之后，增加一道有机溶剂清洗工序，可以防止金属被腐蚀。

9.2.2 湿法刻蚀

湿法刻蚀是一个纯粹的化学反应，它主要利用溶液与被刻蚀材料之间的化学反应来去除未被掩蔽膜材料掩蔽的部分，进而达到刻蚀的目的。湿法刻蚀的优点是选择比好、重复性好、生产效率高、设备简单、成本低。缺点是：钻蚀严重，对图形的控制性较差，不能用于小的特征尺寸，同时会产生大量的化学废液。

下面介绍几种典型材料的湿法刻蚀。

■ （1）二氧化硅的刻蚀

通常使用稀释的氢氟酸溶液来对二氧化硅进行刻蚀，也可以加入氟化铵，得到提供缓冲的稀HF溶液（BHF），也可称作缓冲氧化层刻蚀（buffered-oxide-etch，BOE）。这种溶液刻蚀能被更好地控制，维持稳定的刻蚀效果。整体反应式为：

$$SiO_2+6HF \longrightarrow H_2SiF_6+2H_2O$$

■ （2）硅的刻蚀

一般使用HF和HNO_3作为腐蚀液对硅进行刻蚀。其反应式如下：

$$3Si+4HNO_3 \longrightarrow 3SiO_2+2H_2O+4NO\uparrow$$

生成的SiO_2不溶于水也不溶于HNO_3，可以与HF生成可溶性络合物，这样硅就被刻蚀掉了。

■ （3）氮化硅的刻蚀

氮化硅可以使用高浓度HF、缓冲HF溶液或是沸腾的磷酸溶液来刻蚀。

■ （4）砷化镓的刻蚀

砷化镓的刻蚀采用阳极氧化法，也称为氧化还原反应。砷化镓被刻蚀液氧化成氧化镓和氧化砷。腐蚀液中的酸或碱再溶解这些氧化物，就可以形成可溶性盐类或络合物，达到刻蚀砷化镓的目的。

9.3 刻蚀工艺设备

湿法刻蚀的主要设备有槽式晶圆刻蚀机和单晶圆刻蚀设备。由于主流为干法刻蚀，因此干法刻蚀设备较多。

槽式晶圆刻蚀机：主要由前开式晶圆传送盒传输模块、晶圆装载/卸载传输模块、排风进气模块、化学药液槽体模块、去离子水槽体模块、干燥槽体模块和控制模块构成，可同时对多盒晶圆进行刻蚀，可以做到晶圆干进干出。该刻蚀机的主要优点是产能高，适用于超高温化学液体，可同时对晶圆正面和背面进行刻蚀；其主要缺点是占地面积大，薄膜刻蚀量控制精度小，晶圆间刻蚀均匀性差，所以只能用于晶圆整面刻蚀工艺。

单晶圆刻蚀设备：主要为薄膜刻蚀，按照工艺用途可以将其分为两类，即轻度刻蚀设备和牺牲层去除设备。在工艺中需要去除的材料一般包括硅、二氧化硅、氮化硅及金属膜层。

9.3.1 反应离子刻蚀

反应离子刻蚀（RIE，reactive ion etching）是一种采用化学反应和物理离子轰击去除硅片表面材料的刻蚀技术。图9-5是一台反应离子刻蚀机，其工作原理如图9-6所示。RIE腔室的上电极接地，下电极连接射频电源，将刻蚀基板放置于下电极，给平面电极加高频电压，反应物会发生电离进而产生等离子体，正离子在偏压作用下，沿着电场方向垂直轰击基板表面，使基板表面发生化学反应进而使反应生成物的脱附。RIE具有很高的刻蚀速率，可以获得较好的各向异性侧壁图形，但是表面损伤也较严重。

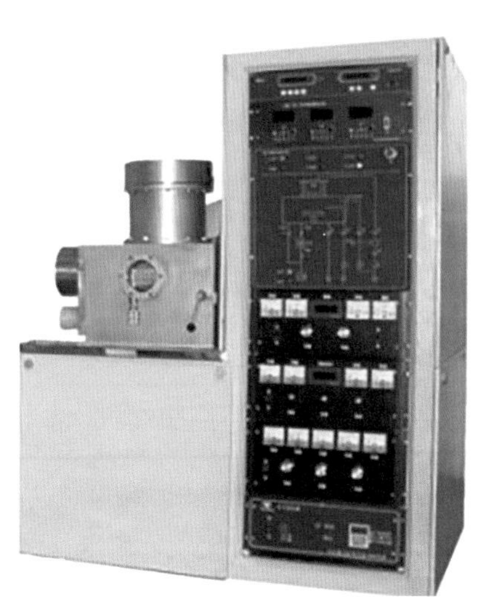

图9-5 反应离子刻蚀机

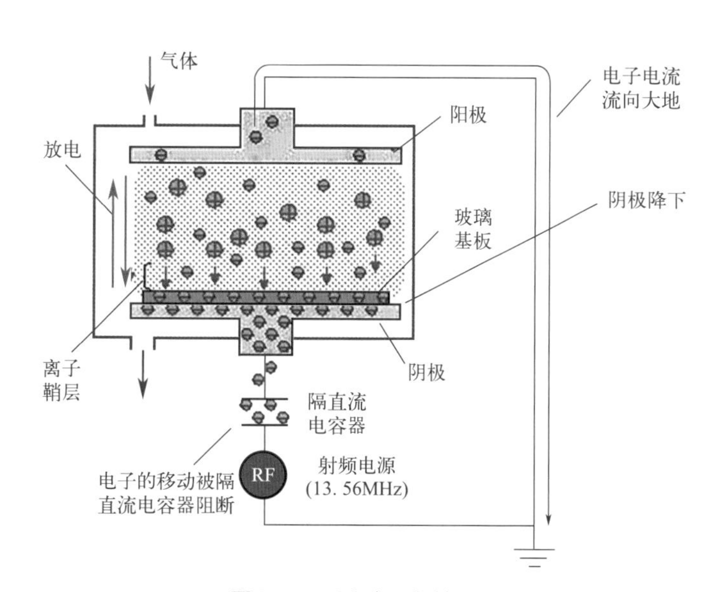

图9-6 反应离子刻蚀原理

9.3.2 等离子体刻蚀

等离子体刻蚀（PE，plasma etching) 设备如图9-7所示。PE与RIE模式的区别在于PE

是上电极连接射频电源，下电极接地，这样可以通过控制RF电源来控制反应气体的解离浓度，而且下电极接地则表面电位为零，与等离子体电位相差不多，这样将不会产生离子轰击效应，对基板表面造成的损伤较低，适合刻蚀与电性能高度相关的膜层，原理如图9-8所示。

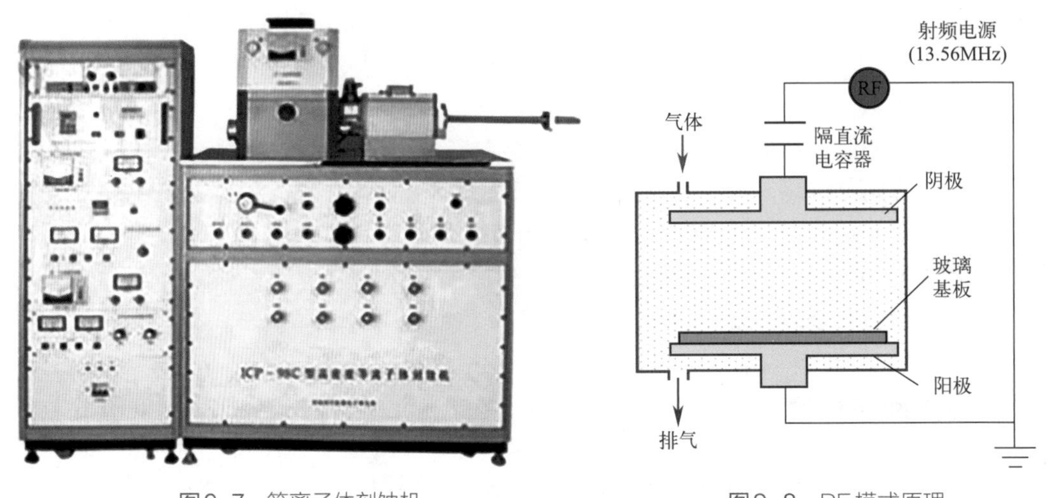

图9-7　等离子体刻蚀机

图9-8　PE模式原理

9.3.3　电感耦合等离子体刻蚀

电感耦合等离子体（ICP，inductively coupled plasma）刻蚀设备如图9-9所示，其原理如图9-10所示，ICP的上电极是一个螺旋感应线圈，连接射频电源来产生等离子体，感应线圈将电场与磁场集中，等离子体中电子受磁力作用而做螺旋运动，电子的平均自由程增加可使之获得较高的加速电压，增加有效碰撞频率，大幅度增加离子解离率，ICP使用上电极感应线圈控制离子解离浓度，下电极控制离子轰击能量，使得刻蚀较容易控制，使用范围较广。缺点在于等离子体匹配不易，在阵列（array）制程中通常用于需要强有力离子轰击的金属刻蚀。

图9-9　电感耦合等离子体刻蚀机

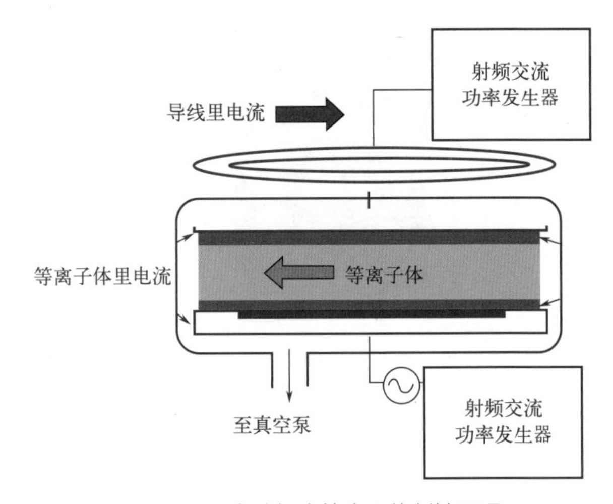

图9-10　电感耦合等离子体刻蚀原理

9.4 刻蚀工艺模拟

9.4.1 参数介绍

基本语法：

```
etch element left|right|above|below|all p1.x=<n> p1.y=<n>
```

刻蚀参数如图9-11所示。

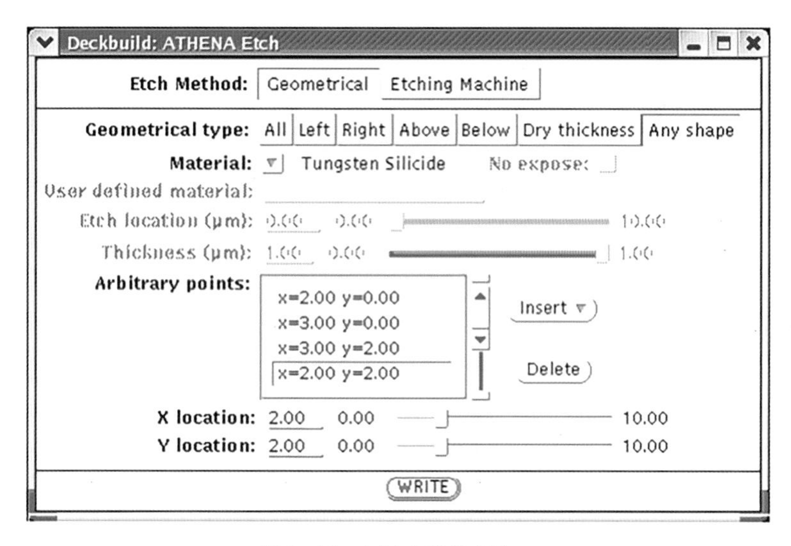

图9-11　刻蚀参数选择窗口

Etch Method代表仿真工具提供两种不同刻蚀方法，一种是几何刻蚀，另一种是物理刻蚀。

① element：对应图9-11中的Material，刻蚀的元素一般为silicon、oxide、nitride、poly、alumin等。可以定义材料类型如silicon、oxide等材料参数，来定义将被进行刻蚀工艺操作的材料。如果选定了某种材料，那么即使其他材料包含在其中也不会被刻蚀掉。如果没有定义材料类型，那么程序会自动刻蚀掉定义区域的所有类型的材料。

② left，right，above，below: 与p1.x或p1.y连用，刻蚀x或y以左/右/上/下的物质

③ all: 刻蚀从上自下暴露的选定材料的全部。

④ 可用p1.x及p1.y坐标系定义局部区域。

示例：

```
etch poly right p1.x=0.09
etch oxide all
```

9.4.2 仿真运行

【例9-1】刻蚀掉坐标x=0.5左侧所有的氧化物，图9-12为仿真运行结果。

```
etch oxide left p1.x = 0.5
```

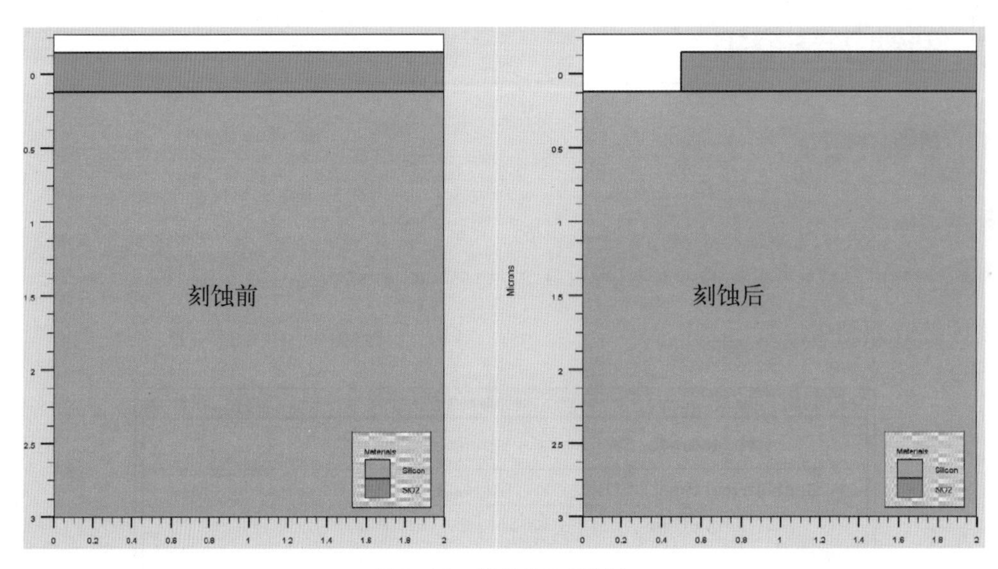

图9-12　简单的几何刻蚀

【例9-2】梯形刻蚀，图9-13为仿真运行结果。

```
etch oxide left p1.x=1.0 p1.y=-0.15 p2.x=0.5 p2.y=0.0
```

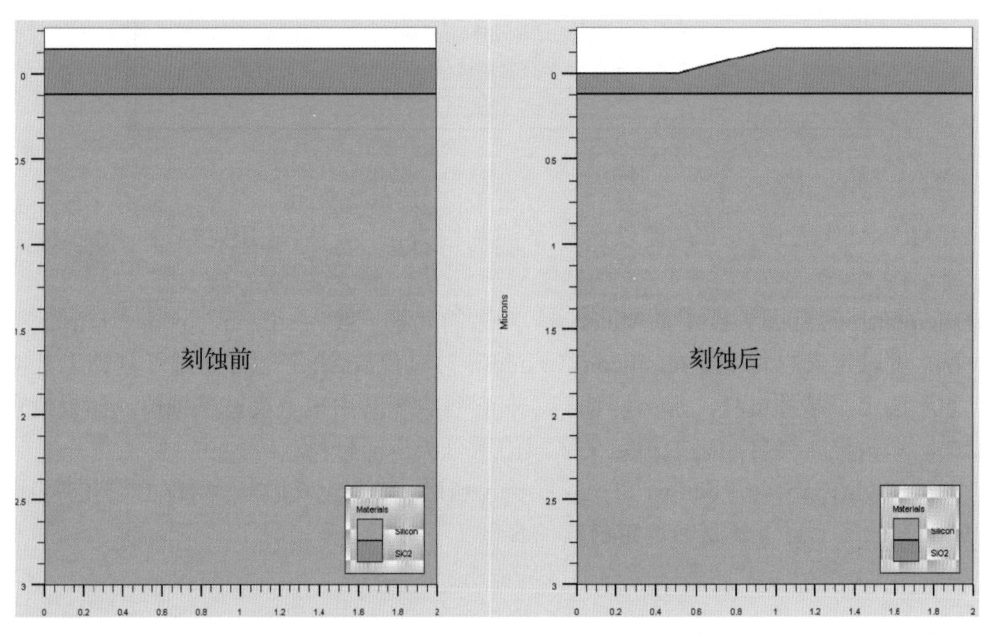

图9-13　梯形刻蚀

【例9-3】湿法刻蚀，图9-14为仿真运行结果。

```
rate.etch machine=wet silicon wet.etch isotropic=0.5 u.m\
etch machine=wet time=2 minutes
```

【例9-4】RIE刻蚀，图9-15为仿真运行结果。

```
rate.etch machine=plasma1 silicon u.m rie isotropic=0.1 direct=0.9 \
etch machine=plasma1 time=1 minutes
```

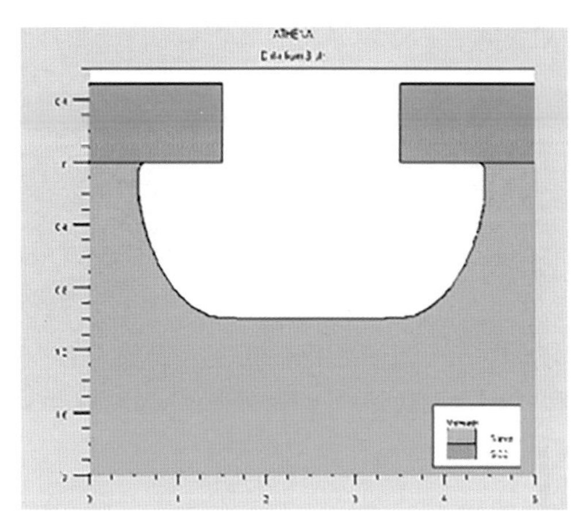

图9-14　湿法刻蚀，各向同性速率0.5

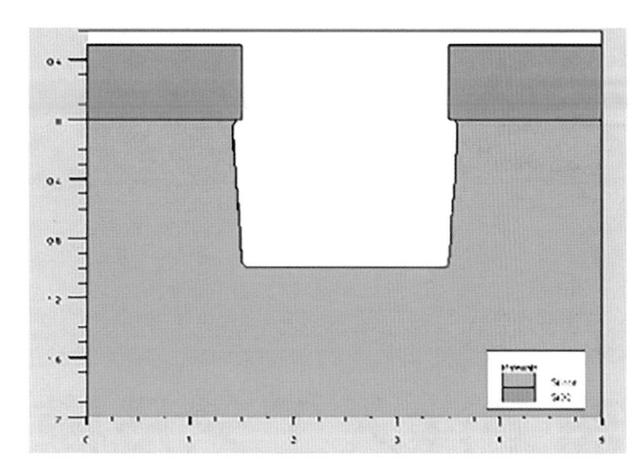

图9-15　RIE刻蚀

本章小结

刻蚀是指采用物理或者化学方法有选择地从硅片表面去除材料，有干法刻蚀和湿法刻蚀两种，参数主要有刻蚀速度、刻蚀剖面、选择比、均匀性、残留物等。干法刻蚀由于其很好的各向异性和线宽控制，应用较为广泛，主要采用反应离子刻蚀、等离子刻蚀和电感耦合等离子体刻蚀。仿真模拟分为几何刻蚀和物理刻蚀，使用etch关键字，通过控制其他参数可以进行刻蚀工艺的仿真模拟。

习题

1. 刻蚀的目的是什么？
2. 刻蚀的方法有哪些？
3. 列出三种刻蚀的主要参数。
4. 解释各向同性和各向异性。
5. 列举干法刻蚀同湿法刻蚀相比具有的优点。
6. 给出二氧化硅的湿法刻蚀方法。
7. 写出金属铝干法刻蚀的方法。
8. 列出三种刻蚀主要设备。
9. 刻蚀模拟仿真的关键字是什么？
10. 给出刻蚀仿真工艺中的三个参数。
11. 刻蚀厚度为1μm的二氧化硅材料。
12. 假设二氧化硅的厚度为0.3μm，使用刻蚀语句，刻蚀y=0到y=−0.6范围内的二氧化硅。

第10章

离子注入工艺及模拟

思维导图

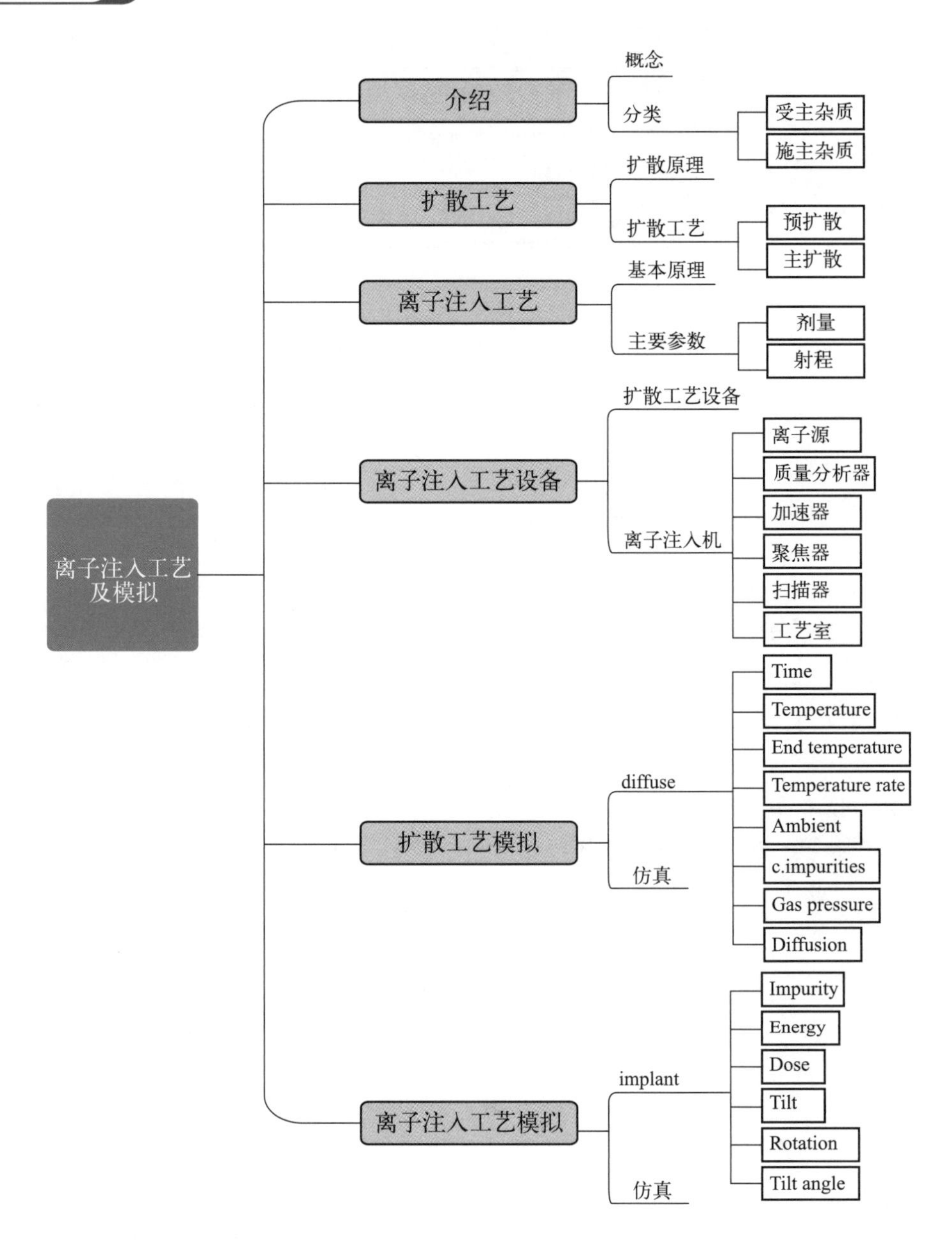

10.1 引言

半导体器件需要在半导体材料的晶体结构中引入其他杂质，进而改变其特点类型，如p型或n型半导体，进而改变其电学性能。可以通过扩散或者离子注入两种工艺实现。可以引入的杂质元素主要是ⅢA族和ⅤA族的，如表10-1所示。

表10-1 半导体常用杂质

分类	元素	原子序数
受主杂质，ⅢA族（p型）	硼	5
半导体，ⅣA族	硅	14
施主杂质，VA族（n型）	磷	15
	砷	33
	锑	51

10.2 扩散

10.2.1 扩散原理

扩散是物质的基本性质之一，描述了一种物质在另一种物质中运动的情况。在半导体制造中，利用高温扩散驱动杂质穿过硅晶格。扩散分为气态、液态和固态。

扩散是微观离子做无规则热运动的统计结果，这种运动是由离子浓度较高的地方向着浓度较低的地方进行，而使得离子的分布趋于均匀。

半导体中杂质的扩散有两种机制：空位交换机制和填隙扩散机制。空位交换模式是指杂质原子从一个晶格位置移动，如果相邻的晶格位置是一个空位，则杂质原子占据空位。填隙扩散机制是指一个填隙原子从某位置移动到另一个间隙中而不占据这个晶格位置。

热扩散遵从菲克扩散定律，其方程如下所示：

$$\frac{\partial N}{\partial t}=D\frac{\partial^2 N}{\partial x^2}$$

式中 N——浓度；

t——扩散时间；

x——距离；

D——扩散系数。

扩散系数是温度的函数：

$$D=D_0\exp[-E_a/(kT)]$$

式中 D_0——表观扩散系数；

E_a——激活能；

k——玻尔兹曼常数；

T——温度。

从扩散系数的公式可以看出扩散系数与温度呈指数关系，因此扩散工艺必须严格控制温度。同时，扩散系数与杂质种类和扩散机制有关，还会受到表面杂质浓度N_s、衬底杂质浓度

N_B、衬底取向和衬底晶格的影响。

10.2.2 扩散工艺

扩散工艺一般分为两步。第一步是预扩散，也叫预淀积，预扩散采用的是恒定表面源扩散方式，扩散温度低，时间短，因此扩散得比较浅，杂质主要淀积在一个薄层内，可以很好地控制杂质总量Q。

杂质浓度分布方程为：

$$N(x,t)=N_s\,\mathrm{erfc}\left[x/(2D_1t)^{\frac{1}{2}}\right]$$

表示恒定表面浓度（杂质在预扩散温度的固溶度）。

式中 D_1 ——预扩散温度的扩散系数；

x ——由表面算起的垂直距离；

t ——扩散时间。

此分布为余误差分布。

第二步是主扩散，也叫再分布，是将预扩散引入的杂质作为扩散源，在高温下进行扩散，可以控制表面浓度和扩散深度。主扩散为有限表面源扩散，杂质浓度分布方程为：

$$N(x,t)=\frac{Q\,\mathrm{e}^{-x^2/(4D_2t)}}{(\pi D_2t)^{\frac{1}{2}}}$$

式中 Q ——扩散入硅片杂质总量：

$$Q=\int_0^{\infty}N(x,t)\,\mathrm{d}t$$

D_2 ——主扩散（再分布）温度的扩散系数。

杂质分布为高斯分布。

扩散工艺也可以分为气-固扩散法和固-固扩散法。其中气-固扩散法按照扩散源形态不同又可以分为气态源扩散、固态源扩散和液态源扩散。

① 气态源扩散：杂质源为气态，稀释后挥发进入扩散系统。

② 液态源扩散：杂质源为液态，由保护性气体携带进入扩散系统。

③ 固态源扩散：杂质源为固态，通入保护性气体，在扩散系统中完成杂质由源到硅片表面的气相输运。

④ 固-固扩散：在硅片表面制备一层固态杂质源，通过加热处理，使杂质由固态杂质源直接向固体硅中扩散掺杂的过程。

10.3 离子注入

10.3.1 基本原理

在真空中有一束离子束射向一块固体材料时，根据发生现象的不同可以分为溅射、散射和离子注入。溅射是指离子束把固体材料的原子或分子撞出固体材料表面；散射是指离子束射到固体材料后被弹了回来，或者穿出固体材料；而离子注入是指离子束射到固体材料以后，受到固体材料的抵抗而速度慢慢降低，并最终停留在固体材料中。离子注入可以向硅衬底中引入可控制数量的杂质，进而改变其电学特性。

离子注入一般在真空中、低温下进行，把杂质离子加速，杂质离子在获得较大动能后，一般是100keV量级，入射到半导体材料中，离子束与材料中的原子或分子发生一系列物理和化学作用，入射离子逐渐损失能量，最后停留在材料中，从而引起材料表面成分、结构和性能发生变化，达到优化材料表面性能或获得新性能的目的。离子注入的杂质浓度分布呈高斯分布，且并不是表面浓度最高，而是在表面以内的一定深度处。值得注意的是离子注入会在半导体中引起晶格缺陷，因此在离子注入后一般要进行低温退火来消除这些缺陷。

10.3.2 离子注入主要参数

离子注入有两个主要的参数，剂量和射程。

剂量： Q是单位面积硅片表面注入的离子数，单位：原子/cm^2。

$$Q=It/(enA)$$

式中 Q ——剂量，原子/cm^2；

I ——束流，C/s（或A）；

t ——注入时间，s；

e ——电子电荷，1.6×1^{-19}C；

n ——离子电荷（比如B^+等于1）；

A ——注入面积，cm^2。

离子注入成为硅片制造的重要技术，其主要原因之一就是注入的剂量容易控制、可重复。

射程： 离子射程指的是离子注入过程中，离子穿入硅片的总距离。入射能量越高，射程就会越长。投影射程R_p是离子注入晶圆内部的深度，它取决于离子的质量、能量，晶圆的质量以及离子入射方向与晶向之间的关系。有的离子射程远，有的射程近，而有的离子还会发生横向移动，综合所有的离子运动，就产生了投影偏差。图10-1反映出杂质离子的射程和投影射程。

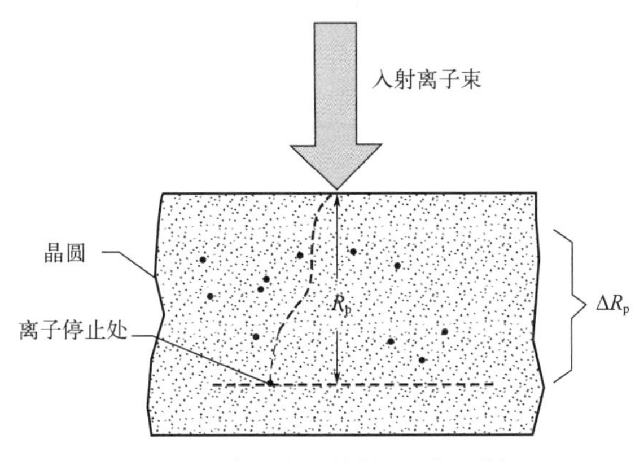

图10-1 杂质离子的射程和投影射程

10.4 离子注入工艺设备

10.4.1 扩散工艺设备

扩散工艺采用的扩散炉是氧化用的高温氧化扩散炉，如图10-2所示型号OTF1200X，是单温区开启式真空管式炉，采用双层风冷结构，炉体表面温度≤60℃，炉膛采用高纯度氧化铝微晶纤维高温真空吸附成型。在可控的多种气氛及真空状态下，可以对金属、非金属及其他化合物进行烧结、熔化。

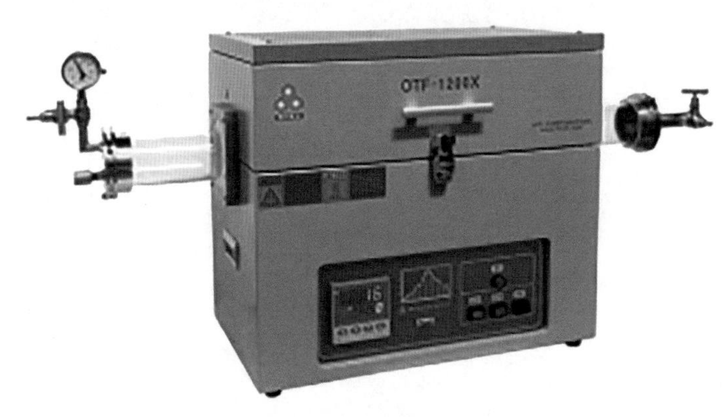

图10-2 OTF1200X高温氧化扩散炉

以硼扩散为例，介绍使用该设备进行扩散工艺的步骤。

① 打开扩散炉，温度设定到900℃，开氮气，流量设置为3L/min。

② 准备硼源（将三氧化二硼粉末和无水乙醇混合，研磨均匀）。

③ 硅片清洗：放入显影液中浸泡擦拭，去除剩余光刻胶，得到蓝色的二氧化硅和中间亮灰色的圆形硅表面，将清洗好的硅片甩干。

④ 在清洗干净、甩干的硅片上涂硼源。

⑤ 从石英管中取出石英舟，将涂好硼的硅片装在石英舟上，并将石英舟推到900℃高温炉恒温区，并通入氮气保护，防止表面氧化，使硼扩散入硅片内部。

⑥ 经过30min的预扩散。拉出石英舟，取出硅片，用氢氟酸洗去硼硅玻璃，冲洗干净。

⑦ 进行再扩散，取出石英舟，将干燥后的硅片装入石英舟，并将石英舟推到恒温区。

⑧ 调节温控器，使温度达到再扩散温度。清洗过的硅片放入氧化炉中，在氧气的环境下扩散1h，通入氧气是为了把硅片表面生成一层氧化层，防止扩散过程中硼扩散出硅片表面，使扩散过程中硼的总量不变。

⑨ 1h后取出扩散后的硅片。用氢氟酸去除表面氧化层，得到已经完成硼扩散的硅片。

10.4.2 离子注入工艺设备

离子注入机是进行离子注入的主要工艺设备，如图10-3所示。其内部包括：离子源、质量分析器、加速器、聚焦器、扫描器以及工艺室6个部分，如图10-4所示。

① 离子源：离子注入时所需要的杂质离子，它们需要以带电粒子束或离子束的形式存

在，一般是靠电子轰击产生。常用的杂质源有B_2H_6和PH_3等。

② 质量分析器：当反应气体中夹杂着其他气体的时候，杂质离子源中包含了其他离子，质量分析器需要对从离子源出来的离子进行筛选，选出最终注入到硅片中的杂质离子。

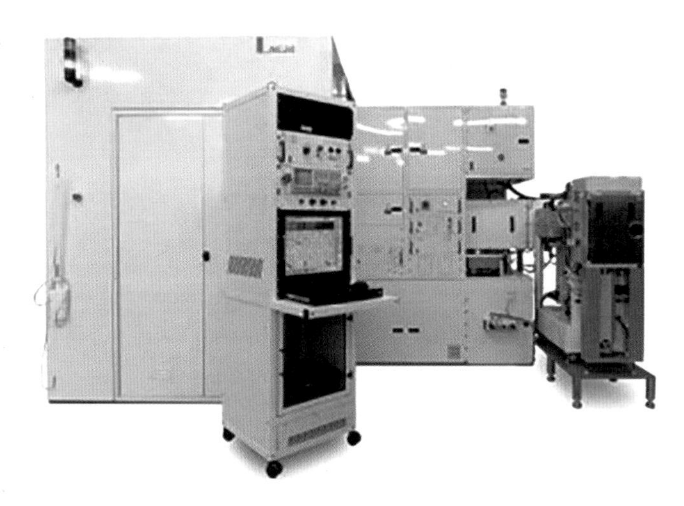

图10-3 离子注入机

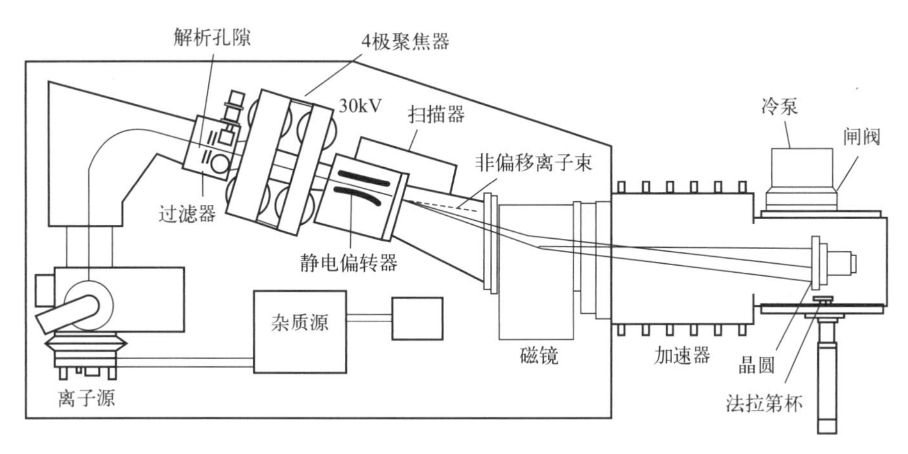

图10-4 离子注入机结构

③ 加速器：注入的离子需要具有一定的射程才能够进入晶圆，这意味着离子的能量必须满足一定的要求，因此需要对离子进行电场加速。加速器是由一系列被介质隔离的加速电极组成，离子束进入这些加速器后，经过电极的连续加速，能量增大很多。

④ 聚焦器：聚焦器与加速器连接，聚焦器就是电磁透镜，它将离子束聚集起来，提高传输离子效益，聚焦好的离子束才能确保注入剂量的均匀性。

⑤ 扫描器：必须通过扫描覆盖整个注入区。扫描方式可以固定晶圆，移动离子束，或者固定离子束，移动晶圆。离子束是一条直径约1～3cm的线状高速离子流。离子注入机的扫描系统有电子扫描、机械扫描、混合扫描以及平行扫描系统，最常用的是静电扫描系统。

静电扫描系统有两组平行的电极板，一组完成横向偏转，另一组完成纵向偏转。在平行电极板上施加电场，正离子就会向电压较低的电极板一侧偏转，改变电压大小就可以改变离子束的偏转角度。静电扫描过程中，晶圆固定不动，大大降低了污染概率，而且由于带负电的电子和中性离子不会发生同样的偏转，这样就可以避免被掺入到晶圆当中。

⑥ 工艺室：晶圆接收注入离子的地方，系统需要完成晶圆的承载与冷却、正离子的中和、离子束流量监测等功能。离子轰击导致晶圆温度升高，冷却系统要对其进行降温。离子注入的是带正电荷的离子，注入时部分正电荷会聚集在晶圆表面，对注入离子产生排斥作用，使离子束的入射方向偏转、离子束流半径增大，导致掺杂不均匀，难以控制；电荷积累还会损害表面氧化层，降低栅绝缘能力，甚至导致栅击穿。在工艺室内使用电子簇射器向晶圆表面发射电子，或用等离子体来中和掉积累的正电荷。离子束流量监测及剂量控制是通过法拉第杯来完成的。

10.5 扩散工艺模拟

10.5.1 参数介绍

扩散的工艺仿真使用diffuse语句。其参数选择窗口如图10-5所示。

语法结构：

```
diffuse【扩散步骤参数】【扩散氛围参数】【模型选择参数】
```

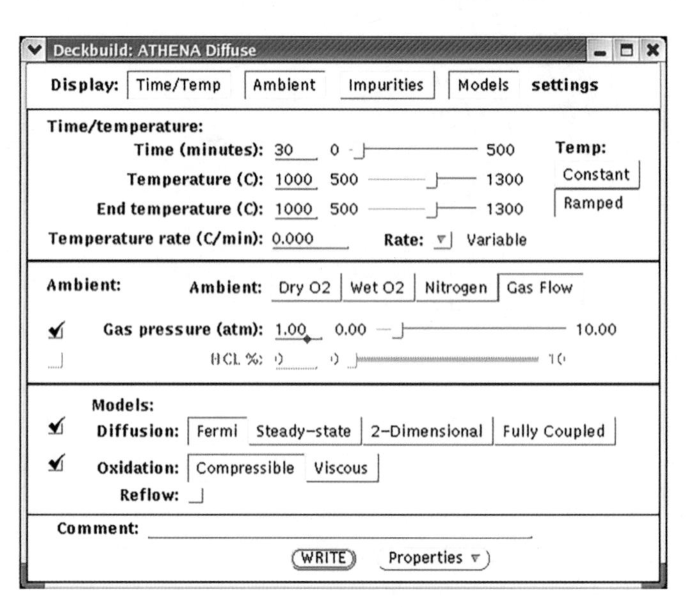

图10-5　扩散参数选择窗口

diffuse主要参数说明如下。

Time：扩散的总时间，默认单位是minutes（min）。

Temperature：氛围的温度。

End temperature：温度是变温时，设定最终的温度。

Temperature rate：温度是变温时，设定温度的变化率。

Ambient：dryo2、weto2、nitrogen，可以选择扩散的气体氛围。

c.impurities：气体氛围中所含杂质及其浓度（原子/cm^3），可仿真预淀积工艺。

Gas pressure：气氛的分压，单位是atm，默认值是1。

Diffusion：扩散模型。

10.5.2 仿真运行

可以使用扩散工艺来进行氧化。

【例10-1】干氧氧化，仿真结果如图10-6所示。

```
diffuse time=30 temp=1000 dryo2
```

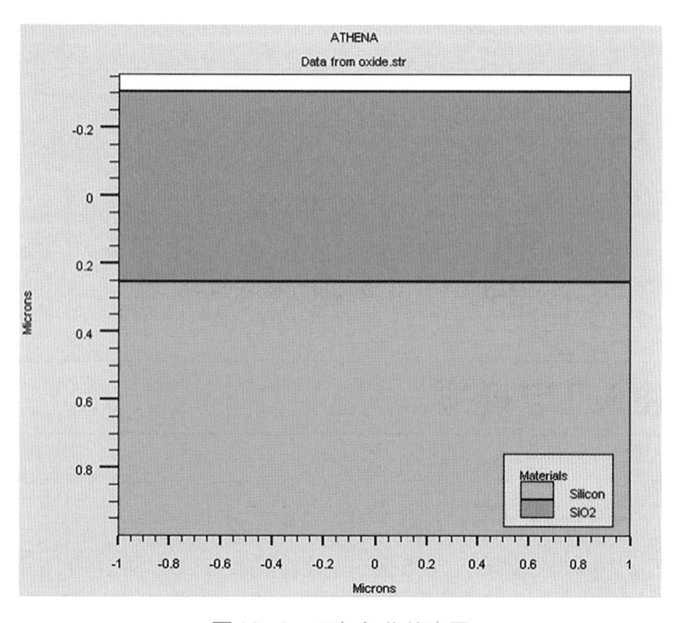

图10-6　干氧氧化仿真图

【例10-2】1000℃、30min的硼扩散，定义了硼的浓度，仿真结果如图10-7所示。

```
diffuse time=30 temp=1000 c.boron=1.0E20
```

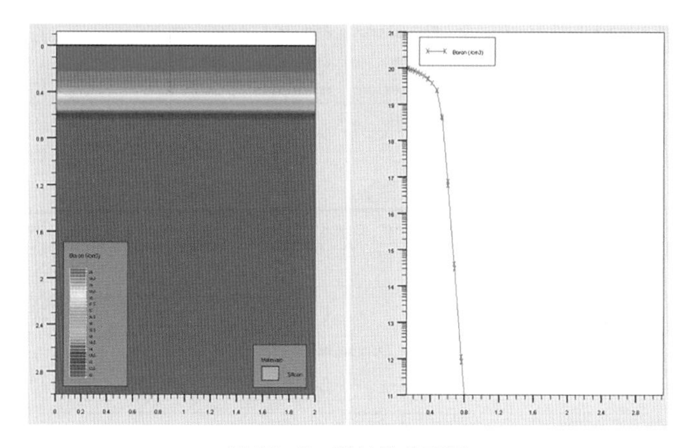

图10-7　硼扩散仿真图

【例10-3】扩散时间对浓度的影响，如图10-8所示。

```
diffuse time=1 temp=1000 c.boron=1.0E20
diffuse time=10 temp=1000 c.boron=1.0E20
diffuse time=30 temp=1000 c.boron=1.0E20
diffuse time=100 temp=1000 c.boron=1.0E20
```

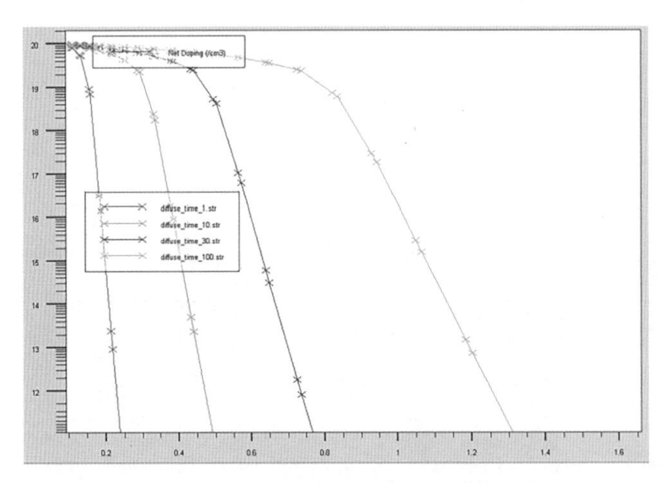

图10-8　扩散时间对浓度的影响

10.6 离子注入工艺模拟

10.6.1 参数介绍

离子注入用于工艺仿真时进行注入掺杂。参数选择窗口如图10-9所示。

■（1）语法结构

```
implant【杂质参数】【模型选择参数】【注入条件参数】
```

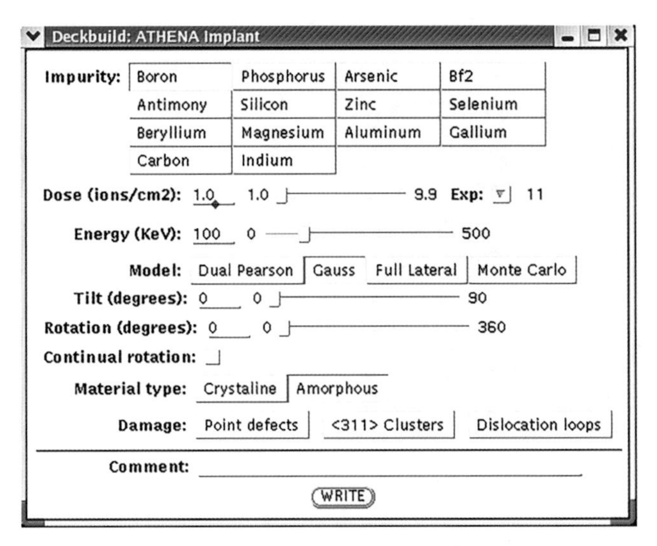

图10-9　离子注入参数选择窗口

（2）模型选择参数

Gauss：高斯分布。

Pearson：由于实际的分布情况往往不是对称的，高斯分布有其局限性。对于非对称离子注入分布的计算，最为简单并且被广泛使用的是Pearson分布。特别是Pearson Ⅳ函数。ATHENA使用这个函数来获得纵向离子注入分布。

Full.Lat：Pearson模型的拓展模型。

Monte/BCA：激活了蒙特卡罗离子注入模块，这是基于BCA（二体碰撞近似）的模型。

Crystaline和Amorphous：指定了离子注入仿真过程中是否考虑硅的晶体结构。这两个参数不能同时选定。默认条件下是Crystaline模式。某些特定材料中要明确使用Amorphous模式，以避免得到错误的仿真结果。

（3）对所有注入模型有效的参数

Impurity：注入的杂质种类。杂质类型可以是ALUMINUM、ANTIMONY、ARSENIC、BERYLLIUM、BF2、BORON、CHROMIUM、GALLIUM、CARBON、GERMANIUM、NDIUM、MAGNESIUM、PHOSPHORUS、SELENIUM、SILICON和ZINC中的任意一种。

Energy：定义了离子的能量，单位是keV。

Dose：定义了单位面积内所使用的杂质剂量。

Full.Dose：调整了用来补偿倾斜角的剂量。这种定义通常用于高倾斜角度的离子注入。

Tilt：定义了对应于垂直离子注入的倾斜角度。默认为7°。

Rotation：定义了相对于仿真平面的旋转角度。默认值是30°。

离子注入的几何说明如图10-10所示。注入面：α；表面：$\sum$；仿真面：β；倾斜角：θ；旋转角：φ。

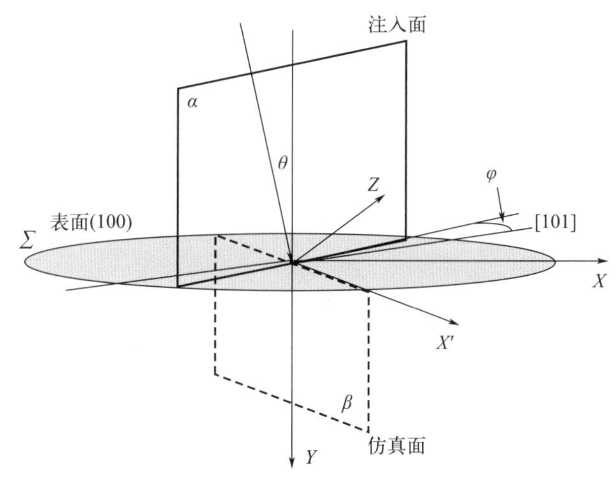

图10-10　离子注入的几何说明

10.6.2　仿真运行

【例10-4】离子注入具有100keV能量的剂量为$10^{14}cm^{-2}$的磷，偏角是15°。图10-11为仿真运行结果。

```
implant pearson phosph dose=1e14 energy=100 tilt=15
```

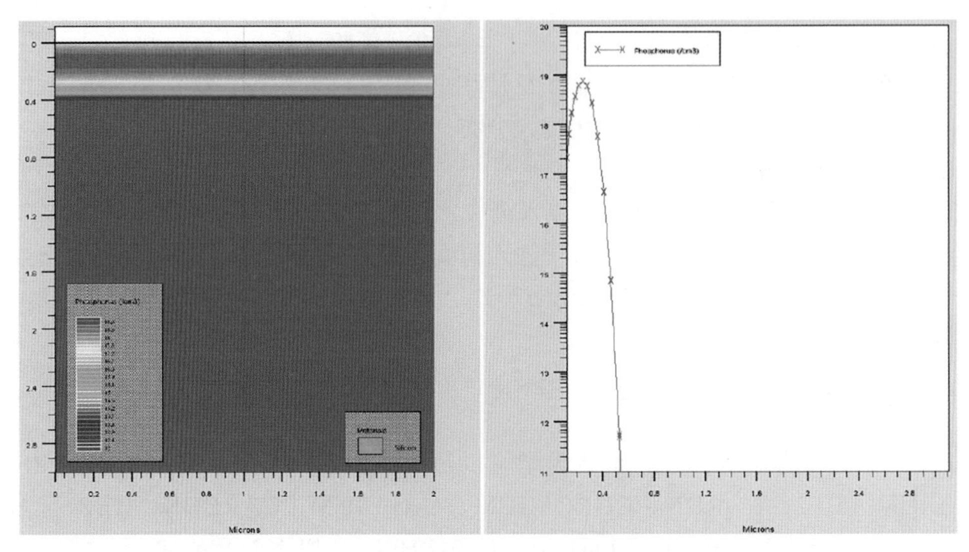

图10-11　离子注入示例

【例10-5】Pearson和Gauss两种解析模型仿真结果对比。图10-12为仿真运行结果。

```
implant pearson phosph dose=1e14 energy=100 tilt=15
implant gauss phosph dose=1e14 energy=100 tilt=15
```

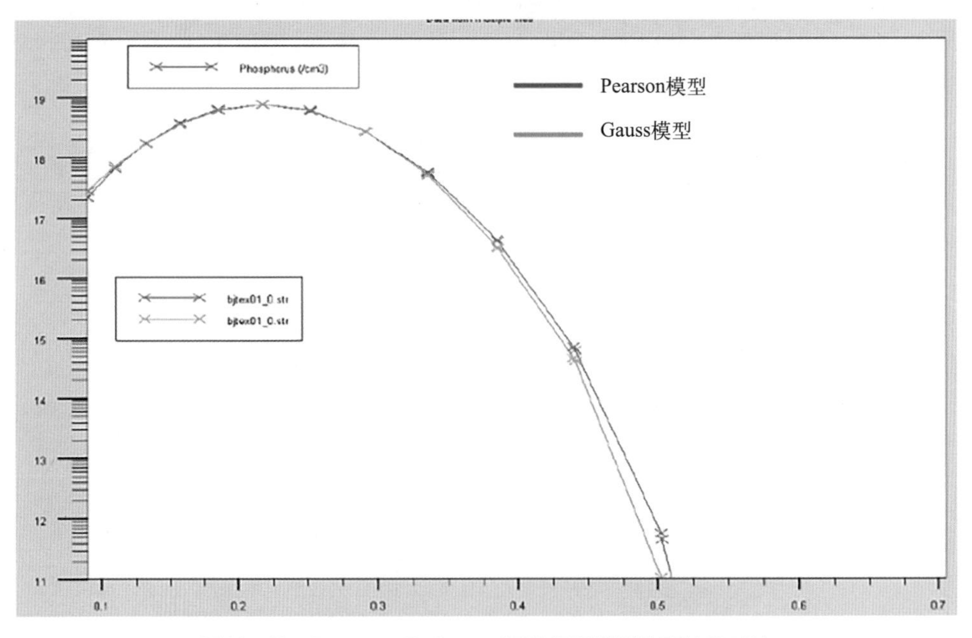

图10-12　Pearson和Gauss两种解析模型仿真结果对比

【例10-6】改变偏转角度对注入后分布的影响。图10-13为仿真运行结果。

```
implant pearson phosph dose=1e14 energy=100 tilt=15
...... ...... ......
implant pearson phosph dose=1e14 energy=100 tilt=75
```

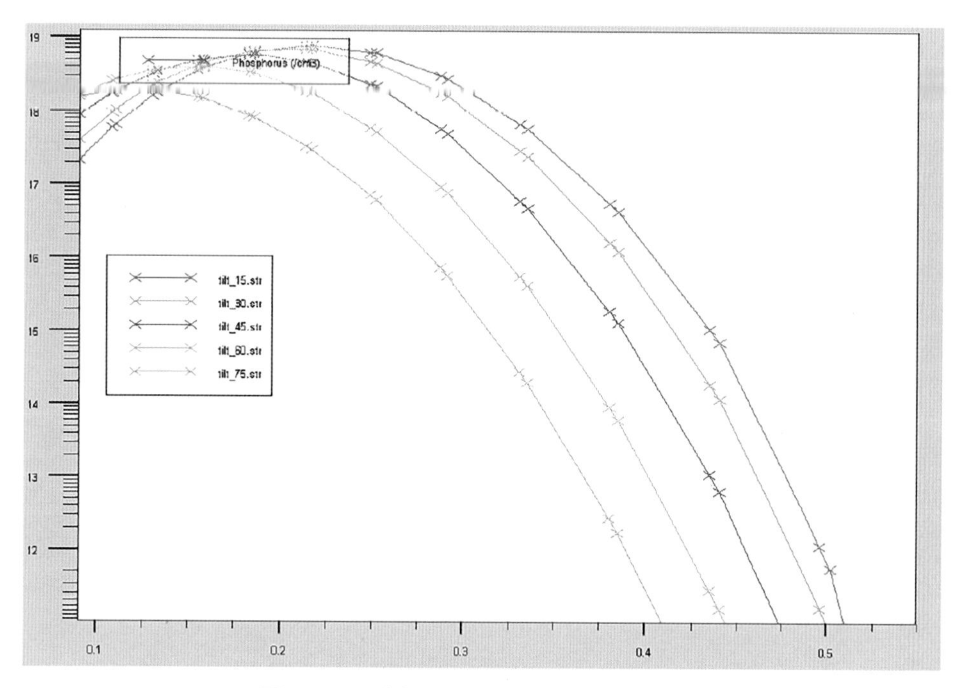

图10-13　改变偏转角度对注入后分布的影响

【例10-7】改变剂量对注入后分布的影响。图10-14为仿真运行结果。

```
implant pearson phosph dose=1e12 energy=100 tilt=15
...... ...... ......
implant pearson phosph dose=1e16 energy=100 tilt=15
```

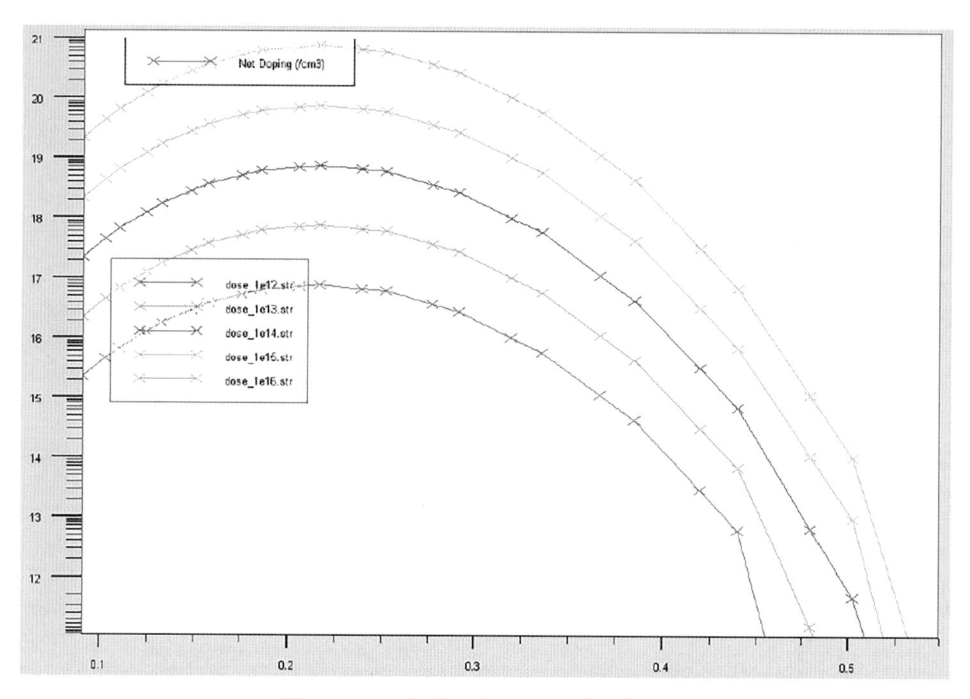

图10-14　改变剂量对注入后分布的影响

本章小结

掺杂把杂质引入硅中，改变了它的电学性能，这能够通过离子注入或扩散实现。扩散是由于浓度梯度一种物质在另一种物质中的运动。离子注入有两个重要的参数是剂量和射程。束流用以确定剂量。射程是杂质穿过硅片的总距离，与能量和杂质离子质量有关。离子注入是个物理过程，需要使用注入设备。注入设备主要有6个子系统：离子源、质量分析器、加速器、聚焦器、扫描器以及工艺室。扩散仿真模拟使用diffuse语句，离子注入仿真模拟使用implant语句，通过控制其他参数可以进行掺杂工艺的仿真模拟。

习题

1. 掺杂的目的是什么？
2. 简要描述扩散。
3. 简要描述离子注入。
4. 给出离子注入的两个主要参数。
5. 什么是剂量？
6. 什么是射程？
7. 离子注入比扩散的优点有哪些？
8. 离子注入机的6个子系统都是什么？
9. 扩散工艺仿真的关键字是什么？
10. 离子注入仿真的关键字是什么？
11. 离子注入仿真的参数有哪些？至少列出三个。
12. 画图说明离子注入仿真中的Tilt和Rotation两个参数。
13. 列出三个离子注入时的仿真模型。

第11章

化学机械平坦化工艺及模拟

思维导图

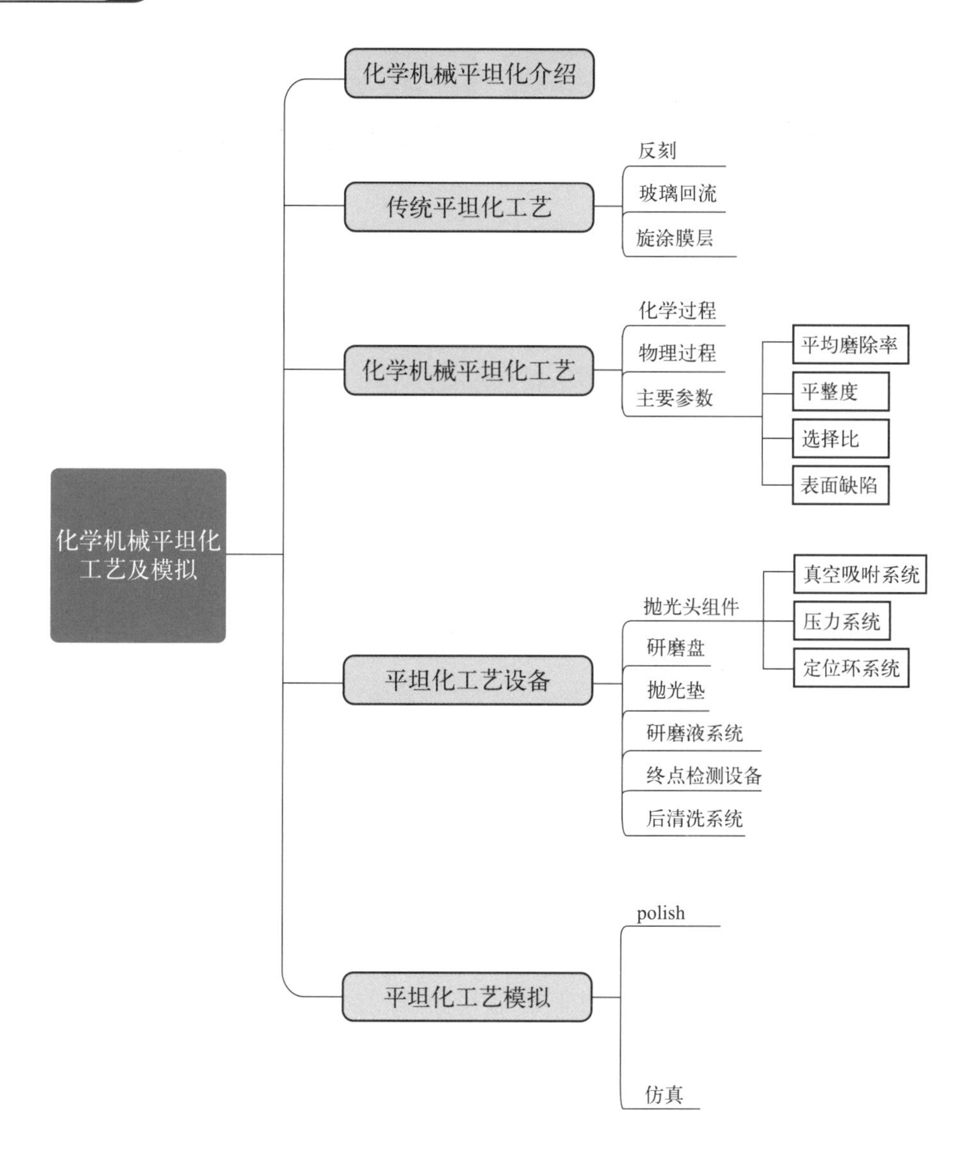

11.1 引言

平坦化是指保持晶圆的表面平整（平坦）的工艺。化学机械平坦化（CMP，chemical mechanical planarization）是指使用化学腐蚀和机械力对加工过程中的硅晶圆或其他衬底材料进行平滑处理，使其表面平整（平坦）的工艺。

当今的集成电路设计均使用多层金属布线技术，随着关键尺寸的缩小，在集成电路芯片的表面会出现更多较高的台阶和深宽比较大的沟道，这样会使得台阶覆盖和沟道填充变得非常困难。表面的起伏会使光刻时对线宽很难控制，进而引起光刻胶厚度不均，从而限制亚0.25μm以上光刻技术。图11-1为对比有无CMP对形貌的影响。

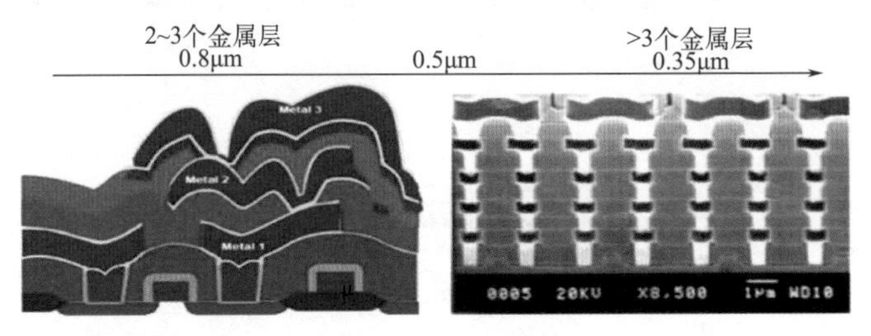

图11-1　CMP对形貌影响

11.2 传统平坦化工艺

传统的平坦化工艺有反刻、玻璃回流和旋涂膜层。

11.2.1 反刻

反刻是指通过刻蚀牺牲层来实现表面平坦化的工艺。由表面图形形成的表面起伏可以用一层厚的介质或其他材料作为牺牲层，用牺牲材料填充空洞和表面的低处，然后用干法刻蚀技术把这一层牺牲层刻蚀掉，通过用比低处图形快的刻蚀速率刻蚀掉高处的图形来使表面平坦化。反刻不能实现全局的平坦化。

11.2.2 玻璃回流

玻璃回流是在高温情况下给掺杂二氧化硅加热，如硼磷硅玻璃（BPSG），使它发生流动，这种流动可以用来获得台阶覆盖处的平坦化或用来填充缝隙。在图形处的玻璃回流能获得部分平坦化。

11.2.3 旋涂膜层

旋涂膜层是指在硅片上旋涂不同的液体材料从而获得平坦化的一种技术，主要是层间介质。这种技术在0.35μm及以上节点的器件制造中得到普遍应用。

旋涂利用离心力来填充图形低处，获得表面形貌的平滑效果。这种旋涂法的平坦化能力与许多因素有关，如溶液的化学组分、分子量以及黏滞度。旋涂后烘焙蒸发掉溶剂，留下二氧化硅填充低处的间隙。

11.3 化学机械平坦化工艺

化学机械平坦化工艺如图11-2所示，首先将硅片固定在抛光头的最下面，将抛光垫放置在研磨盘上，抛光时，旋转的抛光头以一定的压力压在旋转的抛光垫上，使亚微米或纳米磨粒和化学溶液组成的研磨液在硅片表面和抛光垫之间流动。研磨液在抛光垫的传输和离心力的作用下，均匀分布其上，在硅片和抛光垫之间形成一层研磨液液体薄膜。研磨液中的化学成分与硅片表面材料产生化学反应，将不溶的物质转化为易溶物质，或者将硬度高的物质进行软化，然后通过磨粒的微机械摩擦作用将这些化学反应物从硅片表面去除，溶入流动的液体中带走，即在化学去膜和机械去膜的交替过程中实现平坦化的目的。

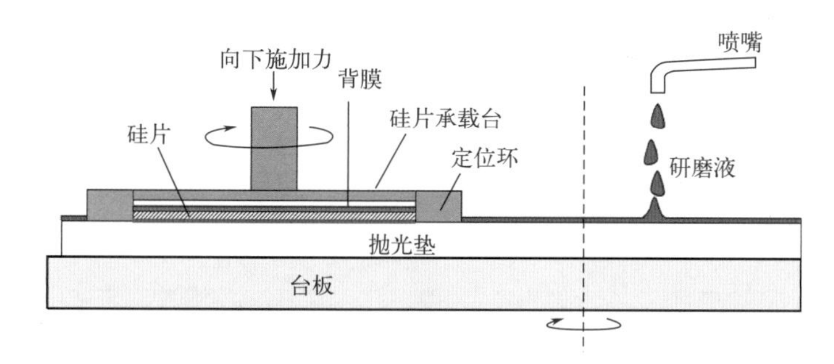

图11-2　CMP设备组成

化学机械平坦化工艺分为两个过程：

① 化学过程：研磨液中的化学品和硅片表面发生化学反应，生成比较容易去除的物质。

② 物理过程：研磨液中的磨粒和硅片表面材料发生机械物理摩擦，去除化学反应生成的物质。

CMP主要参数：

① 平均磨除率（MRR）。在规定时间内磨除材料的厚度。

② 平整度。从微米到毫米范围内硅片表面的起伏变化。

③ 选择比。对不同材料的抛光速率，主要影响硅片平整性和均匀性。

④ 表面缺陷。表面缺陷有擦伤、沟、凹陷、残留物和颗粒沾污等。

11.4 平坦化工艺设备

CMP设备主要由抛光头、研磨盘、抛光垫、研磨液系统和终点检测设备组成。

（1）抛光头组件

如图11-3所示，抛光头由三部分组成，分别是可以吸附晶圆功能的真空吸附系统、对晶圆施加压力的压力系统以及调节晶圆的定位环系统。

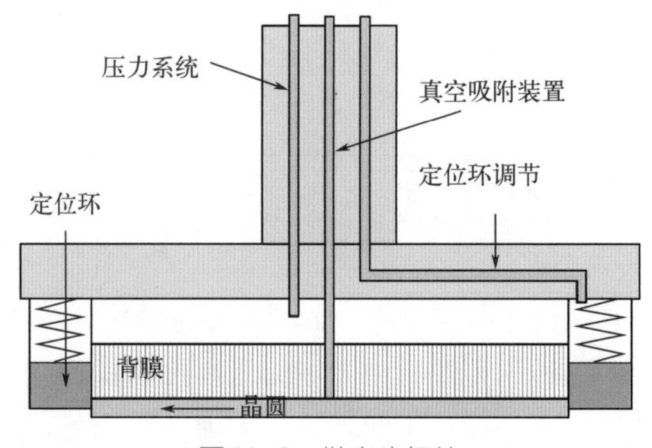

图11-3 抛光头组件

■ （2）研磨盘

CMP中研磨盘起支撑作用，研磨盘上安装抛光垫同时带动抛光垫转动。研磨盘可以控制抛光头的压力大小、转动速度、开关动作。

■ （3）抛光垫

抛光垫黏附在研磨盘上，一般使用聚氨酯材料做成，因为聚氨酯是多孔性材料，具有类似海绵的机械特性和多孔吸水特性，能提高抛光的均匀性。抛光垫分为硬垫和软垫，如图11-4所示。

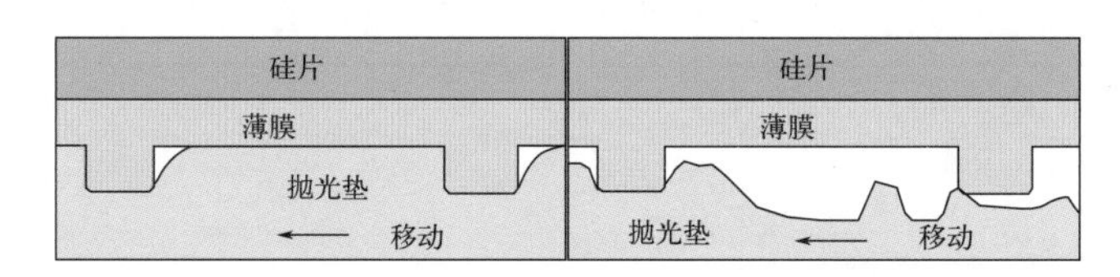

图11-4 抛光垫（左软，右硬）

硬垫，顾名思义垫较硬，抛光液中固体颗粒大，抛光速度比较快，平整度比较好；缺点是表面比较粗糙，损伤比较严重；用硬垫抛光称为粗抛。软垫，抛光液中固体颗粒比较小，具有更好的硅片内平均性，可以增加光洁度，同时去除粗抛时所留下的损伤层；用软垫抛光称为细抛，也称为精抛。因此，抛光的时候一般采用粗精抛结合的办法，这样既可以保持晶圆的平行度、平整度，又能达到去除损伤层及保持硅片表面高光洁度的目的。

■ （4）研磨液系统

研磨液由磨料胶体、酸碱调节剂、氧化剂以及纯水构成。研磨液系统通过流量控制系统（LFC）、混合系统（mixer）来设计和管理研磨液的供给与输送，如图11-5所示，具体包括控制研磨液的混合、过滤、浓度、滴定及系统的清洗，这些方面的精确控制可以减少研磨液在供给、输送过程中可能出现的问题和缺陷，进而保证CMP的平坦化和工艺的一致性。磨粒以及研磨液的pH值对抛光速率影响较大。

■ （5）终点检测设备

终点检测用来检测CMP工艺是否把材料磨到正确厚度，分为电流终点检测和光学检测。

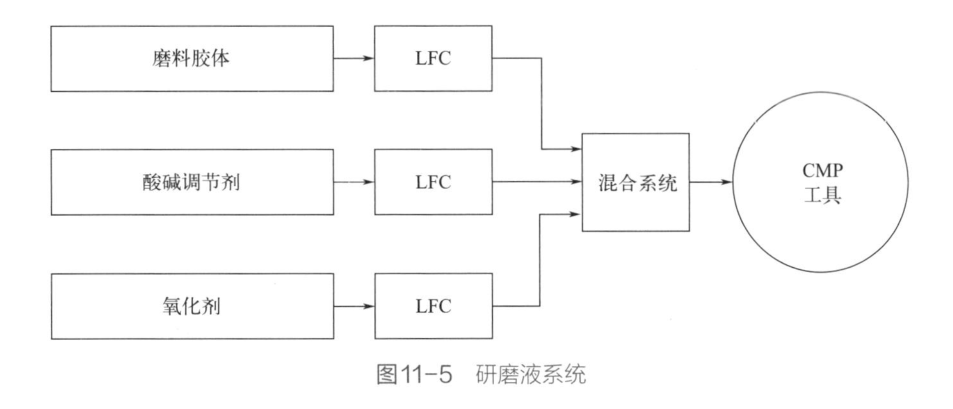

图11-5　研磨液系统

① 电流终点检测。该方法主要通过检测磨头电机或转盘电机中的电流量，进而判断CMP是否接近终点。

② 光学干涉法终点检测。如图11-6所示，利用反射光干涉原理，基于光的反射系数，检测抛光膜层厚度。

(6) 后清洗系统

后清洗的目的是要去除颗粒和化学沾污，分为三步，即清洁、冲洗和干燥。主要使用去离子水和刷子，去离子水量越大，刷子压力越大，清洗的效率越高。清洗刷子如图11-7所示，通常是多孔聚合物材质，允许化学物质渗入并传递到晶圆表面。清洗之后一定要进行干燥处理。

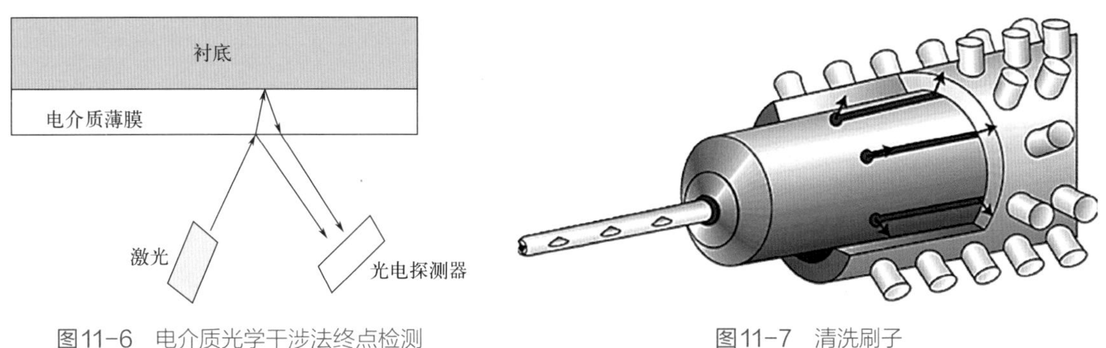

图11-6　电介质光学干涉法终点检测

图11-7　清洗刷子

11.5 平坦化工艺模拟

11.5.1 参数介绍

化学机械平坦化（抛光）在工艺模拟时使用关键字polish，抛光工艺的参数选择窗口如图11-8所示。

语法结构：

```
polish【通用参数】【设备参数】【注入条件参数】
```

主要参数说明如下：

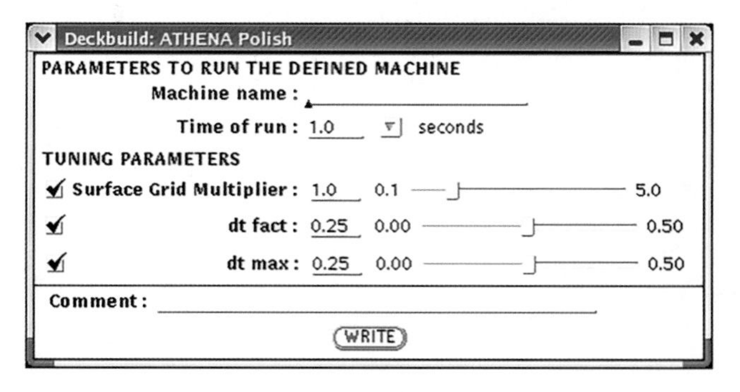

图11-8　抛光参数选择窗口

Machine name：抛光机器名称。

Time of run：抛光时间。抛光时间的单位有hours（h）、minutes（min）和seconds（s）。

dt fact：时间步长尺寸，最大为0.5，越小越精确。

dt max：时间步长的上限。

例如：

```
polish machine=Polish1 time=1.0 minutes dx.mult=1.0 dt.fact=0.25 dt.max=0.25
```

rate.polish的参数如图11-9所示。主要参数说明如下：

Deckbuild: ATHENA Rate Polish
GENERAL PARAMETERS
Machine name : my_polish
Material : Silicon
User defined material :
Rates are in : Å/sec
MACHINE PARAMETERS
Soft rate : 0.00 0.00 100.00
Height factor : 0.00 0.00 10.00
Length Factor : 0.00 0.00 10.00
Kinetic factor : 0.00 0.00 100.00
Max Hard rate : 0.00 0.00 100.00
Min Hard rate : 0.00 0.00 100.00
Isotropic rate : 0.00 0.00 100.00
Comment :
WRITE

图11-9　rate.polish参数选择窗口

Material：抛光的材料。

Rates are in：抛光速率。

Soft rate：软抛光速率。

Height factor：软抛光模型纵向形变因子。

Length factor：软抛光模型横向形变因子。

Kinetic factor：软抛光模型的动力学因子。

Max Hard rate：硬抛光的最大速率。

Min Hard rate：硬抛光的最小速率。

Isotropic rate：抛光模型的各向同性刻蚀速率。

11.5.2 仿真运行

【例11-1】图11-10显示了高级抛光前后的结构比较。

```
rate.polish algaas machine=CMP u.m soft.rate=0.1 height.fac=0.001 length.fac=0.025
kinetic.fac=10 polish machine=CMP time=3 min
```

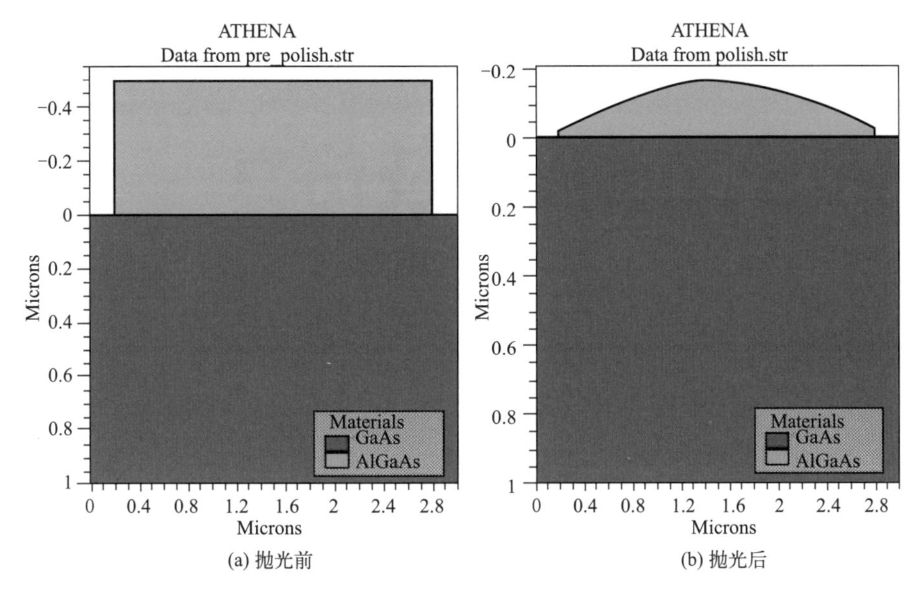

(a) 抛光前　　(b) 抛光后

图11-10　抛光前后结构比较

本章小结

表面形貌描述制作不同图形时产生的硅片表面的不平整性。三种传统的平坦化方法是反刻、玻璃回流和旋涂膜层，这些方法不能满足先进集成电路全局平坦化的需要。化学机械平坦化/抛光（CMP）可以获得金属和介质层局部和全局的平坦化。CMP的参数影响抛光速度和均匀性。使用polish语句可以对抛光工艺进行模拟。

习题

1. 传统的三种平坦化方法是什么？
2. 什么是反刻？
3. 什么是玻璃回流？
4. 描述化学机械平坦化（CMP）是怎么实现平坦化的。
5. 列举CMP的优点。
6. 列举CMP的几个主要参数。
7. CMP设备主要由哪几部分组成？
8. 抛光垫是如何影响均匀性的？
9. 抛光工艺模拟的关键字是什么？

第12章 NMOS工艺模拟及仿真

思维导图

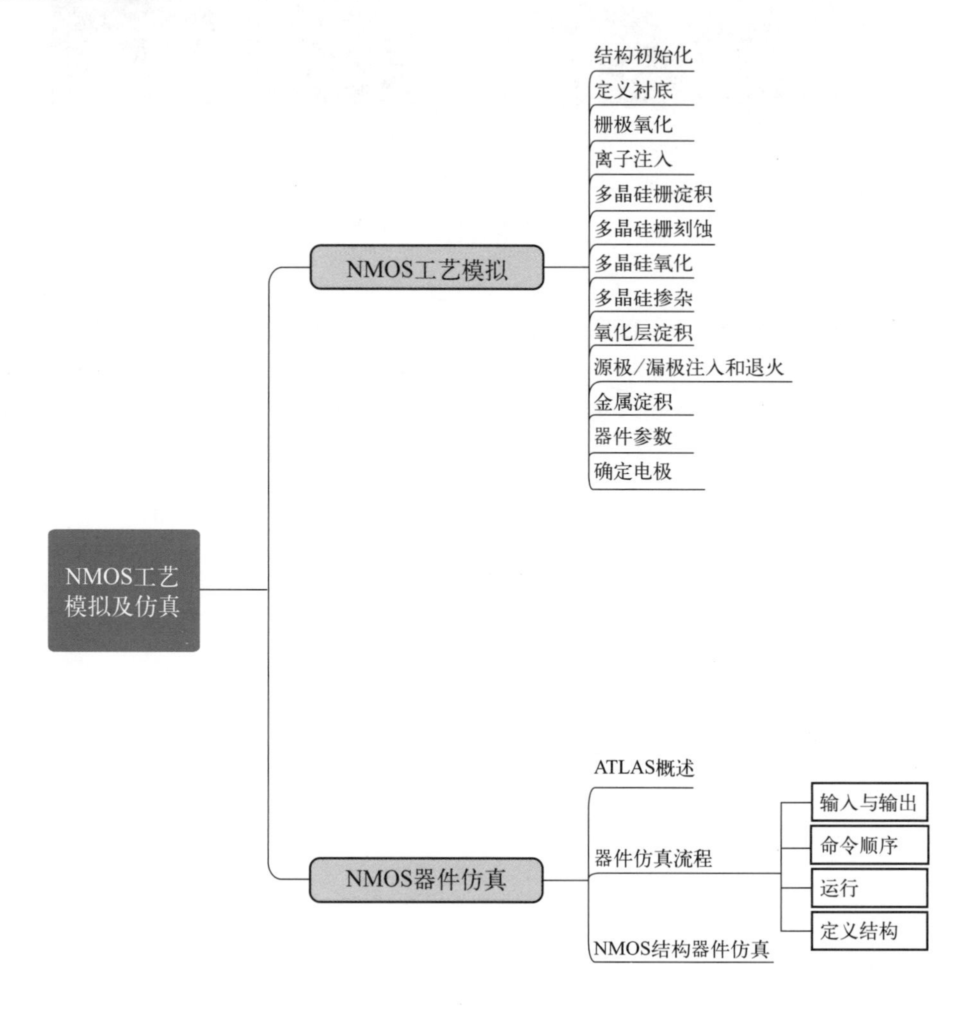

12.1 引言

本章以NMOS（n型MOS）为例，通过使用TCAD工具来进行工艺仿真和器件仿真，完成完整的NMOS器件工艺模拟和器件特性测试。使用TCAD工具可以对离子注入、扩散、刻蚀、淀积、光刻以及氧化等工艺进行仿真模拟，有助于进行工艺开发和优化半导体制造工艺。通过器件仿真可以模拟半导体器件的电学、光学和热学等行为。

12.2 NMOS工艺模拟

用TCAD工具创建一个典型的MOSFET输入文件所需的基本步骤如下：

① 创建一个好的仿真网格。

② 淀积。

③ 几何刻蚀。

④ 氧化、扩散、退火以及离子注入。

⑤ 结构操作。

⑥ 保存和加载结构信息。

12.2.1 结构初始化

■ （1）定义初始直角网格

① 输入Linux命令“deckbuild-an&”，在Deckbuild交互模式下调用ATHENA。

② 在文本窗口中如图12-1所示键入语句“go athena”。

图12-1 以“go athena”开始

接下来要进行网格设置，网格中的结点数会影响仿真的精确度和仿真时间。网格的设置要注意稀疏结合，在离子注入区域或者pn结形成区域应该划分更加细致的网格，在外延或者衬底等区域可以设置较大的网格。

③ 选择Mesh Define菜单项来定义网格，如图12-2所示。

■ （2）创建0.6μm×0.8μm方形区域，建立非均匀网格

① 在网格定义参数菜单中，Direction（方向）栏默认为“X”，点击Location（位置）栏同时输入值0，点击Spacing（间距）栏并输入值0.1。

② 在Comment（注释）栏，输入“Non-Uniform Grid(0.6um x 0.8um)”，如图12-3所示。

③ 点击Insert，参数设置出现在滚动条的菜单中，如图12-4所示。

图12-2　调用ATHENA网格定义菜单

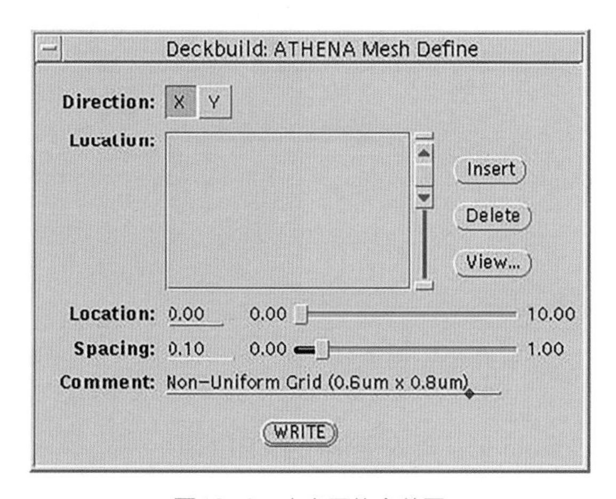

图12-3　定义网格参数图

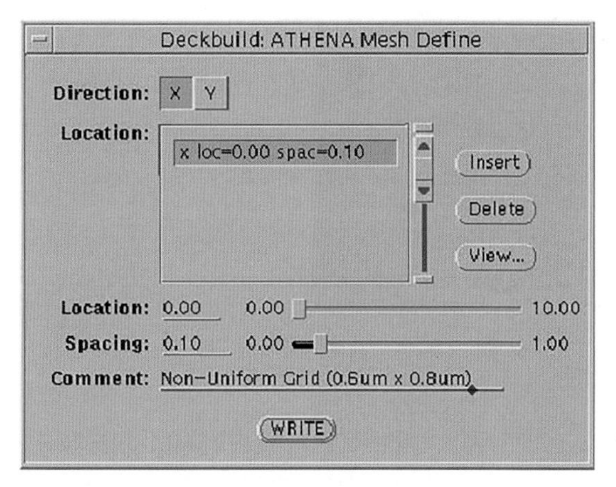

图12-4　点击Insert键后

④ 继续设置X方向的网格，将X方向第二和第三条的网格线分别设为0.2和0.6，间距均设为0.01。这样，在X方向的右侧区域内就定义出了一个精密的网格，此部分可作为NMOS晶体管的有源区。

⑤ 接下来在Y轴方向上建立网格。在Direction栏中选择“Y”；点击Location栏并输入值0。点击Spacing栏并设置值为0.008。

⑥ 点击Insert键，分别将第二、第三和第四条Y网格线设为0.2、0.5和0.8，间距分别为0.01、0.05和0.15，如图12-5所示。

⑦ 在网格定义菜单中选择View键，则会显示View Grid窗口，可预览所定义的网格。

⑧ 全部设置完成后，点击菜单上的WRITE键，则文本窗口中写入网格定义的信息代码，如图12-6所示。

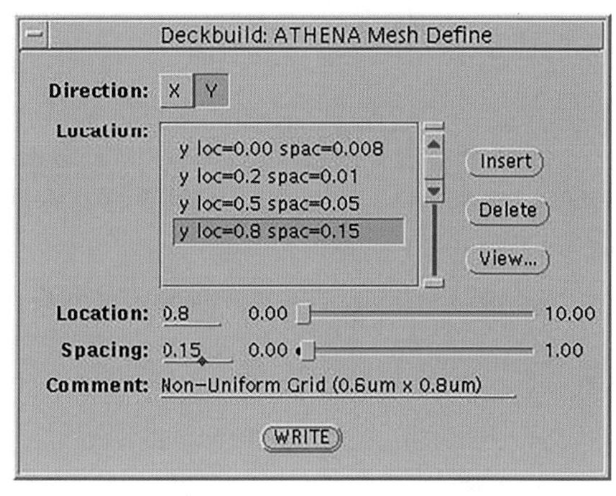

图12-5　Y方向上的网格定义

```
Deckbuild V3.20.0.R - (NONE) (edited), dir; /space/silvaco_softwares/pc/wo
File  View  Edit  Find  Main Control  Commands  Tools

go athena

# Non-Uniform Grid (0.6um x 0.8um)
line x loc=0.00 spac=0.10
line x loc=0.2 spac=0.01
line x loc=0.6 spac=0.01
#
line y loc=0.00 spac=0.008
line y loc=0.2 spac=0.01
line y loc=0.5 spac=0.05
line y loc=0.8 spac=0.15
```

图12-6　产生非均匀网格的代码

12.2.2　定义衬底

定义完网格相当于建立了一个直角网格系。接下来需要初始化衬底。初始化的步骤如下。

① 在ATHENA Commands的菜单中选择Mesh Initialize。会弹出ATHENA网格初始化菜单，如图12-7所示。在默认状态下，默认材料为<100>晶向的硅。

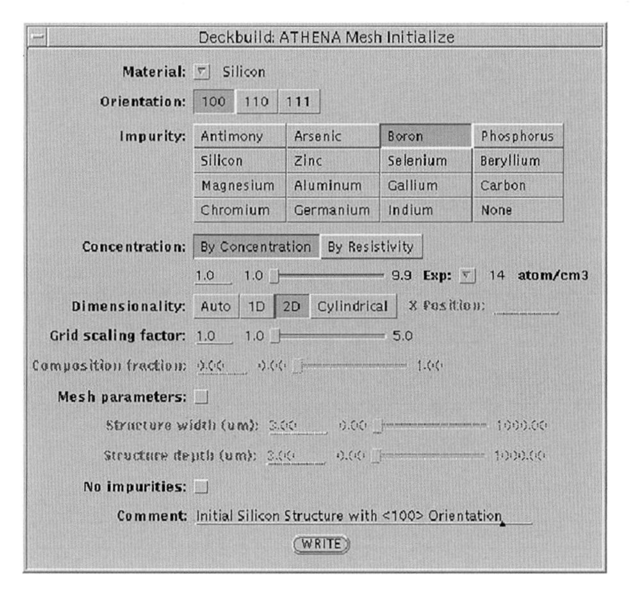

图12-7　网格初始化菜单

② 点击Impurity杂质板上的Boron键，设置硼为掺杂材料。

③ 对于Concentration栏，可以通过滚动条或直接输入值，设置理想浓度值，示例设为1.0，在Exp栏中选择指数值为14，这样背景浓度为1.0×10^{14}原子/cm^3，也可以通过设置电阻率（Ω·cm）来确定背景浓度。

④ Dimensionality一栏选择2D，表示仿真是在二维情况下进行的。

⑤ 在Comment栏，输入信息“Initial Silicon Structure with <100> Orientation”。

⑥ 点击WRITE键则写入网格初始化的相关信息。

现在，可以通过运行ATHENA获得初始结构。点击Deckbuild控制栏里的run键。在仿真器的子窗口中将出现输出。“struct outfile=.history01.str”语句是Deckbuild通过历史记录功能自动生成的，用于辅助调试新文件。

使初始结构可视化的步骤如下。

① 首先选中文件“.history01.str”。点击Tools菜单，分别选择Plot和Plot Structure…，如图12-8所示；短暂延迟后会出现Tonyplot，此时它仅提供尺寸和材料方面的信息。

② 在Tonyplot中，依次选择Plot和Display，出现Display二维网格菜单项，如图12-9所示。在默认状态下，Edges和Regions已选。选上Mesh图像后点击Apply。将出现初始三角网格，如图12-10所示。

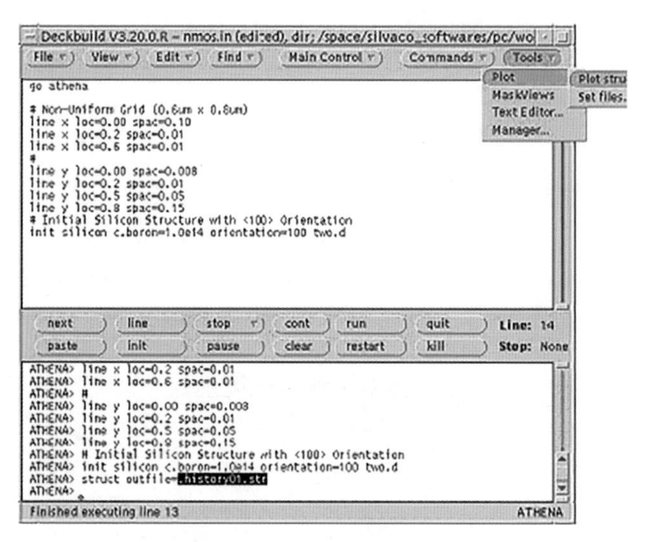

图12-8 绘制历史文件结构

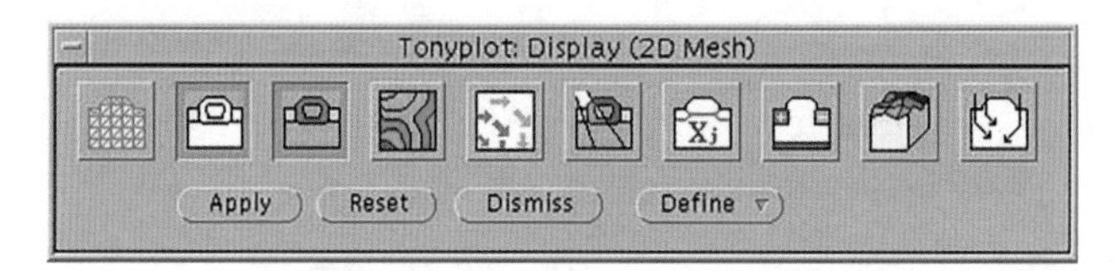

图12-9 Display二维网格菜单

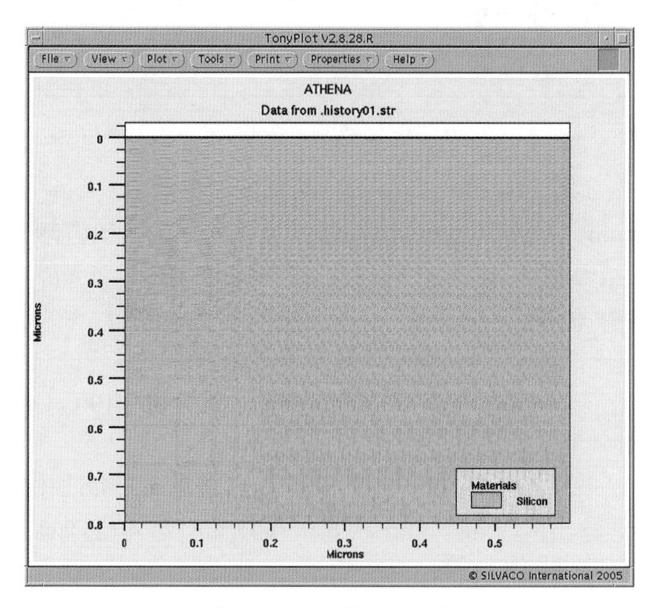

图12-10 初始三角网格

通过之前的语句，创建了一个0.6μm×0.8μm大小的、硼杂质浓度为1.0×10^{14}原子/cm^3、掺杂均匀的<100>晶向的硅片。这个仿真结构已经可以进行后续工艺处理了，例如氧化、离子注入、扩散、刻蚀等。

12.2.3 栅极氧化

接下来在硅表面生长栅极氧化层，采用干氧氧化方法。生长条件是1atm，温度950℃，3% HCl，时间11min。在ATHENA的Commands菜单中依次选择Process和Diffuse，ATHENA的Diffuse菜单将会出现。

① 在Diffuse菜单中，将Time（minutes）的值从30改为11，将Tempreture（C）从1000改成950。Constant默认选中，如图12-11所示。

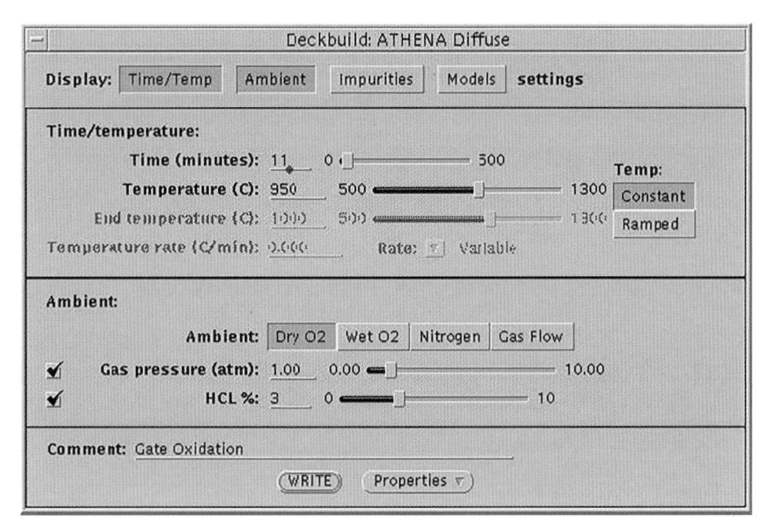

图12-11　由扩散菜单定义的栅极氧化参数

② 在Ambient栏中，选择Dry O2；Gas pressure设置为1.0，"HCL%"改为3；在Comment栏里输入"Gate Oxidation"后点击WRITE键。

③ 栅极氧化的数据信息将会被写入Deckbuild文本窗口中，其中，diffuse语句是用来实现栅极氧化的。

④ 点击Deckbuild控制栏上的cont键继续进行ATHENA仿真。栅极氧化完成后，另一个历史文件".history02.str"将会生成，选中该文件，然后点击Tools菜单项，依次选择Plot和Plot Structure，会将结构绘制出来；最终的栅极氧化结构出现在Tonyplot中，如图12-12所示。可以看出，有氧化层淀积在硅表面上。

可以使用extract来提取在氧化过程中生成的氧化层的厚度。

① 在Commands菜单点击Extract，出现ATHENA Extract菜单；Extract栏默认为Material thickness；在Name一栏输入"Gateoxide"；点击Material并选择SiO_2；在Extract location栏，点击X，并输入值0.3。

② 点击WRITE键，extract语句相关信息出现在文本窗口中。

extract语句中，mat.occno=1是说明层数的参数。因为只有一个二氧化硅层，所以这个参数不用特殊指定。当存在多个二氧化硅层时，则必须指定出具体所定义的层。

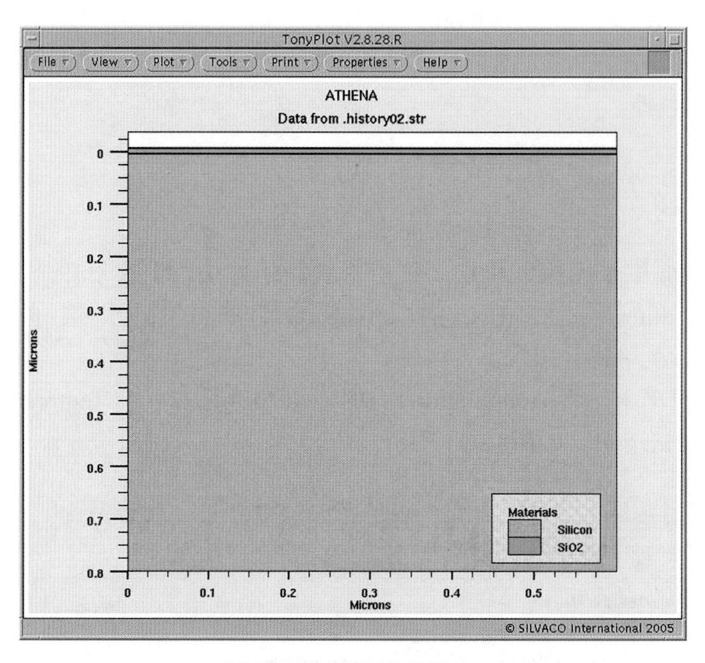

图12-12　栅极氧化结构

③ 点击Deckbuild控制栏上的cont键，继续进行ATHENA仿真。extract语句运行时的输出如图12-13所示。

从输出可以看到，提取测量的栅极氧化层厚度为131.347Å。

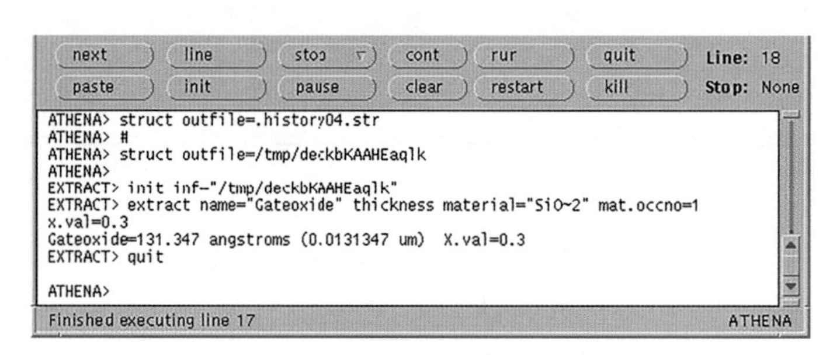

图12-13　extract语句运行输出

也可以使用Deckbuild中的最优化函数来对栅极氧化厚度进行优化。假定期望栅氧厚度为100Å，栅极氧化过程中的扩散温度和偏压都需要调整。Deckbuild最优化方法按如下步骤进行。

① 分别点击Main control和Optimizer选项，出现最优化工具，如图12-14所示。第一个最优化视窗显示的是Setup模式下控制的参数。

② 改变最大误差参数，以便能精确地调整栅极氧化厚度为100Å，将Maximum error在Stop criteria一栏中的值从5调整为1。

③ 使用Mode键将Setup模式改为Parameter模式，进而定义需要优化的参数，如图12-15所示。

本次需要优化的参数是栅极氧化过程中的温度和偏压。如图12-16所示，在Deckbuild窗口中选中栅极氧化这一步骤。

Deckbuild: Optimizer – (NONE)

Mode Setup File Print Optimize Properties...

Setup parameter	Initial value	Stop criteria	Current value
Marquardt parameter	0.2	1e3	---
Marquardt scaling	2		---
Function evaluations		30	---
Jacobian evaluations		70	---
Gradient norm	1e-9		---
Sum of squares difference	1e-6		---
F/C difference	0.3		---
RMS error (%)		0.01	---
Average error (%)		1e-4	---
Maximum error (%)		5.0	---
Successful Iterations		4	---
Failed Iterations		4	---
Termination code			---
Sensivity Analysis	0		---
Data Floor	0		---
Normalization Level	0		---
Max Error Level	0		---
Formula Type	0		---
Error Code			---

图12-14　Deckbuild最优化的Setup模式

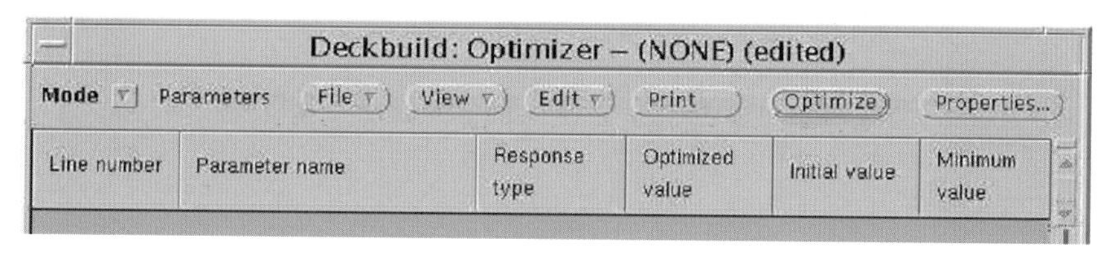

图12-15　Parameter模式

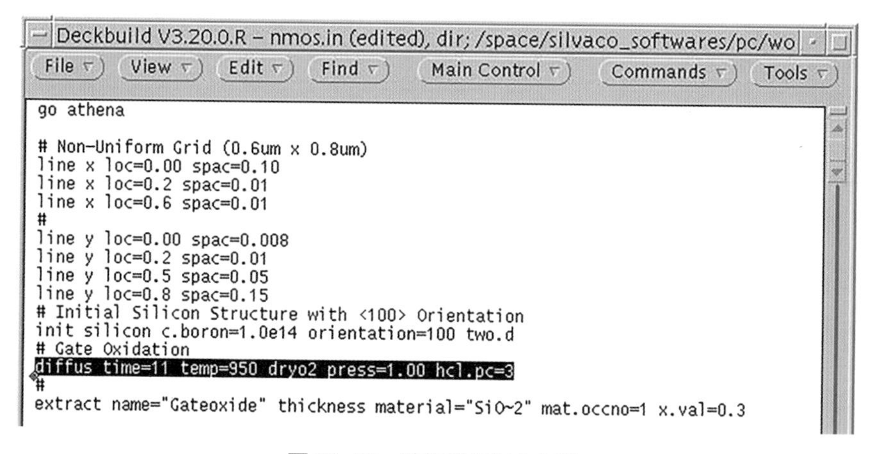

图12-16　选择栅极氧化步骤

④ 接下来在Optimizer中，依次点击Edit和Add选项。弹出“Deckbuild：Parameter Define”窗口，如图12-17所示，列出了所有可以作为参数的项。

⑤ 选中temp=<variable>和press=<variable>，点击Apply。最优化参数显示出来，如图12-18所示。

⑥ 继续通过Mode键将Parameter模式修改为Targets模式，来定义优化目标。

⑦ Optimizer是利用Deckbuild中extract语句的值来定义优化目标的。因此，返回到Deckbuild的文本窗口并选中extract栅极氧化厚度语句，如图12-19所示。

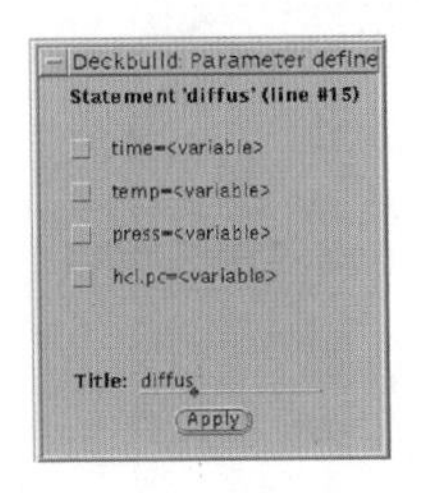

图12-17　定义需要优化的参数

Deckbuild: Optimizer – (NONE) (edited)

Mode　Parameters　File　View　Edit　Print　Optimize　Properties...

Line number	Parameter name	Response type	Optimized value	Initial value	Minimum value
15	diffus temp	linear	---	950	475
15	diffus press	linear	---	1.00	0.5

图12-18　增加的最优化参数

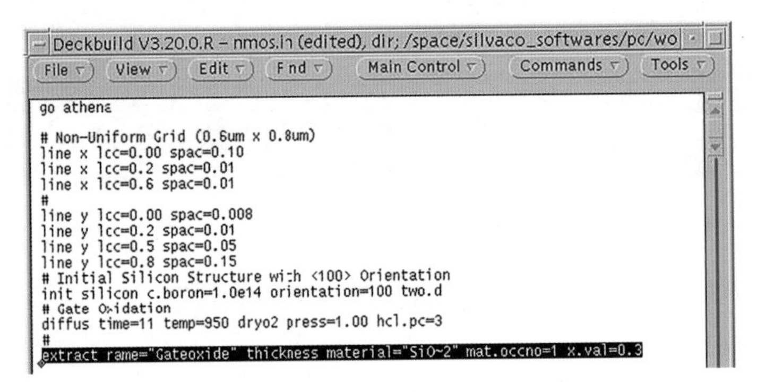

Deckbuild V3.20.0.R – nmos.in (edited), dir: /space/silvaco_softwares/pc/wo

File　View　Edit　Find　Main Control　Commands　Tools

```
go athena

# Non-Uniform Grid (0.6um x 0.8um)
line x loc=0.00 spac=0.10
line x loc=0.2 spac=0.01
line x loc=0.6 spac=0.01
#
line y loc=0.00 spac=0.008
line y loc=0.2 spac=0.01
line y loc=0.5 spac=0.05
line y loc=0.8 spac=0.15
# Initial Silicon Structure with <100> Orientation
init silicon c.boron=1.0e14 orientation=100 two.d
# Gate Oxidation
diffus time=11 temp=950 dryo2 press=1.00 hcl.pc=3
#
extract name="Gateoxide" thickness material="SiO~2" mat.occno=1 x.val=0.3
```

图12-19　选中优化目标

⑧ 接下来，在Optimizer中，分别点击Edit和Add。“栅极氧化”这个目标就被添加到了Optimizer的目标列表中去。在目标列表里设定目标值，在Target value中输入值100 Å，如图12-20所示。

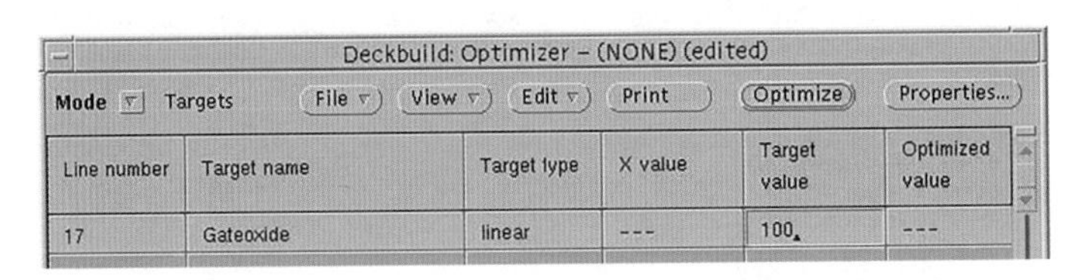

Deckbuild: Optimizer – (NONE) (edited)

Mode　Targets　File　View　Edit　Print　Optimize　Properties...

Line number	Target name	Target type	X value	Target value	Optimized value
17	Gateoxide	linear	---	100	---

图12-20　在Target value中输入值100Å

⑨ 为了观察整个优化的过程，Mode可以设置为Graphics模式，如图12-21所示。

⑩ 最后，点击Optimize键来演示最优化过程。仿真将会被重新运行，在一段时间之后，重新进行栅极氧化这一步骤。优化后的结果为，温度是925.727℃，偏压是0.982979atm，氧化厚度为100.209Å，如图12-22所示；为了完成最优化，温度和偏压的最优化值需要重新复制回输入文档中。

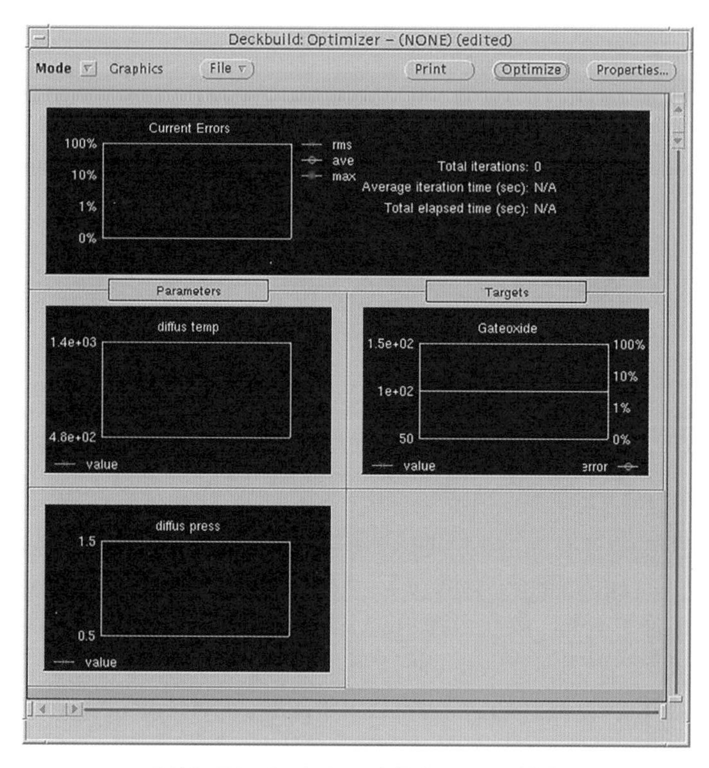

图12-21　Optimizer中的Graphics模式

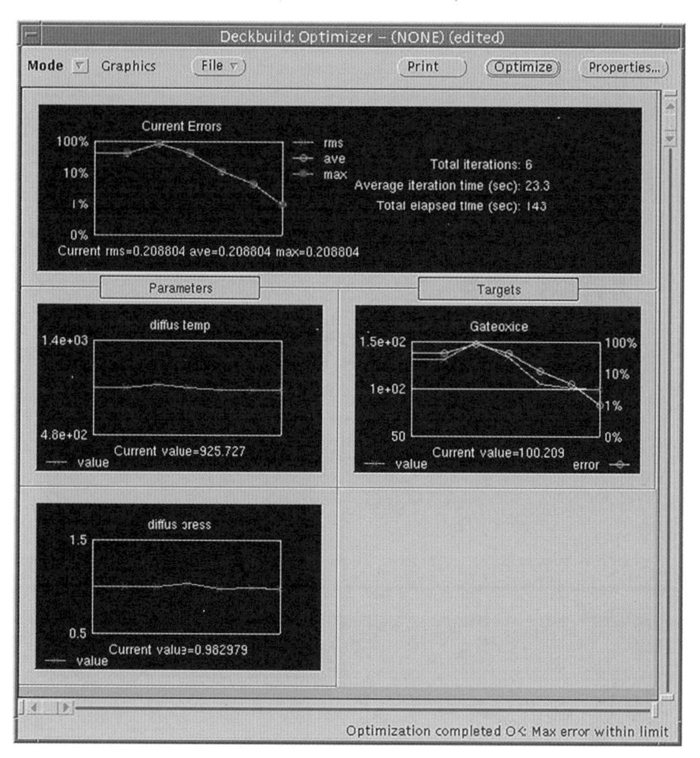

图12-22　最优化完成

⑪ 为了复制这些值，需要返回Parameters模式同时依次点击Edit和Copy to Deck菜单项以更新输入文档中的最优化值，输入文档将会自动更新。如图12-23所示。

```
Deckbuild V3.20.0.R - nmos.in (edited), dir; /space/silvaco_softwares/pc/wo
File  View  Edit  Find  Main Control  Commands  Tools
go athena

# Non-Uniform Grid (0.6um x 0.8um)
line x loc=0.00 spac=0.10
line x loc=0.2 spac=0.01
line x loc=0.6 spac=0.01
#
line y loc=0.00 spac=0.008
line y loc=0.2 spac=0.01
line y loc=0.5 spac=0.05
line y loc=0.8 spac=0.15
# Initial Silicon Structure with <100> Orientation
init silicon c.boron=1.0e14 orientation=100 two.d
# Gate Oxidation
diffus time=11 temp=925.727 dryo2 press=0.982979 hcl.pc=3
#
```

图12-23 优化后的参数在正确的地方自动更新

12.2.4 离子注入

离子注入是掺杂的主要方法。在ATHENA中，离子注入可以通过在ATHENA Implant菜单中设定的Implant语句来完成。下面以阈值电压校正注入为例，条件是杂质硼的浓度为$9.5\times10^{11}cm^{-2}$，注入能量为10keV，tilt为7°，rotation为30°，具体步骤如下：

① 在Commands菜单中，依次选择Process和Implant，出现ATHENA Implant菜单；

② 在Impurity一栏中选择Boron；通过滚动条或者直接输入的方法，分别在Dose和Exp这两栏中输入值9.5和11；在Energy、Tilt以及Rotation中分别输入10、7和30；默认为Dual Pearson模式；将Material Type选为Crystalline；在Comment栏中，输入“Threshold Voltage Adjust implant”。

③ 点击WRITE键，注入语句会出现在文本窗口中，如图12-24所示。

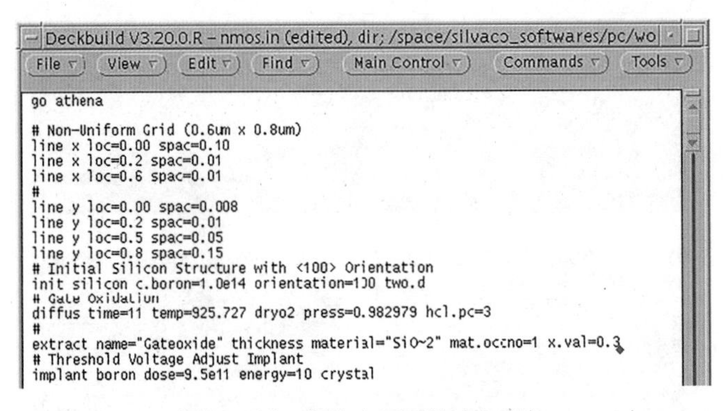

```
Deckbuild V3.20.0.R - nmos.in (edited), dir; /space/silvaco_softwares/pc/wo
File  View  Edit  Find  Main Control  Commands  Tools
go athena

# Non-Uniform Grid (0.6um x 0.8um)
line x loc=0.00 spac=0.10
line x loc=0.2 spac=0.01
line x loc=0.6 spac=0.01
#
line y loc=0.00 spac=0.008
line y loc=0.2 spac=0.01
line y loc=0.5 spac=0.05
line y loc=0.8 spac=0.15
# Initial Silicon Structure with <100> Orientation
init silicon c.boron=1.0e14 orientation=100 two.d
# Gate Oxidation
diffus time=11 temp=925.727 dryo2 press=0.982979 hcl.pc=3
#
extract name="Gateoxide" thickness material="SiO~2" mat.occno=1 x.val=0.3
# Threshold Voltage Adjust Implant
implant boron dose=9.5e11 energy=10 crystal
```

图12-24 阈值电压调整注入语句

参数crystal代表对于任何解析模型均使用一片硅单晶上的值域抽样统计值。

④ 点击Deckbuild控制栏上的cont键，ATHENA仿真继续进行，如图12-25所示。

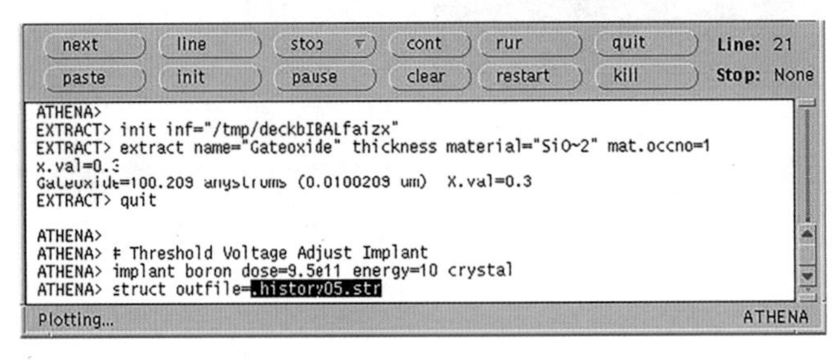

```
next  line  stop  cont  run  quit  Line: 21
paste  init  pause  clear  restart  kill  Stop: None
ATHENA>
EXTRACT> init inf="/tmp/deckbIBALfaizx"
EXTRACT> extract name="Gateoxide" thickness material="SiO~2" mat.occno=1
x.val=0.3
Gateoxide=100.209 angstroms (0.0100209 um)  X.val=0.3
EXTRACT> quit

ATHENA>
ATHENA> # Threshold Voltage Adjust Implant
ATHENA> implant boron dose=9.5e11 energy=10 crystal
ATHENA> struct outfile=.history05.str
Plotting...                                          ATHENA
```

图12-25 阈值电压调整注入步骤的仿真

硼杂质的剖面示意图可以通过2D Mesh菜单或者Tonyplot的Cutline工具进行显示。在2D Mesh菜单中，可以展现出硼杂质的剖面轮廓线。在二维结构中运行Cutline工具也可以创建一维的硼杂质的横截面图。

首先，介绍如何利用2D Mesh菜单来获得硼杂质剖面的轮廓线。

① 首先选中历史文件“.history05.str”，该文件是阈值电压校正注入步骤后得到的历史文件，然后从Deckbuild的Tools菜单依次选择Plot和Plot Structure。

② 在Tonyplot中，依次选择Plot和Display项，窗口Display(2D Mesh)就会弹出。

③ 选择Contours图像画出结构的等浓度线；点击Define菜单并选择Contours。

④ 出现“Tonyplot：Contours”窗口（图12-26）。在默认状态下，窗口中Quantity选项为Net Doping，将Net Doping改为Boron，点击Apply键，运行结束后再点击Dismiss。

⑤ 硼杂质的剖面浓度轮廓图就出现了，如图12-27所示。

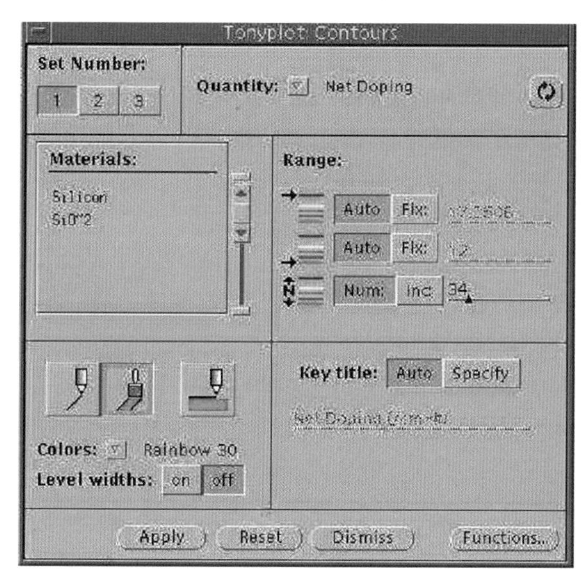

图12-26 Contours菜单

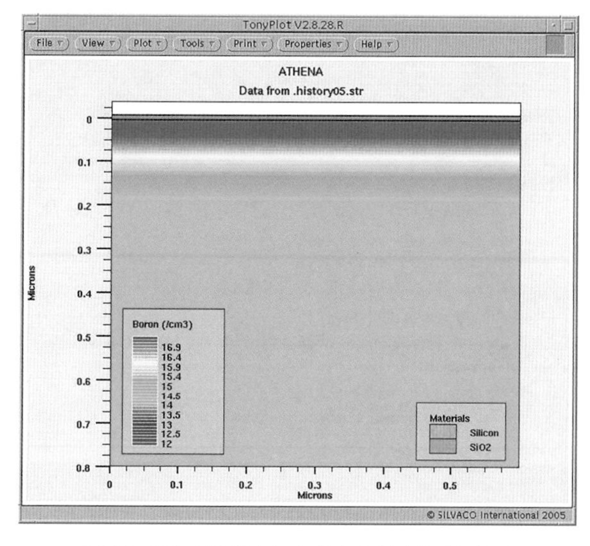

图12-27 离子注入后硼杂质的剖面轮廓图

接下来，从硼杂质剖面的二维结构中得到一维的横截面图，具体步骤如下。

① 在Tonyplot中，依次选择Tools和Cutline，Cutline窗口弹出。

② 在默认状态下，Vertical图标已被选中，意味着图例设置在垂直方向。

③ 在结构图中，从氧化层开始按下鼠标左键并一直拖动到结构的底部。这样就会出现一个一维的硼杂质剖面横截面图，如图12-28所示。

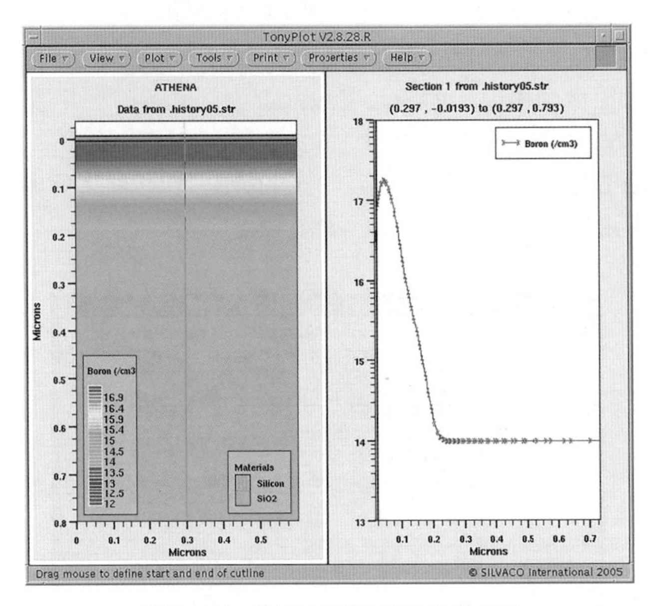

图12-28　演示结构的垂直方向截面图

12.2.5　多晶硅栅淀积

NMOS工艺中，多晶硅层的厚度约为2000Å，可以使用淀积来完成。从ATHENA Commands菜单中依次选择Process和Deposit菜单项。ATHENA Deposit菜单如图12-29所示。

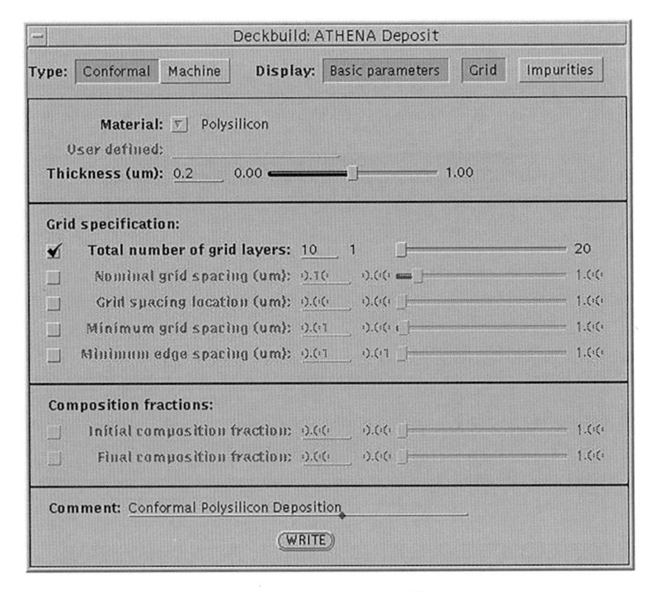

图12-29　Deposit菜单

① 在Deposit菜单中，淀积类型默认为Conformal；在Material菜单中选择Polysilicon，将厚度设为0.2；在Grid specification参数中，点击Total number of grid layers，将其值设为10。在一个淀积层中设定几个网格层通常是非常有必要的。在这里，需要定义10个网格层来仿真杂质在多晶硅层中的传输。在Comment一栏中添加注释“Conformal Polysilicon Deposition”，并点击WRITE键。

② 在文本窗口中出现如下代码：

```
#Conformal Polysilicon Deposition
deposit polysilicon thick=0.2 divisions=10
```

③ 点击Deckbuild控制栏上的cont键，继续进行ATHENA仿真。

④ 通过Deckbuild Tools菜单的Plot和Plot Structure来绘制结构图，如图12-30所示。

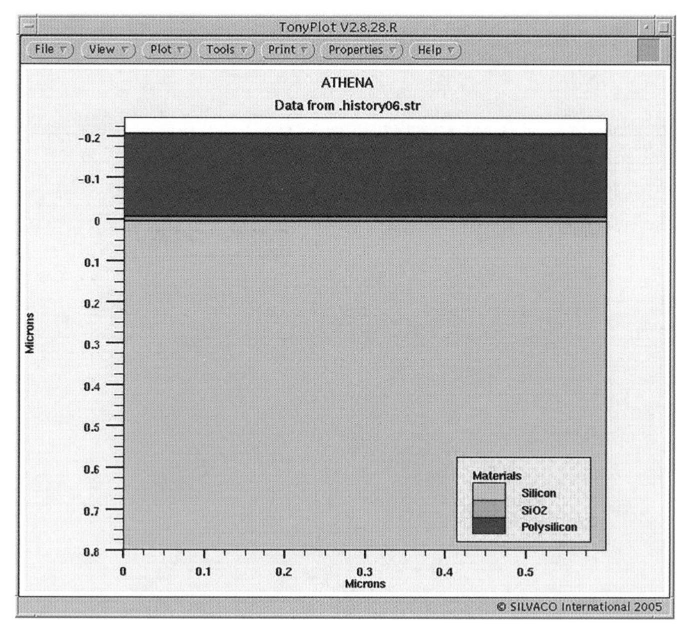

图12-30 多晶硅的淀积

12.2.6 多晶硅栅刻蚀

接下来进行多晶硅栅的刻蚀。该多晶硅栅的左边边缘为x=0.35μm，中心为x=0.6μm。因此，多晶硅从左边x=0.35μm开始进行刻蚀。

① 在Deckbuild Commands菜单中依次选择Process和Etch，出现ATHENA Etch菜单（图12-31）；在Etch菜单的Geometrical type一栏中选择Left，在Material一栏中选择Polysilicon；将Etch location的值设定为0.35；在Comment栏中输入“Poly Definition”；点击WRITE键，生成如下语句：

```
#Poly Definition
etch polysilicon left p1.x=0.35
```

② 点击Deckbuild控制栏上的cont键，继续进行ATHENA仿真，并将刻蚀结构绘制出来，如图12-32所示。

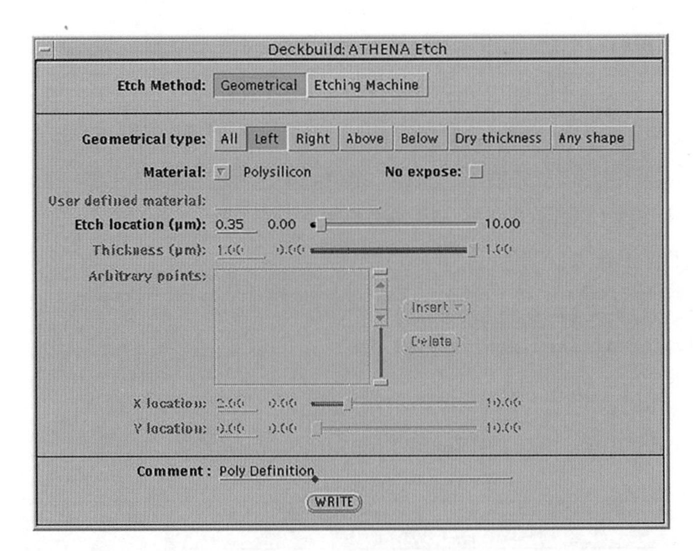

图12-31 Etch菜单

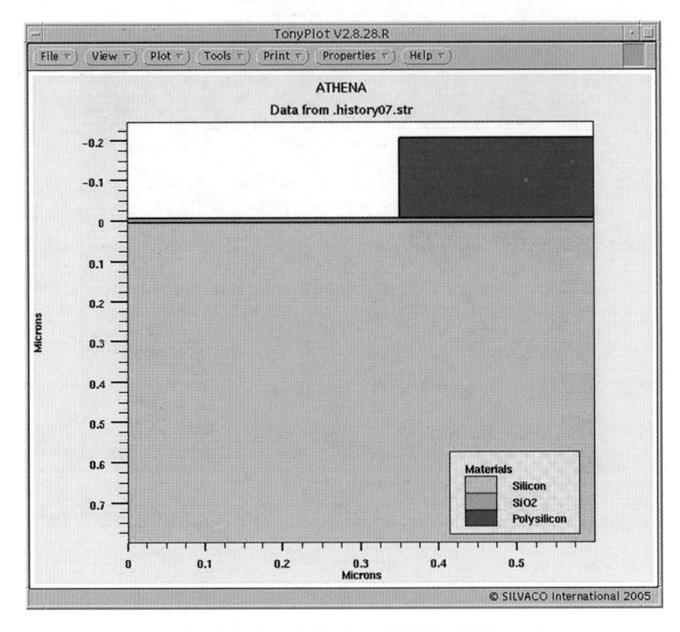

图12-32 刻蚀多晶硅以形成栅极

12.2.7 多晶硅氧化

对多晶硅掺杂之前要进行氧化处理，具体条件是温度900℃、1atm，3min的湿氧化。氧化过程要在非平面且未经破坏的多晶硅上进行，分为Fermi和Compress两种方法。Fermi法一般用于掺杂浓度小于$1\times10^{20}cm^{-3}$的未经破坏的衬底，Compress法用于在非平面结构上进行仿真氧化和二维氧化。

在ATHENA Commands菜单中选择Process和Diffuse菜单项，调出Diffuse菜单。

① 在Diffuse菜单中，将Time设为3，Temperature设为900；在Ambient一栏中，点击Wet O2；激活Gas pressure这一栏，不要选中HCL栏；在Display栏中点击Models，激活Diffusion和Oxidation模式，并分别选择Fermi和Compressible项；在Comment栏中输入“Polysilicon Oxidation”，然后点击WRITE键。

② 输入文件中会出现如下语句：

```
#Polysilicon Oxidation
 method fermi compress
 diffuse time=3 temp=900 weto2 press=1.00
```

③ 点击Deckbuild控制栏上的cont键，进行ATHENA仿真，并将结构绘制出来，如图12-33所示。从图中可见，多晶硅和衬底的表面上都形成了氧化层。

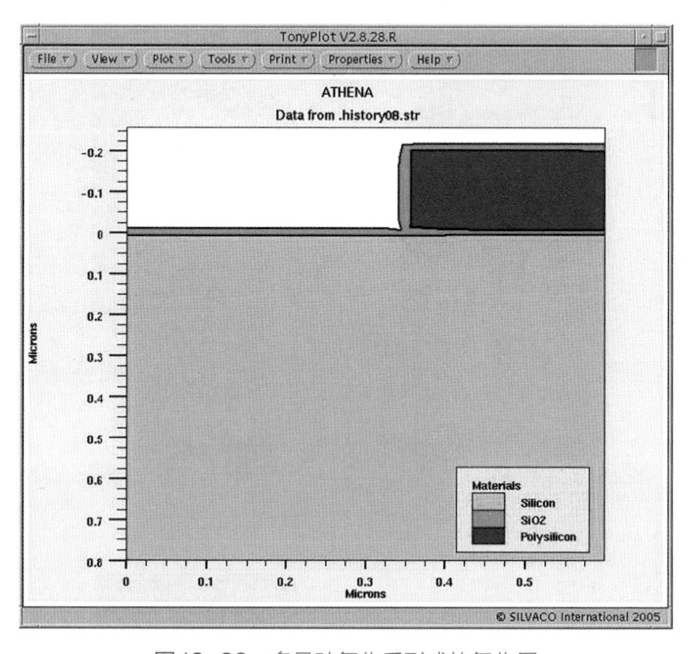

图12-33 多晶硅氧化后形成的氧化层

12.2.8 多晶硅掺杂

多晶硅氧化之后，需要对其进行掺杂，选取磷为杂质。杂质磷的浓度设为$3\times10^{13}cm^{-3}$，注入能量为20keV。使用ATHENA Implant来完成掺杂。

① 在Commands菜单中，依次选择Process和Implant，弹出ATHENA Implant菜单；在Impurity栏中，设为Phosphorus；在Dose和Exp两栏中分别设置3和13；在Energy、Tilt和Rotation中分别输入值20、7、30；Model使用默认的Dual Pearson；将Material Type选为Crystalline；在Comment栏中输入"Polysilicon Doping"；点击WRITE键，注入语句出现在文本窗口中：

```
#Polysilicon Doping
implant phosphor dose=3e13 energy=20 crystal
```

② 点击Deckbuild控制栏上的cont键，进行ATHENA仿真，点击Display（2D Mesh）菜单上的Contours和Apply键，将掺杂结构的Net Doping绘制出来，如图12-34所示。

③ 为了看到注入磷后的轮廓图，可在Display（2D Mesh）菜单中点击Define子菜单并选择Contours，会弹出"Tonyplot：Contours"窗口。在Quantity选项中将默认选项Net Doping改为Phosphorus。

④ 依次点击Apply键和Dismiss键，注入磷杂质的轮廓图就会出现，如图12-35所示。

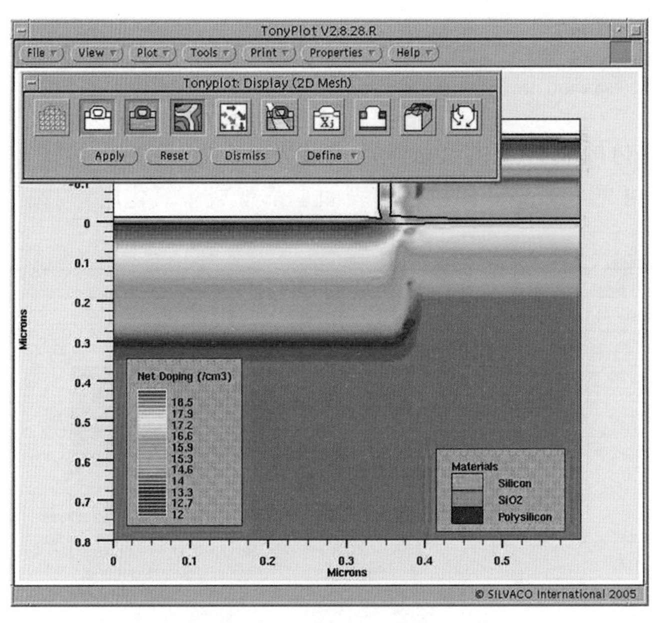

图12-34　多晶硅注入离子后的净掺杂轮廓图

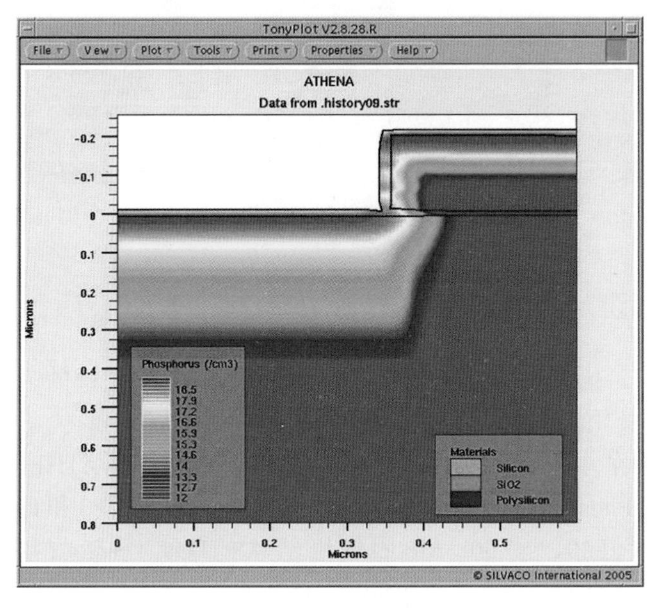

图12-35　注入磷杂质的侧面轮廓图

12.2.9　氧化层淀积

在源极和漏极注入之前，要进行隔离氧化层淀积。本次隔离氧化层淀积的厚度为0.12μm。通过ATHENA Deposit来实现，步骤如下。

① 在ATHENA Commands菜单中，依次选择Process和Deposit菜单项，出现ATHENA Deposit菜单。

② 在Material菜单中选择Oxide，设置其厚度值为0.12；将Grid specification参数“Total number of grid layers” 设为10；在Comment栏中添加“Spacer Oxide Deposition”，点击WRITE键；淀积语句出现在Deckbuild文本窗口中：

```
#Spacer Oxide Deposition
Deposit oxide thick=0.12 divisions=10
```

③ 点击Deckbuild控制栏上的cont键，继续进行ATHENA仿真，结构用网格表示出来，如图12-36所示。

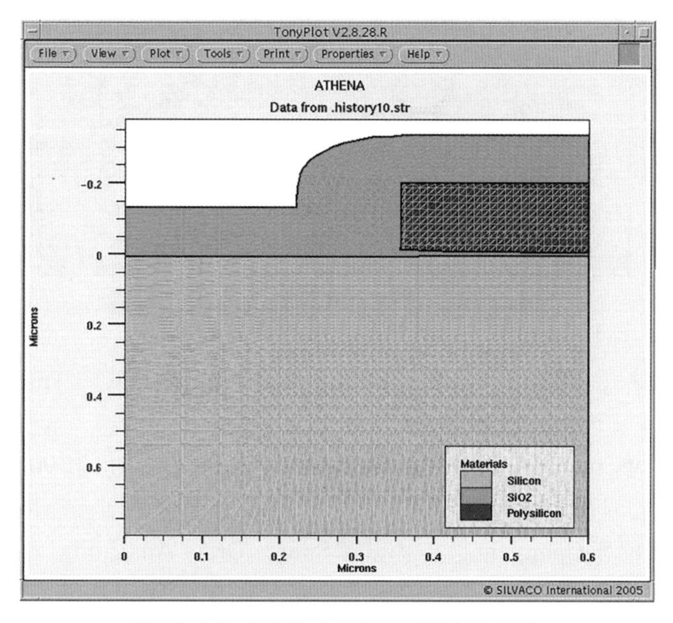

图12-36　隔离氧化层淀积后的结构网格

之后要进行干刻蚀来形成侧墙氧化隔离，通过ATHENA Etch菜单来完成，步骤如下。

① 在Etch菜单的Geometrical type一栏中，点击Dry thickness；在Material一栏中，选择Oxide；在Thickness栏中设定值为0.12；在Comment栏中添加“Spacer Oxide Etch”；点击WRITE键，出现如下语句：

```
#Spacer Oxide Etch
etch oxide dry thick=0.12;
```

② 继续ATHENA仿真，将刻蚀后的结构图绘制出来，如图12-37所示。

12.2.10　源极/漏极注入和退火

通过注入砷来形成NMOS器件的重掺杂源极和漏极。砷的浓度设置为$5\times10^{15}\,cm^{-3}$，注入能量设置为50keV。使用ATHENA Implant来实现，具体步骤如下。

在Impurity栏中设定注入杂质为Arsenic；Dose和Exp设置为5和15；在Energy、Tilt和Rotation中分别输入值50、7、30；将Material Type选为Crystalline；在Comment栏中输入“Source/Drain Implant”；点击WRITE键，注入语句将会出现在如下所示的文本窗口中：

```
#Source/Drain Implant
implant arsenic dose=5e15 energy=15 crytal
```

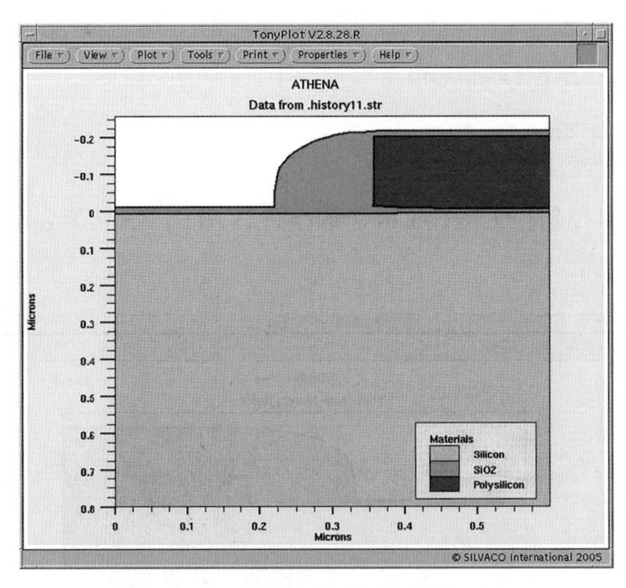

图12-37 干刻蚀后侧墙氧化层的形成

源极/漏极注入之后需要一个退火过程，条件是1atm、900℃、1min、氮气环境。该退火通过Diffuse菜单来实现，步骤如下。

① 在Diffuse菜单中，将Time和Temperature的值分别设为1和900；在Ambient栏中，选择Nitrogen；激活Gas pressure，将其值设为1；在Display栏中点击Models，选中Diffusion模式并选择Fermi项。在Comment栏中添加“Source/Drain Annealing”，点击WRITE键；扩散语句出现在文本窗口中：

```
#Source/Drain Annealing
method fermi
diffuse time=1 temp=900 nitro press=1.00
```

② 点击Deckbuild控制栏上的cont键，继续进行ATHENA仿真，杂质分布图如图12-38所示。

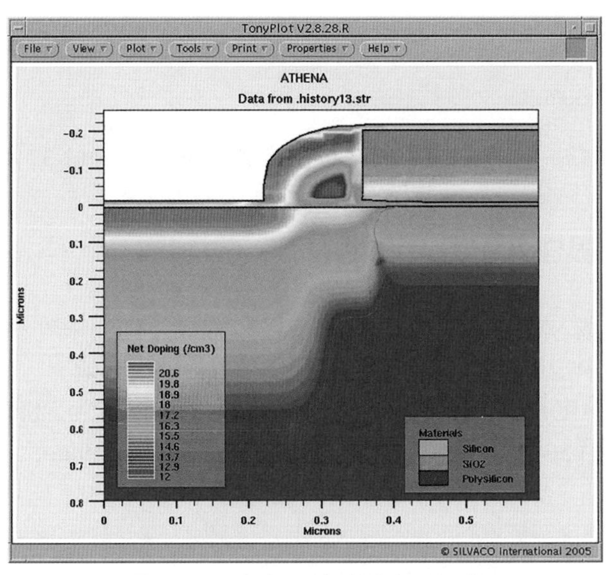

图12-38 源极/漏极的注入和退火

12.2.11 金属淀积

为了进行金属淀积，首先需要在源极/漏极区域形成接触孔，然后淀积金属铝。可以通过刻蚀氧化层的方法来形成源极/漏极区域的接触孔，氧化层应从x=0.2μm开始向左进行刻蚀。使用ATHENA Etch菜单，步骤如下。

① 在Etch菜单的Geometrical type一栏中，点击Left；在Material栏中，选择Oxide；在Etch location栏中输入值0.2；在Comment栏中添加“Open Contact Window”；点击WRITE，出现如下语句：

```
#Open Contact Window
 etch oxide left p1.x=0.2
```

② 继续ATHENA仿真，绘制刻蚀后的结构图，如图12-39所示。

接下来，利用ATHENA Deposit菜单，将厚度为0.03μm的铝层淀积到半个NMOS器件表面，步骤如下。

① 在Material菜单中选择Aluminum，设置厚度值为0.03；将“Total number of grid layers”设为2。

② 在Comment栏中添加“Aluminum Deposition”，并点击WRITE键；淀积语句出现在文本窗口中：

```
#Aluminum Deposition
deposit aluminum thick=0.03 divisions=2
```

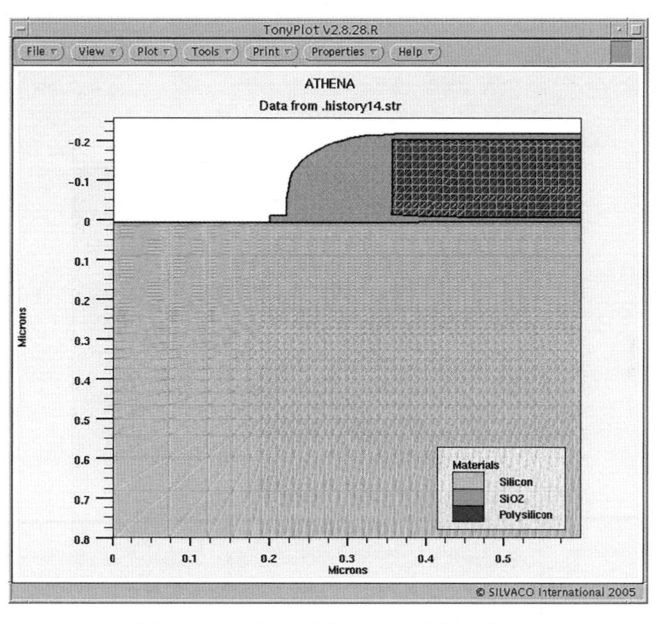

图12-39　在金属淀积之前形成接触孔

③ 点击Deckbuild控制栏上的cont键，进行ATHENA仿真，绘制结构如图12-40所示。

继续利用Etch菜单，从x=0.18μm开始刻蚀铝层，步骤如下。

① 在Etch菜单的Geometrical type一栏中，点击Right；在Material栏中，选择Aluminum；在Etch location栏中输入值0.18；在Comment栏中添加“Etch Aluminum”；点击WRITE，出

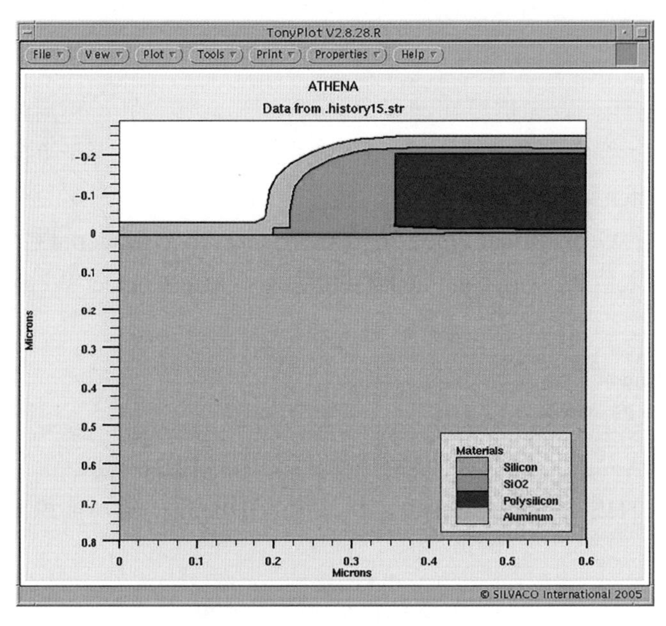

图12-40　半个NMOS结构上的铝淀积

现如下语句：

```
#Etch Aluminum
etch aluminum right p1.x=0.18
```

② 继续ATHENA仿真，绘制出刻蚀后的结构图，如图12-41所示。

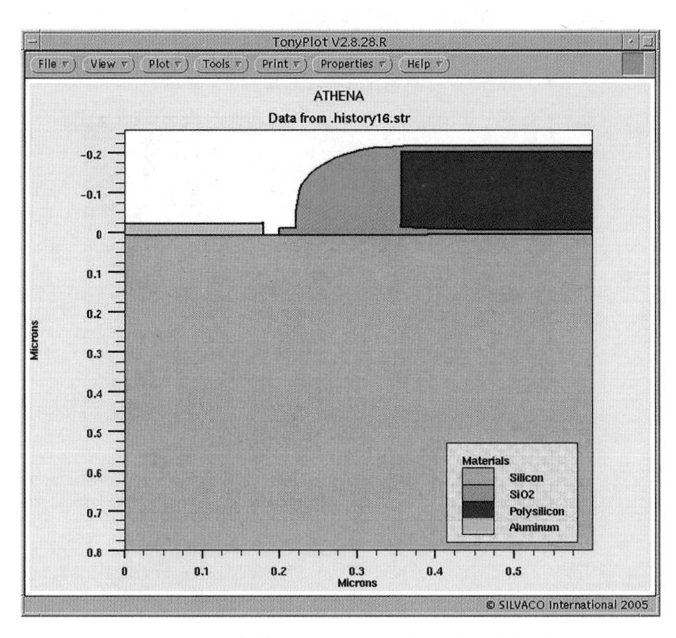

图12-41　在半个NMOS结构上进行铝刻蚀

12.2.12　器件参数

器件结构设计完成后可以提取器件参数。参数包括结深、源极/漏极的方块电阻，氧化隔离层下的LDD（轻掺杂漏极）方块电阻以及长沟道阈值电压。通过Deckbuild里的Extract菜单来完成。

（1）计算结深

计算结深的步骤如下。

在Commands菜单里点击Extract。在Extract栏中选择Junction depth；在Name栏中输入“nxj”；在Material栏中选择Material之后选择Silicon；在Extract location栏中点击X方向并输入值0.2；点击WRITE键，Extract语句将会出现在文本窗口中：

```
extract name="nxj" xj material="Silicon" mat.occno=1 x.val=0.2 junc.occno=1
```

这个语句中，name=“nxj”是n型的源极/漏极结深；xj说明了该结深需要计算；material=“Silicon”是指结中的材料是硅；mat.occno=1代表从第一硅层开始计算结深；x.val=0.2是指在x=0.2μm的地方得到源极/漏极结深；junc.occno=1代表从第一个结开始计算结深。

（2）获得源极/漏极方块电阻

使用ATHENA Extract菜单可以测定方块电阻。

在Extract栏中选择sheet resistance；在Name栏中输入“n++ sheet res”；在Extract location栏中，选中X网格并输入值0.05；点击WRITE键，Extract语句将会出现在文本窗口中，如下所示：

```
extract name="n++ sheet res" sheet.res Material="Silicon" mat.occno=1
x.val=0.05 region.occno=1
```

在这个语句中，sheet.res说明被测对象是方块电阻；mat.occno=1和region.occno=1说明材料和区域出现的数目均为1；x.val=0.05说明了n^{++}区域的测量路径。这是通过给出区域内x=0.05μm这点的网格来实现的。

（3）测量LDD方块电阻

调用ATHENA Extract菜单，测量LDD方块电阻。

将Name栏设为ldd sheet res；选中X网格，并将Extract location栏中的值改为0.3；点击WRITE键，Extract语句将会出现在文本窗口中，如下所示：

```
extract name="ldd sheet res" sheet.res  material="Silicon" mat.occno=1
x.val=0.3 region.occno=1
```

（4）测量长沟道阈值电压

在NMOS器件x=0.5μm处测量长沟道阈值电压的步骤如下。

将ATHENA Extract菜单的Extract栏设置为QUICKMOS 1D Vt；在Name栏输入1dvt；在Device type栏点击NMOS；激活Qss栏并输入值1e10；在Extract location栏输入值0.5；点击WRITE键，Extract语句将会出现在文本窗口中，如下所示：

```
extract name="1dvt" 1dvt ntype qss=1e10 x.val=0.5
```

在这个语句中，1dvt代表测量一维阈值电压；ntype指器件是n型的晶体管；x.val=0.5是在器件沟道内的一点；qss=1e10是指浓度为1×10^{10} cm^{-3}的陷阱电荷。在默认状态下，栅极偏置0～5V，衬底为0 V，0.25V为单位，器件温度为300K。

继续ATHENA仿真，所有测量值将会出现在Deckbuild输出窗口中。同时这些信息也会被存入“results.final”文件中。

前面构造的是半个NMOS结构。通过镜像可形成完整的NMOS结构，步骤如下。

图12-42 ATHENA Mirror菜单

① 在Commands菜单中，依次选择Structure和Mirror项。出现ATHENA Mirror菜单；在Mirror栏中选择Right，如图12-42所示。

② 点击WRITE键，将下列语句写入输入文件：“struct mirror right”。

③ 点击Deckbuild控制栏上的cont键，继续ATHENA仿真，完整的NMOS结构绘制出来，如图12-43所示；从该图中可以看出，结构的右半边完全是左半边的镜像，包括结点网格、掺杂等。

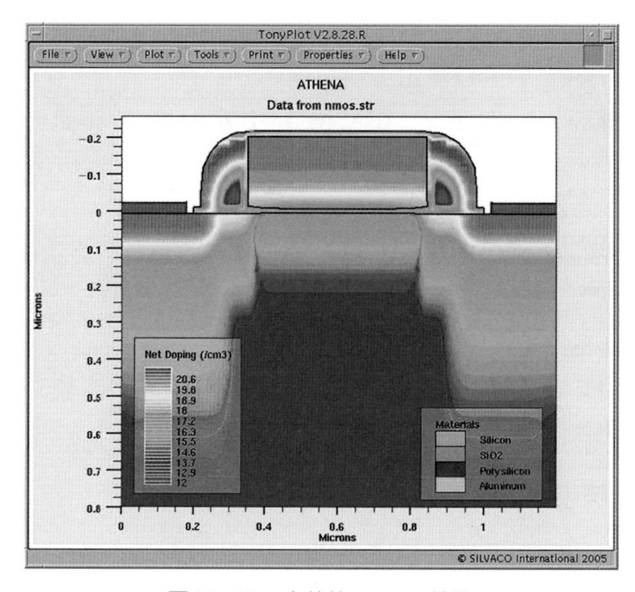

图12-43 完整的NMOS结构

12.2.13 确定电极

器件的电极可以通过ATHENA Electrode菜单进行定义，步骤如下。

① 在Commands菜单中，依次选择Structure和Electrode项。会出现ATHENA Electrode菜单；在Electrode Type栏中，选择Specified Position；在Name栏中，输入“source”；点击X Position并将其值设为0.1，如图12-44所示。

② 点击WRITE键，在输入文件中出现如下语句：

```
electrode name=source x=0.1
```

同样在x=1.1μm处确定漏极电极将得到如下语句：

```
electrode name=drain x=1.1
```

同样方法得到多晶硅栅极电极的代码语句：

```
electrode name=gate x=0.6
```

在ATHENA中，底部（backside）电极可以放在结构的底部。要确定底部电极，在ATHENA Electrode菜单的Electrode Type栏中选择Backside。然后输入文件名“backside”。底部电极语句将会出现在输入文件中：

```
electrode name=backside backside
```

backside语句说明一个平面的电极会放在仿真结构的底部。

随着电极的确定，完整的NMOS结构就完成了。

Deckbuild历史功能会在每一步处理完成后保存结构文件，也可以使用ATHENA File I/O菜单，对特定的结构进行保存和加载，步骤如下：

① 在Commands菜单中选择File I/O；点击Save键并建立一个新的文件名nmos.str，如图12-45所示；点击WRITE键，这行语句将会出现在输入文件中：

```
struct outfile=nmos.str
```

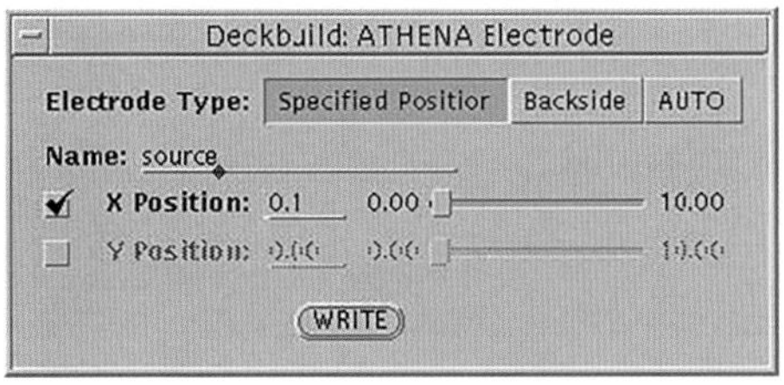

图12-44　确定源电极图

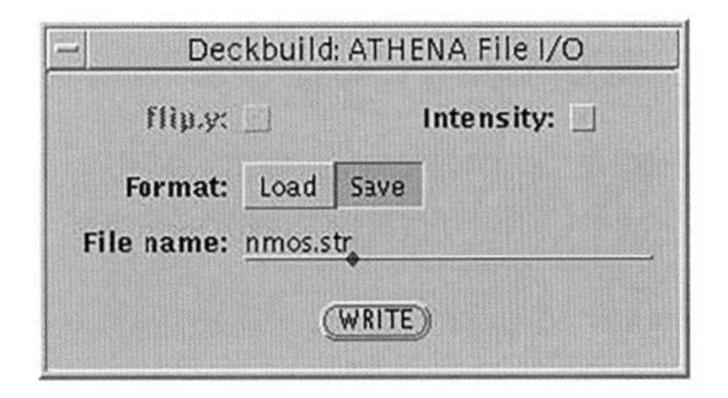

图12-45　ATHENA File I/O菜单

② 运行输入文件并将nmos.str结构文件绘制出来。选择Electrodes图像可查看源、栅、漏以及底部电极，如图12-46所示。

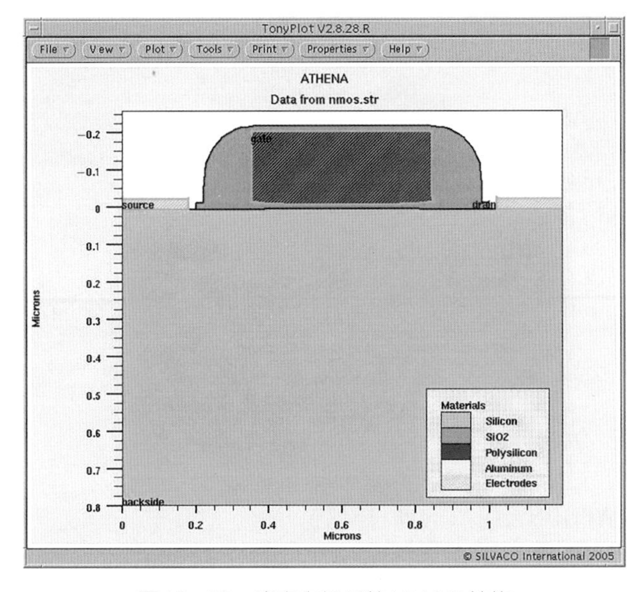

图12-46　确定电极后的NMOS结构

12.3 NMOS器件仿真

12.3.1 ATLAS概述

ATLAS仿真器可以提供基于物理规律的器件仿真，可以仿真半导体器件的电学、光学和热学特性。其提供的典型模型有：DC/AC小信号模型、漂移-扩散输运模型、费米-狄拉克和玻尔兹曼统计模型、先进的迁移率模型、重掺杂模型、SRH（Shockley-Read-Hall）复合、辐射复合、俄歇复合和表面复合等。ATLAS提供先进的数值计算方法：Gummel、Newton和Block-Newton非线性迭代策略等。

12.3.2 器件仿真流程

■ （1）ATLAS输入与输出

ATLAS仿真支持两种输入文件类型，一种是包含ATLAS执行指令的文本文件，另一种是定义待仿真结构的结构文件。

ATLAS能够产生三种输出文件：

① run-time output（运行输出文件）：主要记录仿真的实时运行过程，包括错误信息和警告信息；

② log files（记录文件）：主要用于存储通过器件分析得到的端电压和电流信息；

③ solution files（结果文件）：用于存储器件在某单一偏置点下有关变量解的二维或三维数据。

■ （2）ATLAS命令的顺序

在ATLAS中，输入文件需要包含五组语句，且这些语句必须按照正确的顺序排列。其顺序如图12-47所示。

状态组	状态
1.结构描述	MESH REGION ELECTRODE DOPING
2.材料模型描述	MATERIAL MODELS IMPACT CONTACT INTERFACE
3.数值计算方法	METHOD
4.求解描述	LOG SOLVE LOAD SAVE
5.结果分析	EXTRACT TONYPLOT

图12-47 ATLAS命令组以及各组的主要语句

■ （3）开始运行ATLAS

要在Deckbuild下开始运行ATLAS，在Linux系统命令窗口中输入“deckbuild-as&”。

“-as”代表此时使用ATLAS作为仿真工具，准备进行器件特性仿真。Deckbuild窗口如图12-48所示，可以看出，命令提示是ATLAS。

■ （4）在ATLAS中定义结构

在ATLAS中，器件结构可以由多种方式获得：

① 直接导入现成的器件结构；

② 由工艺仿真器ATHENA生成的器件结构；

③ 直接使用ATLAS命令来定义器件结构；

④ 由器件编辑器DevEdit生成器件结构。

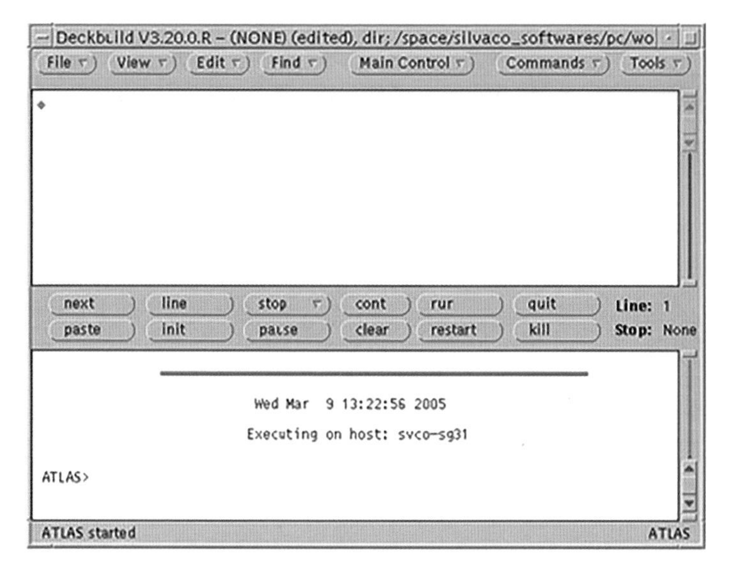

图12-48　ATLAS的Deckbuild窗口

这几种方法各有特点。其中，用ATLAS命令来描述器件比较简单。

12.3.3 NMOS结构器件仿真

接下来，利用12.2节生成的NMOS结构来进行器件电学特性仿真：包括*I-V*特性曲线、输出特性曲线和提取器件参数，如阈值电压、Beta（β，增益因子）和Theta（θ，迁移率调制系数）等。

■ （1）创建ATLAS输入文档

为了启动ATLAS，输入语句：

```
go atlas
```

直接导入由ATHENA生成的“nmos.str”结构文件，步骤如下。

① 在ATLAS Commands菜单中，选择Structure和Mesh项。弹出Mesh菜单，如图12-49所示。

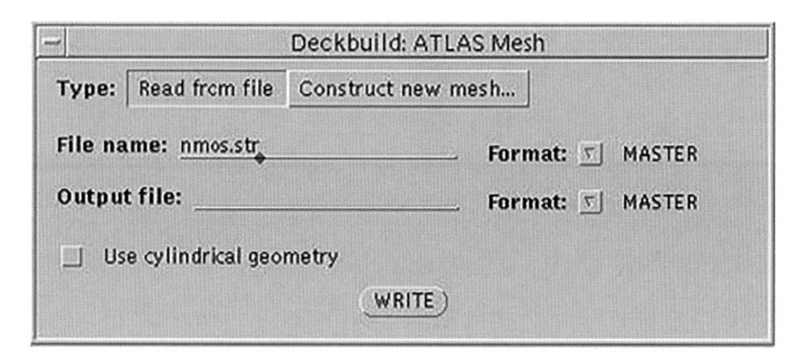

图12-49　Mesh菜单

② 在Type栏中，选择Read from file；在File name栏中输入结构文件名“nmos.str”；

③ 点击WRITE键，则Mesh语句会被写入到Deckbuild文本窗口中，如图12-50所示。

图12-50 写入文本窗口的Mesh语句

■ （2）结构指定命令组

因为本例是使用在ATHENA中已经创建的NMOS结构，因此结构指定命令组可以跳过。

■ （3）模型指定命令组

分别使用model语句、contact语句和interface语句来定义结构的物理模型、接触特性和表面特性。

① 物理模型。物理模型由Models和Impact指定。对于本次NMOS仿真，选择SRH（Shockley-Read-Hall复合模型）和CVT（Lombardi的倒置层模型）作为模型参数。模型详细信息可参见ATLAS用户手册。它设定了一个全面的目标动态模型，包括浓度、温度、平行场和横向场的独立性。步骤如下。

a. 在ATLAS Commands菜单中，选择Models项。会出现ATLAS Model菜单，如图12-51所示。

b. 在Catagory栏中，选择Mobility模型；一组动态模型会出现在下方，选择CVT；在Print Model Status选项中选择Yes，这样在运行的时候运行输出区域中会记录下模型的状态。

也可以改变CVT模型默认参数值，步骤为：点击Define Parameters和CVT，会出现Model-CVT菜单；修改完参数后点击Apply。

也可以添加复合模型，做法为：

a. 在Catagory栏中选择Recombination。会出现三种不同的复合模型，如图12-52所示，分别为Auger、SRH（fixed lifetimes）以及SRH（conc.dep. lifetimes）。

b. 选择SRH（fixed lifetimes）模型作为NMOS结构。

c. 点击WRITE键，model语句将会出现在Deckbuild文本窗口中。

② 接触特性指定。接触特性使用contact来定义，参数有功函数、边界情形、电极连接等。电极和半导体材料的接触默认是欧姆特性。如果定义了功函数，则被认为是肖特基（Schottky）接触。定义接触特性的步骤如下。

a. 在ATLAS Commands菜单中，选择Models和Contacts项。出现ATLAS Contact菜单；在Electrode name栏中输入gate；选择n-poly代表n型多晶硅，如图12-53所示。

b. 点击WRITE键，语句“contact name=gate n.poly”会出现在输入文件中。

③ 接触面特性指定。interface语句用于定义界面电荷密度和表面复合速度。定义界面电荷密度为$3\times10^{10}cm^{-2}$，步骤如下。

a. 在ATLAS Commands菜单中，选择Models和Interface。出现ATLAS Interface菜单；

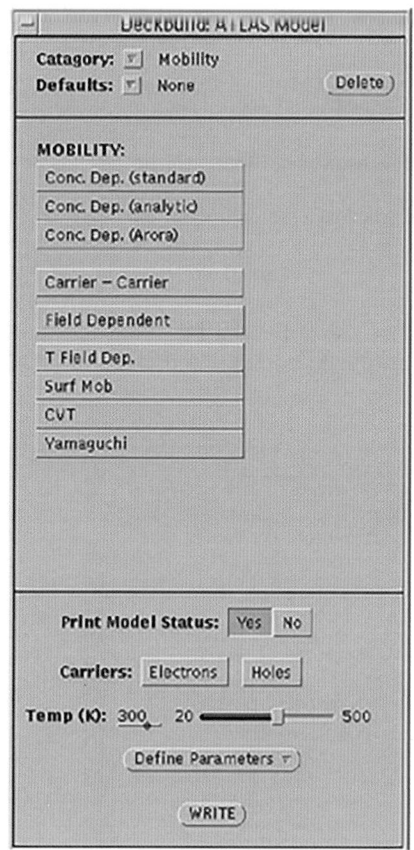

图12-51　Model菜单

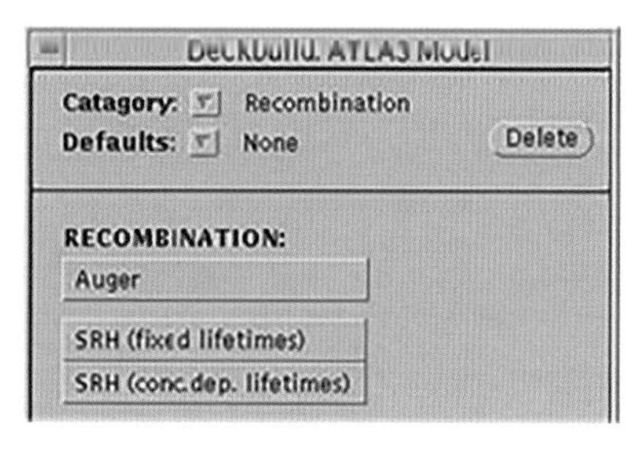

图12-52　复合模型

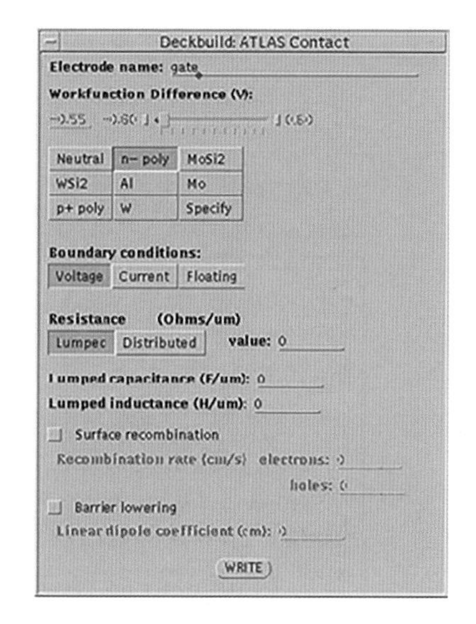

图12-53　Contact菜单

在Fixed Charge Density栏中输入3e10，如图12-54所示。

b. 点击WRITE，interface语句会写入到Deckbuild文本窗口中。

```
interface s.n=0.0 s.p=0.0 qf=3e10
```

■（4）数值计算方法选择命令组。

数值计算方法主要有Newton、Gummel和Block。对于本例NMOS结构，可以使用去偶（Gummel）和完全偶合（Newton）这两种方法。Gummel法是在求解某个参数时保证其他变量不变，不断重复，直到获得一个稳定解，收敛得较慢。Newton法是在求解时，同时考虑所有未知变量。method语句步骤如下。

① 在ATLAS Commands菜单中，选择Solutions和Method。出现Method菜单，在Method栏中分别选择Newton和Gummel选项，如图12-55所示；25是默认设定的最大迭代数，可以修改。

② 点击WRITE，则method语句写入到Deckbuild文本窗口中，如图12-56所示。

■（5）解决方案指定命令组

电压和电流的添加使用slove语句，log和save语句可用来保存日志文件和结构文件。

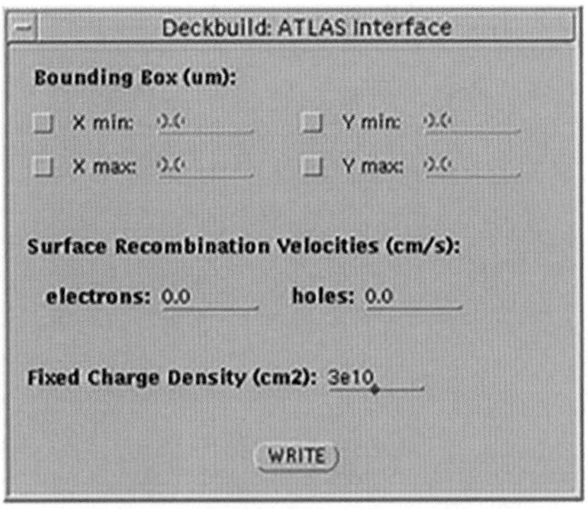

图12-54　Interface菜单

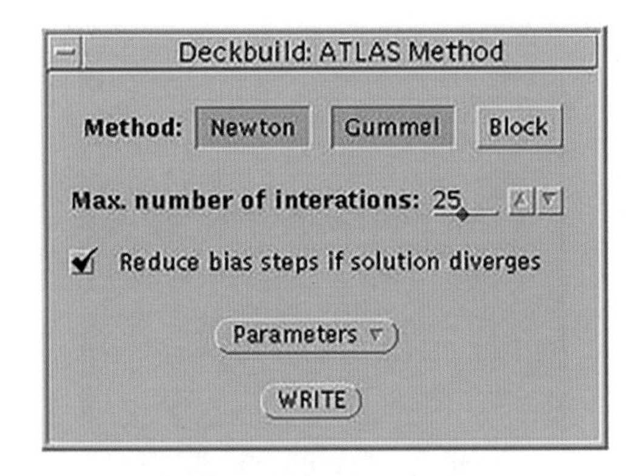

图12-55　Method菜单

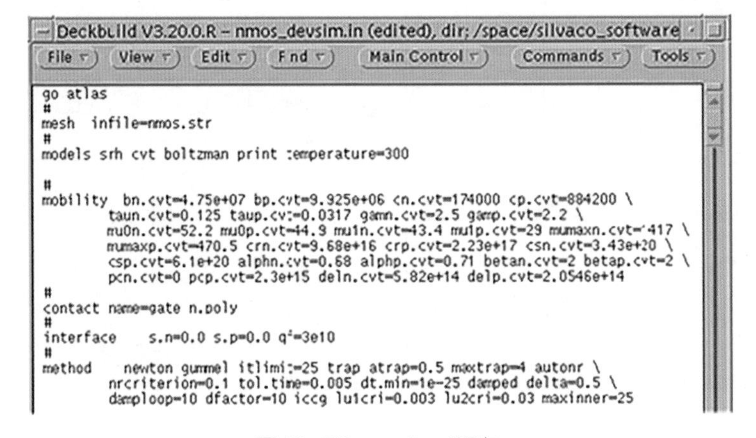

图12-56　method语句

① 设置V_{ds}=0.1V时，获得I_d-V_{gs}曲线。步骤如下。

a. 在ATLAS Commands菜单中，选择Solutions和Solve，出现Test菜单，如图12-57所示。点击Props键，出现Solve Properties菜单，在Log file栏中将文件名改为“nmos1_”，如图12-58所示。完成后点击OK。

b. 在Worksheet区域，右击鼠标选择Add new row，如图12-59所示。

c. 在Worksheet中出现了一个新添加的行，如图12-60所示。

d. 在gate参数上右击鼠标，出现电极名列表。选择drain，如图12-61所示。

e. 点击Initial Bias栏下的值，将其修改为0.1，点击WRITE键。

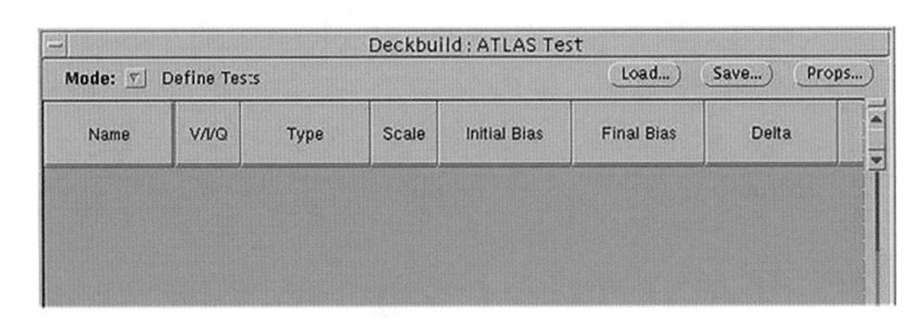

图12-57　Test菜单

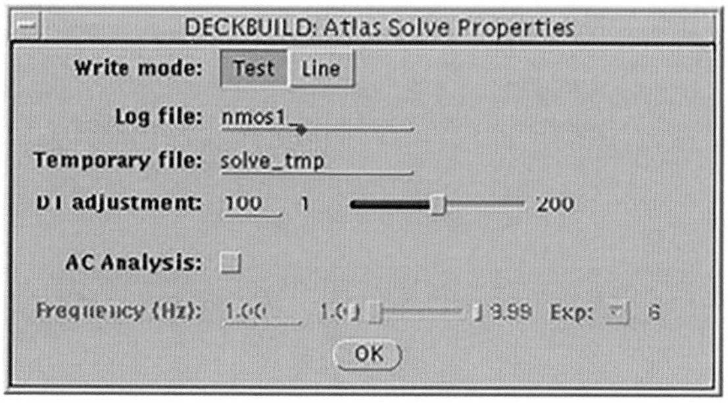

图12-58　Solve Properties菜单

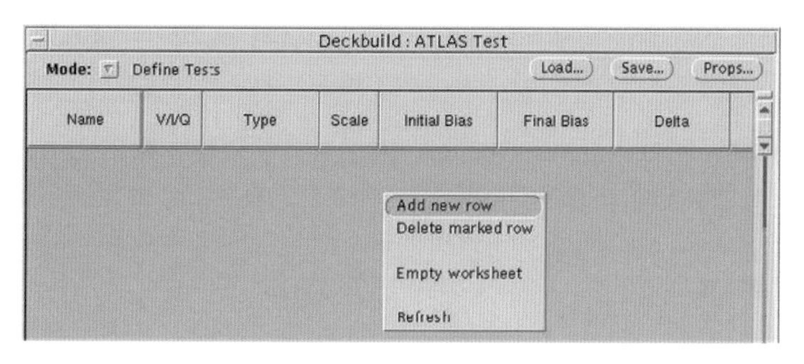

图12-59　添加新行

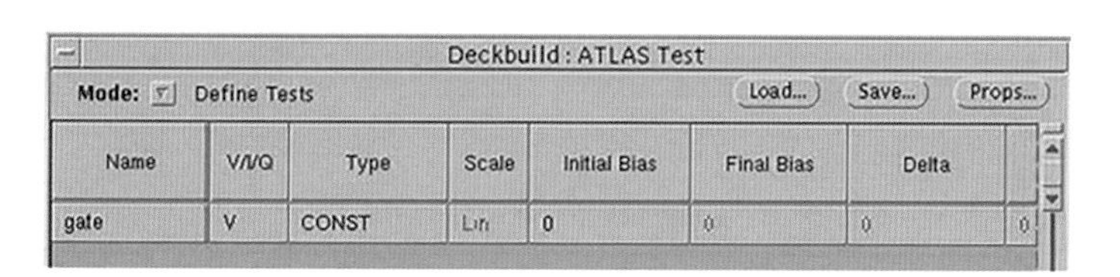

图12-60　新添加的行

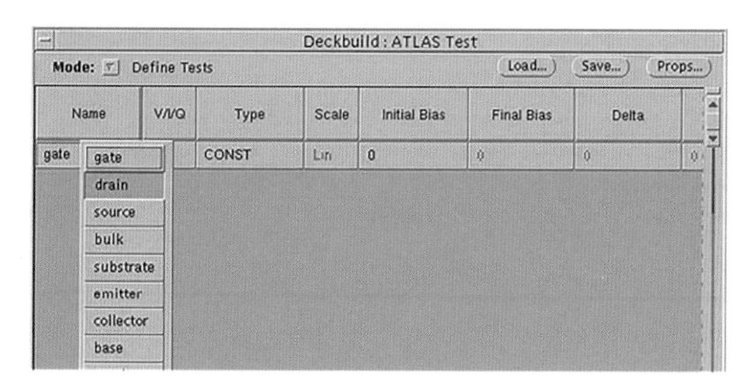

图12-61　将gate改为drain

f. 重复b和c步骤，再添加一个新行，如图12-62所示。

g. 在gate行中，在CONST上，右击鼠标选择VAR1。分别将Final Bias和Delta的值改为3.3和0.1，如图12-63所示。

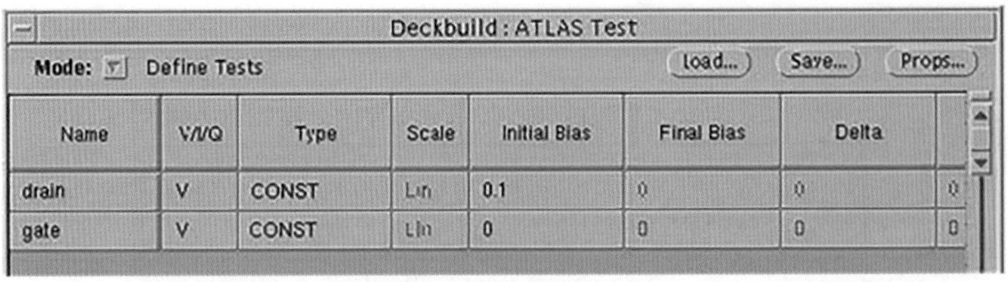

Deckbuild : ATLAS Test

Mode: Define Tests   Load... Save... Props...

Name	V/I/Q	Type	Scale	Initial Bias	Final Bias	Delta
drain	V	CONST	Lin	0.1	0	0
gate	V	CONST	Lin	0	0	0

图12-62　添加另一新行

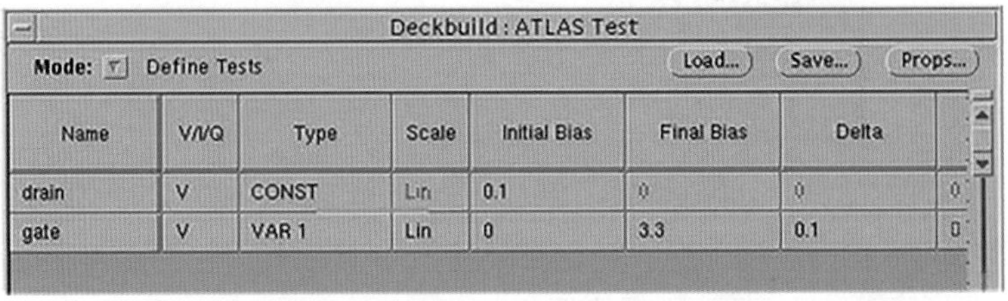

Deckbuild : ATLAS Test

Mode: Define Tests   Load... Save... Props...

Name	V/I/Q	Type	Scale	Initial Bias	Final Bias	Delta
drain	V	CONST	Lin	0.1	0	0
gate	V	VAR 1	Lin	0	3.3	0.1

图12-63　设置栅极偏置参数

h. 点击WRITE键，在Deckbuild文本窗口中出现如下语句，如图12-64所示。

```
solve init
solve vdrain=0.1
log outf=nmos1_0.log
solve name=gate vgate=0 vfinal=3.3 vstep=0.1
```

Deckbuild V3.20.0.R – nmos_devsim.in (edited), dir: /space/silvaco_software

File　View　Edit　Find　Main Control　Commands　Tools

```
go atlas
#
mesh  infile=nmos.str
#
models srh cvt boltzman print temperature=300

#
mobility  bn.cvt=4.75e+07 bp.cvt=9.925e+06 cn.cvt=174000 cp.cvt=884200 \
        taun.cvt=0.125 taup.cvt=0.0317 gamn.cvt=2.5 gamp.cvt=2.2 \
        mu0n.cvt=52.2 mu0p.cvt=44.9 mu1n.cvt=43.4 mu1p.cvt=29 mumaxn.cvt='417 \
        mumaxp.cvt=470.5 crn.cvt=9.68e+16 crp.cvt=2.23e+17 csn.cvt=3.43e+20 \
        csp.cvt=6.1e+20 alphn.cvt=0.68 alphp.cvt=0.71 betan.cvt=2 betap.cvt=2 \
        pcn.cvt=0 pcp.cvt=2.3e-15 deln.cvt=5.82e+14 delp.cvt=2.0546e+14
#
contact name=gate n.poly
#
interface    s.n=0.0 s.p=0.0 qf=3e10
#
method    newton gummel itlimit=25 trap atrap=0.5 maxtrap=4 autonr \
        nrcriterion=0.1 tol.time=0.005 dt.min=1e-25 damped delta=0.5 \
        damploop=10 dfactor=10 iccg lu1cri=0.003 lu2cri=0.03 maxinner=25
solve init
solve vdrain=0.1
log outf=nmos1_0.log
solve name=gate vgate=0 vfinal=3.3 vstep=0.1
```

图12-64　V_{ds}=0.1V时模拟I_d-V_{gs}曲线所用的语句

“solve init”代表初始化，所有电极的电压偏置初始状态下都为0V。“solve vdrain=0.1”代表漏极电压加到0.1V。没有特殊定义的电极电压均代表为0V，无须每个电极都进行定义。“log outf=nmos1_0.log”，代表计算出的仿真结果保存在“nmos1_0.log”文件中，结果中包括在直流仿真下每个电极的电流和电压，可以使用log off关闭保存。“solve name=gate vgate=0 vfinal=3.3 vstep=0.1”代表栅极电压从0V变化到3.3V，变化单位幅度为0.1V。在这条语句中通过name参数指定具体电极名。

② 获取器件参数。在ATLAS中也可以通过extract来提取器件参数，例如Vt、Beta和

Theta，具体步骤如下。

a. 在ATLAS Commands菜单中，选择Extracts和Device。出现Extraction菜单，如图12-65所示；在默认情况下，Test name栏中选择的是Vt。用户可以自行修改计算表达式；点击WRITE键，vt extract语句会出现在Deckbuild文本窗口中：

```
    extract name="vt"(xintercept(maxslope(curve(abs(v."gate") ,abs(i."drain"))))-
abs(ave(v."drain"))/2.0)
```

b. 继续使用Extraction菜单。点击Test name并将其改为Beta，如图12-66所示。

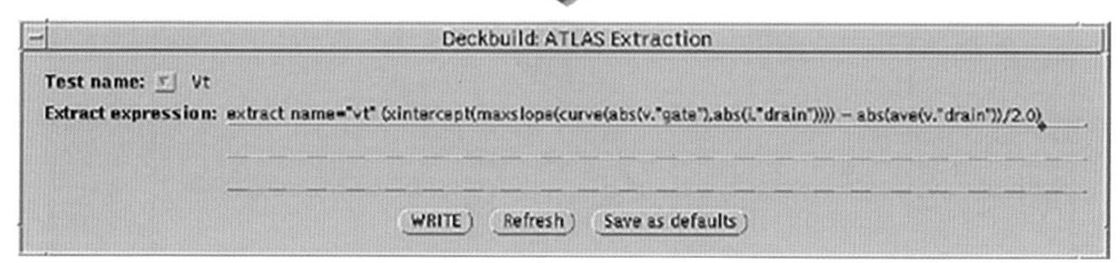

图12-65 Extraction菜单

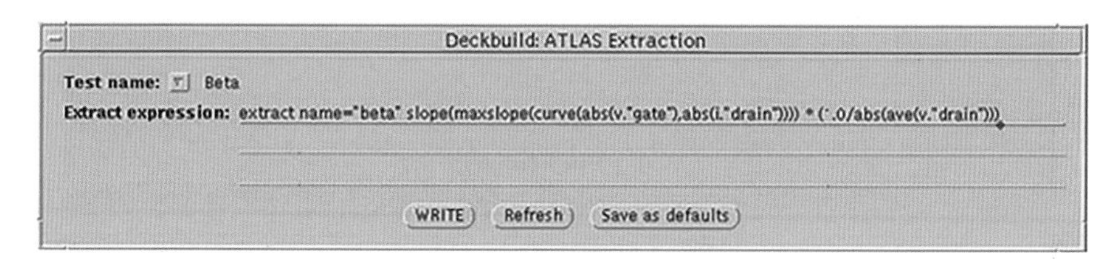

图12-66 设置Beta计算语句

c. 点击WRITE键，beta extract语句出现在Deckbuild文本窗口中：

```
    extract name="beta"slope(maxslope(curve(abs(v."gate"),abs(i."drain"))))*abs(1.0/
abs(ave(v."drain")))
```

d. 再通过Extraction菜单来设置计算theta参数的extract语句。点击Test name栏并将其改为Theta，如图12-67所示。

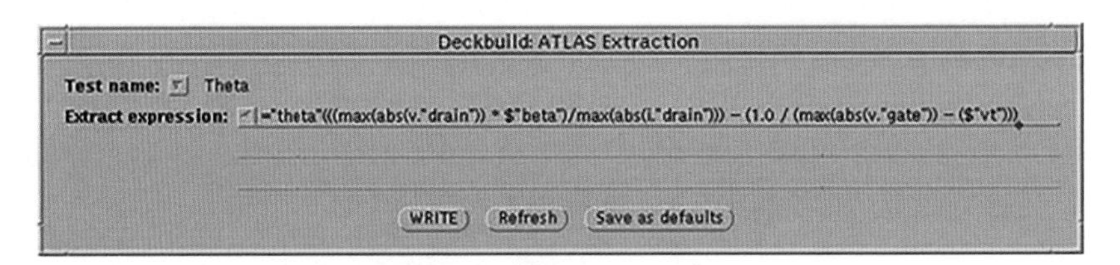

图12-67　设置theta计算语句

e. 点击WRITE键，beta extract语句出现在Deckbuild文本窗口中：

```
    extract name="theta" (((max(abs(v."drain"))*$ "beta")/max(abs(i."drain")))-(1.0/
max(abs(v."gate"))-($"vt")))
```

在最后一条extract语句后输入tonyplot语句，仿真时可以自动绘制出I_d-V_{gs}曲线：

```
    tonyplot nmos1.log
```

点击Deckbuild控制栏上的run键，运行器件仿真程序。

仿真完成后，tonyplot和I_d-V_{gs}曲线特性参数会被自动调用，如图12-68所示。

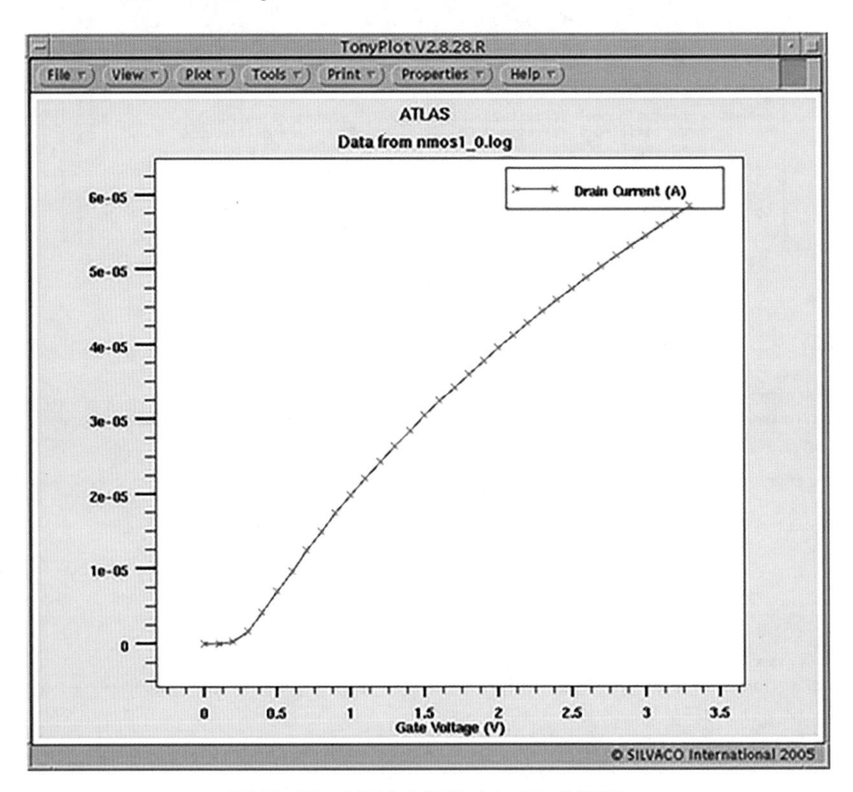

图12-68　NMOS器件的I_d-V_{gs}曲线图

器件参数如Vt、Beta和Theta可以在Deckbuild运行输出窗口看到，如图12-69所示。

③ 使用log、solve和load语句生成曲线族。当V_{gs}分别为1.1V、2.2V和3.3V时获得输出特性曲线，即I_d-V_{gs}曲线，V_{ds}变化范围是0～3.3V。先使用log off，保证后面的端口特性不写入到nmos1.log文件中。

需要使用Test菜单得到每个V_{gs}的结果，进而得到输出特性曲线族，步骤如下。

a. 操作步骤和生成I_d-V_{gs}曲线一致，首先调出Solve properties菜单，将Write mode栏改为

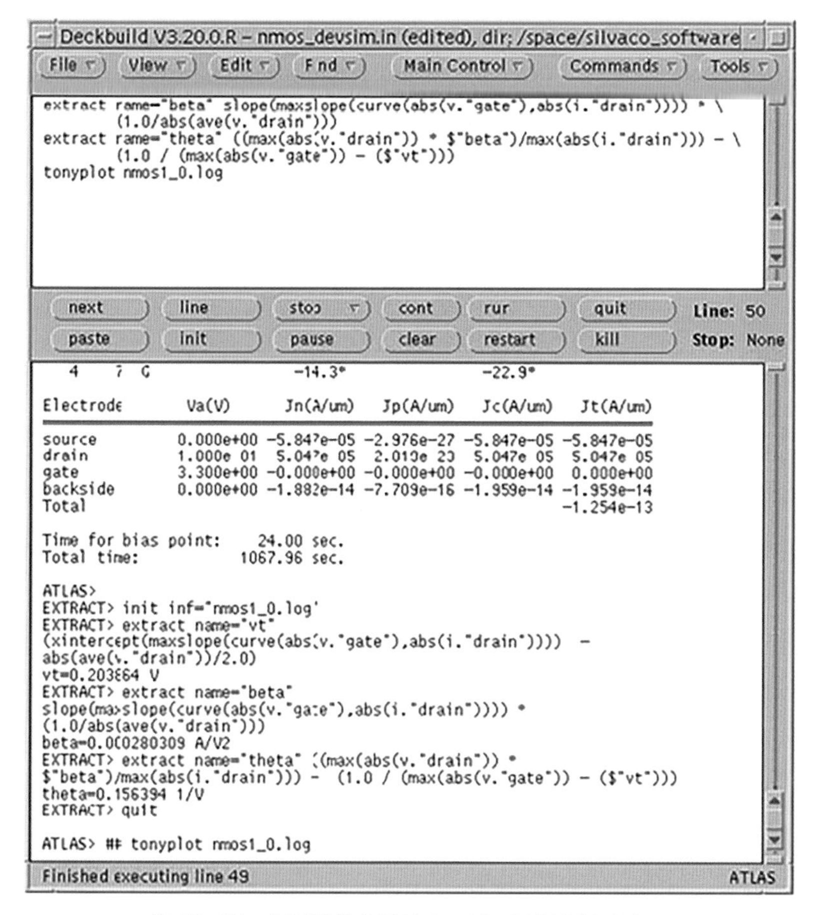

图12-69 显示器件参数的Deckbuild运行输出窗口

Line，然后点击OK。

b. 设置栅极偏置参数如图12-70所示。

Deckbuild : ATLAS Test

Mode: Define Tests　　Load...　Save...　Props...

Name	V/I/Q	Type	Scale	Initial Bias	Final Bias	Delta
gate	V	CONST	Lin	1.1	3.3	0.1

图12-70 栅极偏置参数

c. 点击WRITE键，solve语句出现在Deckbuild文本窗口中：

```
solve vgate=1.1
```

可以使用语句outfile=solve1使输出结果保存在ATLAS结果文件中：

```
solve vgate=1.1 outfile=solve1
```

d. 对栅极加电压2.2V和3.3V：

```
solve vgate=2.2 outfile=solve2
solve vgate=3.3 outfile=solve3
```

设置漏极电压从0V到3.3V，步骤如下。

a. 调出Solve properties菜单；将Write mode设置为Test；将Log file栏中的文件名修改为“nmos2_”，点击OK。

b. 在工作区中，将Name栏的gate设置为drain，CONST改为VAR1，Initial Bias、Final Bias和Delta分别设置为0、3.3和0.3。

c. 点击WRITE键，在Deckbuild文本窗口出现下列语句：

```
solve init
log outfile=nmos2-0.log
solve name=drain vdrain=0 vfinal=3.3 vstep=0.3
```

使用Load菜单可以用来加载栅极偏置为1.1V时的结果文件solve1.log。

a. 先选中solve init语句，如图12-71所示；在ATLAS Commands菜单中，选择Solutions和Load，调出Load菜单；在该菜单的File name栏中输入solve1；在Format栏中，选择SPISCES格式；点击WRITE键，出现确认提示窗口。选择“Yes, ilereplace selection”。

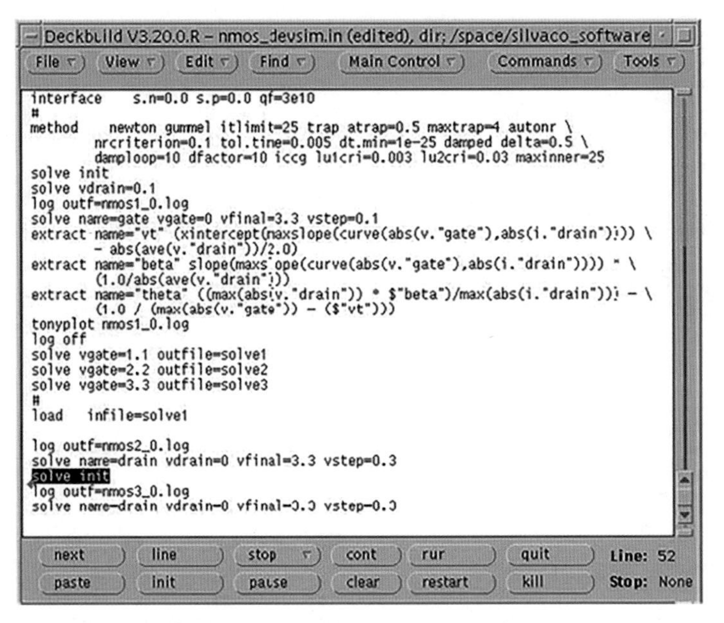

图12-71 选中solve init语句

b. solve init语句被load语句替换，如图12-72所示。

此时的语句可以产生V_{gs}=1.1V时的I_d-V_{ds}曲线的数据。用同样的方法来生成V_{gs}=2.2V、V_{gs}=3.3V时的I_d-V_{ds}曲线数据，具体步骤如下。

a. 将load语句中的输入文件名从solve1改为solve2或solve3。

b. 将solve语句中的log文件名从nmos2_0.log改为 nmos3_0.log或 nmos4_0.log；最终的语句如图12-73所示。

将三条曲线绘制在一张图上可以使用Tonyplot语句，加上-overlay参数，用以表示在一张图中覆盖不同的plot文件：

```
tonyplot-overlay nmos2-1.log nmos2-2.log nmos2-3.log-set nmos.set
```

“-set”是用来加载set文件。

```
Deckbuild V3.20.0.R - nmos_devsim.in (edited), dir: /space/silvaco_software
File  View  Edit  Find  Main Control  Commands  Tools

interface    s.n=0.0 s.p=0.0 qf=3e10
#
method    newton gummel itlimit=25 trap atrap=0.5 maxtrap=4 autonr \
        nrcriterion=0.1 tol.time=0.005 dt.min=1e-25 damped delta=0.5 \
        cmploop=10 dfactor=10 iccg lu1cri=0.003 lu2cri=0.03 maxinner=25
solve init
solve vdrain=0.1
log outf=nmos1_0.log
solve name=gate vgate=0 vfinal=3.3 vstep=0.1
extract name="vt" (xintercept(maxslope(curve(abs(v."gate"),abs(i."drain")))) \
        - abs(ave(v."drain"))/2.0)
extract name="beta" slope(maxslope(curve(abs(v."gate"),abs(i."drain")))) * \
        (1.0/abs(ave(v."drain")))
extract name="theta" ((max(abs(v."drain")) * $"beta")/max(abs(i."drain"))) - \
        (1.0 / (max(abs(v."gate")) - ($"vt")))
tonyplot nmos1_0.log
log off
solve vgate=1.1 outfile=solve1
solve vgate=2.2 outfile=solve2
solve vgate=3.3 outfile=solve3
#
load   infile=solve1

log outf=nmos2_0.log
solve name=drain vdrain=0 vfinal=3.3 vstep=0.3

next  line  stop  cont  run  quit  Line: 52
paste  init  pause  clear  restart  kill  Stop: None
```

图12-72　load语句替换solve init语句

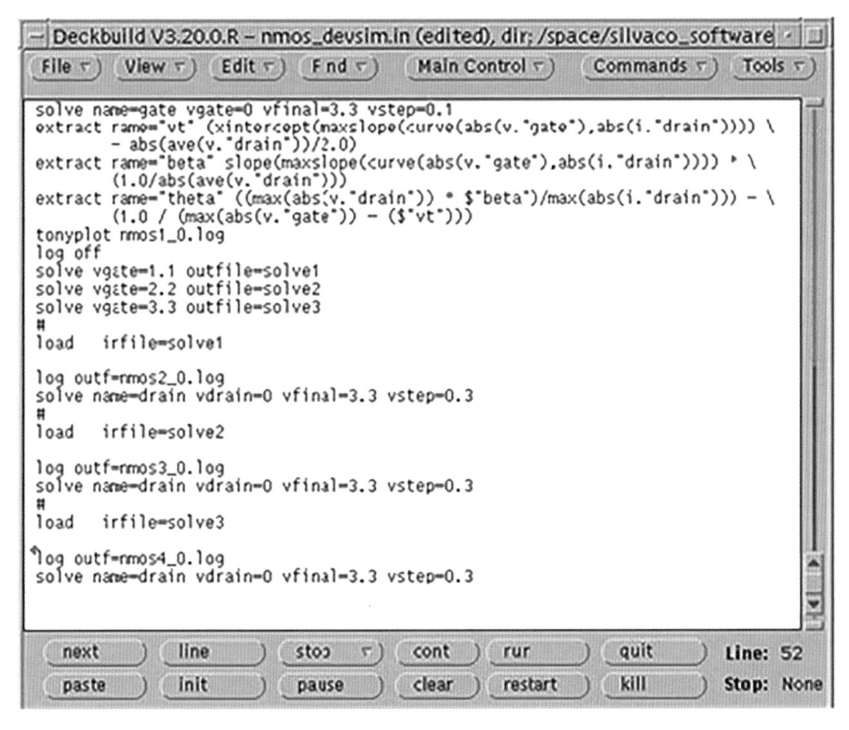

```
Deckbuild V3.20.0.R - nmos_devsim.in (edited), dir: /space/silvaco_software
File  View  Edit  Find  Main Control  Commands  Tools

solve name=gate vgate=0 vfinal=3.3 vstep=0.1
extract name="vt" (xintercept(maxslope(curve(abs(v."gate"),abs(i."drain")))) \
        - abs(ave(v."drain"))/2.0)
extract name="beta" slope(maxslope(curve(abs(v."gate"),abs(i."drain")))) * \
        (1.0/abs(ave(v."drain")))
extract name="theta" ((max(abs(v."drain")) * $"beta")/max(abs(i."drain"))) - \
        (1.0 / (max(abs(v."gate")) - ($"vt")))
tonyplot nmos1_0.log
log off
solve vgate=1.1 outfile=solve1
solve vgate=2.2 outfile=solve2
solve vgate=3.3 outfile=solve3
#
load   infile=solve1

log outf=nmos2_0.log
solve name=drain vdrain=0 vfinal=3.3 vstep=0.3
#
load   infile=solve2

log outf=nmos3_0.log
solve name=drain vdrain=0 vfinal=3.3 vstep=0.3
#
load   infile=solve3

log outf=nmos4_0.log
solve name=drain vdrain=0 vfinal=3.3 vstep=0.3

next  line  stop  cont  run  quit  Line: 52
paste  init  pause  clear  restart  kill  Stop: None
```

图12-73　V_{gs}=2.2V、V_{gs}=3.3V时生成I_d-V_{ds}曲线数据的语句

④ 退出仿真。使用quit语句，退出仿真。

现在点击Deckbuild控制栏上的cont键，继续进行器件仿真。仿真完成后，Tonyplot会自

动绘制出I_d-V_{ds}特性曲线族，如图12-74所示。

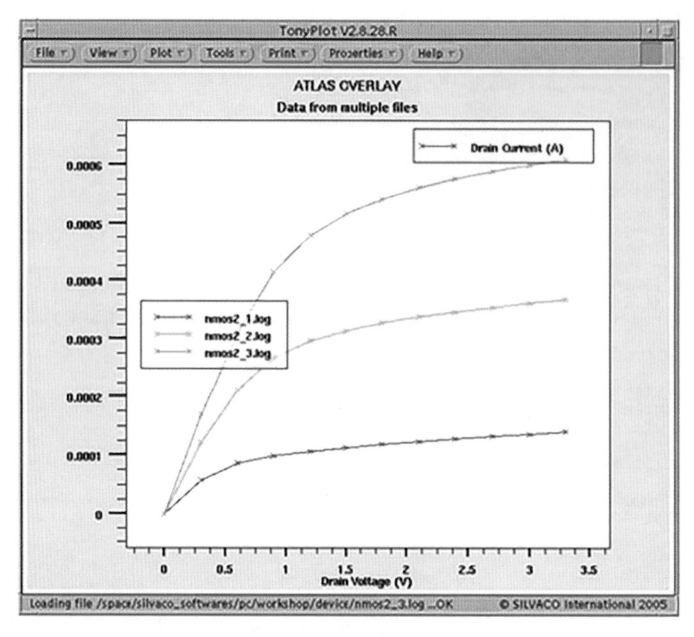

图12-74 NMOS的I_d-V_{ds}曲线

本章小结

本章在CMOS工艺下使用TCAD软件，通过氧化、离子注入、淀积、掺杂等半导体工艺步骤，制备出NMOS器件，提取器件结深、方块电阻及阈值电压等参数，并进行I-V特性和输出特性等电学性能仿真。

习题

1. TCAD工艺仿真包括哪些基本的单项工艺？至少列出5个。
2. 设计0.8μm×1μm的方形区域，考虑在上部进行掺杂与扩散，请合理设计网格分布。
3. 使用优化设置，确定生长栅氧厚度是100Å的工艺参数。
4. 简述CMOS器件的基本工艺流程。
5. 设计一个PMOS（p型MOS）晶体管，仿真其结构，提取阈值电压，仿真输出特性和I-V特性曲线。
6. 设计一款VDMOS（垂直双扩散MOS）器件，仿真其结构。

参考文献

[1] 夸克，瑟达. 半导体制造技术[M]. 韩郑生，等译. 北京：电子工业出版社，2015.
[2] 陈译，陈铖颖，张宏怡. 芯片制造 —— 半导体工艺与设备[M]. 北京：机械工业出版社，2021.
[3] 王蔚. 集成电路制造技术 —— 原理与工艺[M]. 2版. 北京：电子工业出版社，2016.
[4] 赞特. 芯片制造 —— 半导体工艺制程实用教程[M]. 韩郑生，译. 北京：电子工业出版社，2015.
[5] 温德通. 集成电路制造工艺与工程应用[M]. 北京：机械工业出版社，2018.
[6] 唐龙谷. 半导体工艺和器件仿真软件Silvaco TCAD实用教程[M]. 北京：清华大学出版社，2014.
[7] 苟文建. 半导体器件的二维仿真[D]. 成都：电子科技大学，2013.